中国传媒大学教材建设中心2021年本科教材建设专项经费资助

电 子 信 息 类 专 业 教 材

数字电路与系统设计

DIGITAL CIRCUITS & SYSTEM DESIGN

何 晶 / 编著

中国传媒大学出版社
·北京·

前　言

"数字电路与系统设计"是电子信息类、电气类、自动化类和计算机类及其他相关专业重要的专业基础课。近几十年来,数字技术和集成电路飞速发展,数字电路和系统的设计方法、设计手段及设计工具都发生了巨大的变化,同时数字系统的复杂度和规模也在不断增大,这些都对这门课程的教学内容提出了很大的挑战。

本书在研究和学习国内外优秀教材的基础上,力求在内容体系上体现技术发展和学生设计能力培养对课程教学的要求,希望能从系统的角度来向学生介绍数字电路和系统的分析及设计;希望使学生能够理解和掌握现代数字设计所需要的基础知识及相关的基本技能,帮助学生为现代数字设计实践做好准备。

本书共13章,涵盖了数字逻辑基础、数字电路基本模块、现代设计手段和工具以及复杂数字系统设计等内容。

● **数字逻辑基础**

第1章介绍了数制和码制,即信息在数字系统中如何表示,包括常用的数制、有符号数的表示以及常见的二进制编码。

第2章介绍了逻辑代数,这是数字逻辑设计的数学基础。

第3章介绍了CMOS门电路,这是数字逻辑的电路基础。本书只介绍主流工艺的CMOS门电路,同时介绍了计算CMOS门电路传播延时和功耗的简单模型。

● **数字电路基本模块**

第4章介绍了组合逻辑电路的分析和设计,介绍了用基本门设计多路选择器、编码器、译码器和加法器等组合电路模块的方法,同时在复杂组合电路模块设计中引入自顶向下的设计方法。

第5章介绍了锁存器、触发器和寄存器,这是数字系统中的基本存储单元。

第6章介绍了同步时序电路,介绍了用基本门和基本存储单元设计规则时序电路及随机时序电路(状态机)的方法。在状态机设计中引入了状态机的分解和构建,介绍了如何从行为描述开始设计状态机。这部分还介绍了同步时序电路的时序分析。

● **现代设计工具和手段**

第7章介绍了半导体存储器和可编程逻辑器件。

第8章介绍了可编程逻辑器件开发工具Quartus Prime的使用。

第9章介绍了硬件描述语言VHDL的基本元素和常用的语法结构。

第10章介绍了如何用VHDL语言准确描述数字电路模块。

● **复杂数字系统的设计**

第11章介绍了寄存器传输级设计,包括从算法到电路结构的设计方法和步骤,以及如何用数字电路基本模块构建一个数字系统。

第12章介绍了如何使用寄存器传输级方法设计一个简单的RISC处理器。

第13章介绍了模数和数模转换的基本原理。

本书的大部分内容作为中国传媒大学"数字电路与系统设计"课程的教学内容已使用了几轮,李冬梅教授为本书的内容提出了许多宝贵意见,并为本书第5章、第6章提供了部分习题,在此表示衷心感谢。

本书可以作为基础性的"数字电路""数字电路与逻辑设计""数字电子技术"等课程的教材,可采用第1~7章和第13章的内容;也可以作为"数字电路与系统设计""数字系统设计"等课程的教材,可采用完整的内容;不同高校和专业对内容的要求不同,也可按照相应的要求进行调整。

由于编者水平有限,加上时间仓促,书中难免存在错误和疏漏之处,敬请读者批评指正。

作者

2022年5月于北京

目　录

1 数制和码制

1.1 几种常用的数制

1.1.1 r进制

在一个数制中,数字的数量称为基 r(radix 或 base),数字的范围为 $0 \sim r-1$,共 r 个数字,逢 r 向高位进1。对十进制来说,基 $r=10$,数字的范围是 $0 \sim 9$,有十个数字,十进制数就是用这些数字来表示的,逢10向高位进1。

当用某一数制来表示一个数时,每个位置上的数字所代表的权值不同,每个位置的权值是基的幂次。在小数点左侧,基的幂次从0开始,每向左一位幂次增加1;在小数点右侧,每向右一位,基的幂次减1。例如十进制数123.45各位置的权值如图1-1所示。

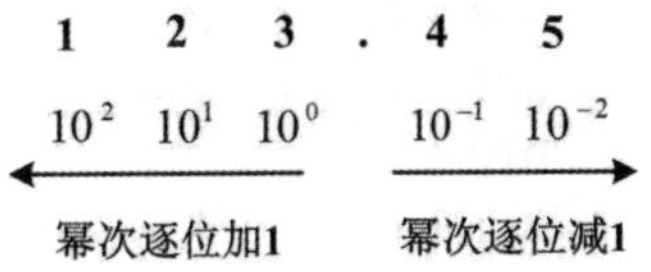

$$
\begin{array}{ccccc}
1 & 2 & 3 \quad . & 4 & 5 \\
10^2 & 10^1 & 10^0 & 10^{-1} & 10^{-2}
\end{array}
$$

$\longleftrightarrow$ 幂次逐位加1 $\qquad$ $\longleftrightarrow$ 幂次逐位减1

图1-1 十进制数123.45各位置的权值

因此这个数也可以用多项式表示:
$$123.45 = 1 \times 10^2 + 2 \times 10^1 + 3 \times 10^0 + 4 \times 10^{-1} + 5 \times 10^{-2}$$

数 N 可以表示为任意数制形式:
$$N = \left(a_{n-1}a_{n-2}\cdots a_2 a_1 a_0 . a_{-1} a_{-2} \cdots a_{-m} \right)_r$$

其中 r 为数制的基;a_0、a_1、a_2、a_{-1} 等是数制的数字,$0 \leqslant a_i \leqslant r-1$;$a_{n-1}$ 称为最高有效数字,a_{-m} 称为最低有效数字。

r 进制数可以用下面的多项式转换为十进制数:
$$N = \sum_{i=-m}^{i=n-1} a_i \times r^i$$

1.1.2 二进制

基 $r=2$ 的数制称为二进制,二进制只有两个数字:0和1,逢2进1,一个二进制数字称为一个bit。同样,用二进制表示一个数时,每个位置上的数字所代表的权值不同。例如二进制数 $N = (10110.0110)_2$,其各位置的权值如图1-2所示。

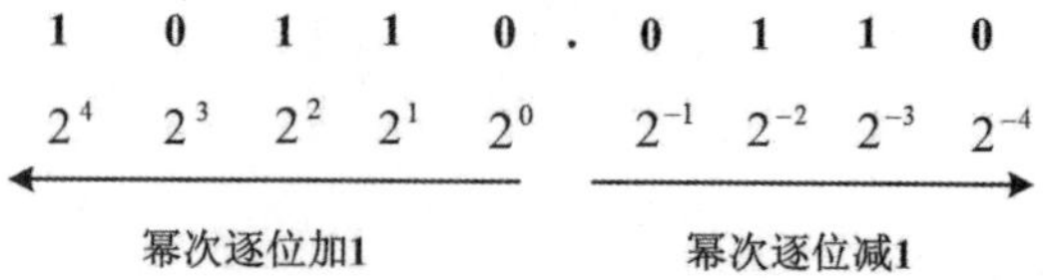

$$\begin{array}{cccccccccc} 1 & 0 & 1 & 1 & 0 & . & 0 & 1 & 1 & 0 \\ 2^4 & 2^3 & 2^2 & 2^1 & 2^0 & & 2^{-1} & 2^{-2} & 2^{-3} & 2^{-4} \end{array}$$

幂次逐位加1　　　　　幂次逐位减1

图1-2　二进制数10110.0110各位置的权值

这个二进制数可以用多项式表示为十进制数：

$$N = (10110.0110)_2$$

$$= 1 \times 2^4 + 0 \times 2^3 + 1 \times 2^2 + 1 \times 2^1 + 0 \times 2^0 + 0 \times 2^{-1} + 1 \times 2^{-2} + 1 \times 2^{-3} + 0 \times 2^{-4}$$

$$= 16 + 0 + 4 + 2 + 0 + 0 + \frac{1}{4} + \frac{1}{8} + 0 = \left(22\frac{3}{8}\right)_{10}$$

二进制数最左边的bit称为最高有效位（Most Significant Bit，MSB），最右边的bit称为最低有效位（Least Significant Bit，LSB）。对于二进制数，每一bit只能是0或者1，因此对于1-bit只有两种值。对于2-bit，则可以产生出四种组合，分别是00、01、10和11，对应于十进制数0、1、2和3。

$$00 = 0 + 0 = 0$$
$$01 = 0 + 1 = 1$$
$$10 = 2 + 0 = 2$$
$$11 = 2 + 1 = 3$$

类似地，3-bit则可以产生2^3种组合，分别是000、001、010、011、100、101、110、111，对应于十进制数的0、1、2、3、4、5、6、7。

$$000 = 0 + 0 + 0 = 0$$
$$001 = 0 + 0 + 1 = 1$$
$$010 = 0 + 2 + 0 = 2$$
$$011 = 0 + 2 + 1 = 3$$
$$100 = 4 + 0 + 0 = 4$$
$$101 = 4 + 0 + 1 = 5$$
$$110 = 4 + 2 + 0 = 6$$
$$111 = 4 + 2 + 1 = 7$$

当有n个bit时则可以产生2^n种组合，作为二进制数可以表示从0到$2^n - 1$的数。表1-1给出了2-bit、3-bit和4-bit二进制数及其对应的十进制数。

表1-1　2-bit、3-bit和4-bit二进制数及其对应的十进制数

对应的十进制数	2-bit	3-bit	4-bit
0	00	000	0000
1	01	001	0001
2	10	010	0010
3	11	011	0011
4		100	0100
5		101	0101
6		110	0110
7		111	0111
8			1000

续表

对应的十进制数	2-bit	3-bit	4-bit
9			1001
10			1010
11			1011
12			1100
13			1101
14			1110
15			1111

1.1.3 八进制

八进制的基为8，可用的数字是0、1、2、3、4、5、6、7，逢8进1。类似地，八进制数$N=(123.45)_8$各位置的权值如图1–3所示。

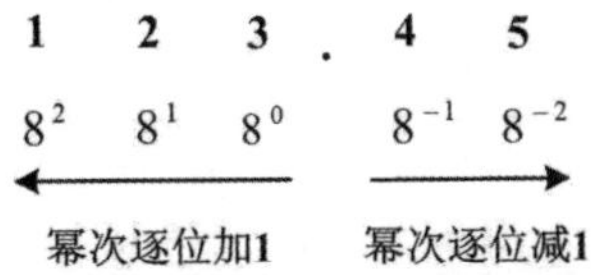

图1–3　八进制数123.45各位置的权值

这个八进制数可以用多项式表示为十进制数：

$$\begin{aligned}N&=(123.45)_8\\&=1\times8^2+2\times8^1+3\times8^0+4\times8^{-1}+5\times8^{-2}\\&=1\times64+2\times8+3\times1+4\times\frac{1}{8}+5\times\frac{1}{64}\\&=\left(83\frac{37}{64}\right)_{10}\end{aligned}$$

1.1.4 十六进制

十六进制的基为16，可用的数字是0、1、2、3、4、5、6、7、8、9、A、B、C、D、E、F，其中A、B、C、D、E、F对应于十进制数10、11、12、13、14、15，逢16进1。类似地，十六进制数$N=(123.45)_{16}$各位置的权值如图1–4所示。

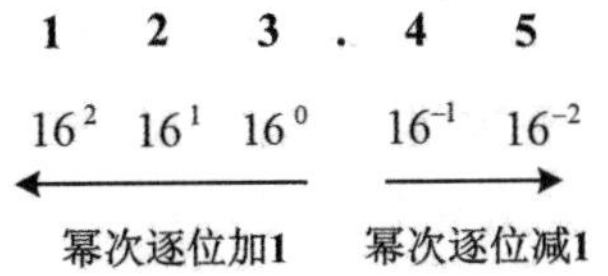

图1–4　十六进制数123.45各位置的权值

这个十六进制数可以用多项式表示为十进制数：

$$\begin{aligned}N&=(123.45)_{16}\\&=1\times16^2+2\times16^1+3\times16^0+4\times16^{-1}+5\times16^{-2}\end{aligned}$$

$$= 1 \times 256 + 2 \times 16 + 3 \times 1 + 4 \times \frac{1}{16} + 5 \times \frac{1}{256}$$

$$= \left(291\frac{69}{256}\right)_{10}$$

生活中用十进制表示数,在数字系统中通常用二进制、八进制和十六进制来表示数。表1-2给出了十进制数0~20用不同进制的表示。

表1-2　十进制数0~20用不同进制的表示

十进制	二进制	三进制	四进制	八进制	十六进制
0	0	0	0	0	0
1	1	1	1	1	1
2	10	2	2	2	2
3	11	10	3	3	3
4	100	11	10	4	4
5	101	12	11	5	5
6	110	20	12	6	6
7	111	21	13	7	7
8	1000	22	20	10	8
9	1001	100	21	11	9
10	1010	101	22	12	A
11	1011	102	23	13	B
12	1100	110	30	14	C
13	1101	111	31	15	D
14	1110	112	32	16	E
15	1111	120	33	17	F
16	10000	121	100	20	10
17	10001	122	101	21	11
18	10010	200	102	22	12
19	10011	201	103	23	13
20	10100	202	110	24	14

1.2　数制之间的转换

把非十进制数转换为十进制数时只需要用上面例子中所示的多项式方法进行即可。当把十进制数转换为非十进制数时,整数部分和小数部分需要分开处理。整数部分用"基除"的方法来实现,小数部分用"基乘"的方法来实现。

整数部分用"基除"方法:

✧　对给定的整数除以基数r,所得的商作为被除数继续除以基数r,反复进行这个过程,直到商为0;

✧　保留每一步的余数,从最后一个余数读到第一个余数,最后一个余数为最高有效数,第一个余数为最低有效数,所得到的就是要转换的非十进制数。

小数部分采用"基乘"方法：

◇ 对给定的小数乘以基数 r，所得乘积保留整数部分，小数部分再乘以基数 r，反复进行这个过程，直到乘积的小数部分为0，或者认为达到了要求的精度时停止；

◇ 保留每一步的整数，从第一个整数读到最后一个整数，从左到右排列，所得到的就是转换的非二进制的小数。

如果"基乘"的过程不能使小数部分最后收敛为0，那就是这个小数无法用非十进制数来准确表达，精度由数字位的长度来决定。

1.2.1 十进制转换为二进制

把十进制数转换为二进制数时，对于整数，可以连续除以基数2直到商为0。

图1-5所示是把十进制数235转换为二进制数的过程。首先把235除以2，得到商为117，余数为1；然后把117作为被除数继续除以2，得到商为58，余数为1；再把58作为被除数除以2，得到商为29，余数为0；再把29作为被除数除以2，得到商为14，余数为1；再把14作为被除数除以2，得到商为7，余数为0；再把7作为被除数除以2，得到商为3，余数为1；再把3作为被除数除以2，得到商为1，余数为1；再把1作为被除数除以2，得到商为0，余数为1，到商为0时这个过程结束。从最

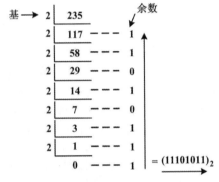

图1-5　十进制数235转换为二进制数

后一个余数开始排列到第一个余数，得到11101011，就是235转换为二进制数的表示。

可以通过一个4-bit二进制整数 A 的转换来说明"基除"方法的有效性。一个4-bit二进制整数 $A = (a_3 a_2 a_1 a_0)_2$，可以采用多项式的方法把它转换为十进制数：

$$A = \sum_{i=0}^{i=3} a_i \times 2^i$$

这个表达式也可以写为：

$$A = \left(2 \left(2 \left(2(a_3) + a_2 \right) + a_1 \right) + a_0 \right)$$

由这个表达式，可以把二进制数的各个bit看作是每次除2之后的余数。

这种方法也可以用于十进制数和其他进制数的转换。图1-6所示是把十进制数235转换为八进制数的过程。类似地，也可以把十进制数235转换为十六进制数，如图1-7所示。

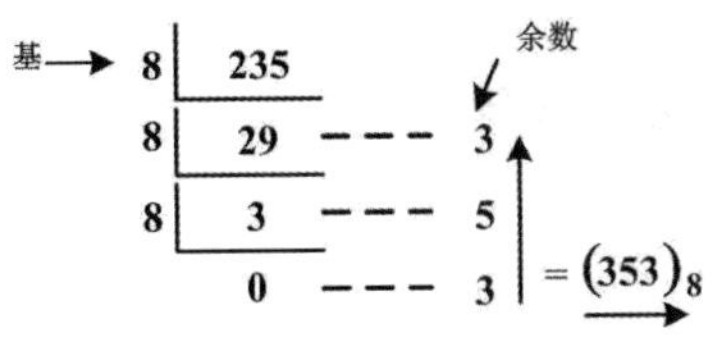

图1-6　十进制数235转换为八进制数

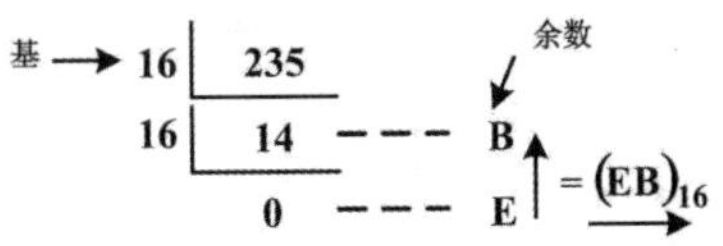

图1-7　十进制数235转换为十六进制数

对于小数，可以连续乘以基数2直到乘积的小数部分为0。

图1-8所示是十进制小数0.375转换为二进制数的过程。首先对0.375乘以2，得到乘积

0.75,整数部分为0,小数部分为0.75;再对小数部分0.75乘以2,得到乘积1.50,整数部分为1,小数部分为0.50;再对小数部分0.50乘以2,得到乘积1.00,整数部分为1,小数部分为0,整个过程结束,从第一个整数读到最后一个整数,从左到右排列,加上整数0和小数点,就得到十进制数0.375的二进制表示$(0.011)_2$。

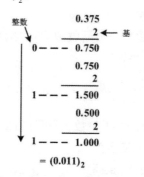

图1-8 十进制数0.375转换为二进制数

有些十进制数小数基乘2后永远无法使得小数部分为0,那么就看对精度的要求达到小数点后多少位,基乘达到所要求的位数即可以停止,这时得到的非十进制小数表示并不是精确的表示。

对既有整数又有小数的十进制数,可以对整数部分用"基除"方法,对小数部分用"基乘"方法。图1-9所示是把十进制数235.375转换为二进制数的过程。

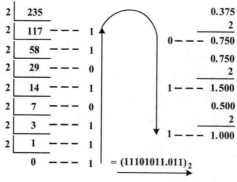

图1-9 十进制数235.375转换为二进制数

类似地,用这种"基除"和"基乘"的方法也可以把十进制数转换为八进制,如图1-10所示。

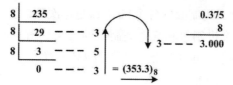

图1-10 十进制数235.375转换为八进制数

1.2.2 2^K进制之间的转换

八进制的每个数字都可以用3-bit二进制数表示,十六进制的每个数字都可以用4-bit二进制数表示。对于2^K进制数,每一位都可转换为K-bit的二进制数。二进制数也可以转换为2^K进制数,每K个bit组成一组,转换为对应的2^K进制的一个数字。如果转换的两个数制的基都是2的幂次,可以先转换为二进制,然后再进行转换。

图1-11是把二进制数$(11010011.1001)_2$转换为八进制的过程。以小数点为界,整数部分自小数点向左,每3-bit一组,如果高位不够3-bit则高位补0;小数部分自小数点向右,每3-bit一组,如果低位不够3-bit则低位补0;然后把每个3-bit转换为八进制的数字,就得到转换的八进制数。二进制数$(11010011.1001)_2$转换的八进制数为$(323.44)_8$。

图1-11 二进制数11010011.1001转换为八进制数

类似地,当把二进制数转换为十六进制数时,也是以小数点为界,整数部分自小数点向左,每4-bit一组,如果高位不够4-bit则高位补0;小数部分自小数点向右,每4-bit一组,如果低位不够4-bit则低位补0;然后把每个4-bit转换为十六进制的数字,就得到转换的十六进制数。图1-12所示是把二进制数$(111010011.10011)_2$转换为十六进制数$(1D3.98)_{16}$的过程。

图1-12 二进制数111010011.10011转换为十六进制数

反过来,把2^K进制数转换为二进制数,只需要把每个数字转换为K-bit二进制数即可。如八进制数$(157.346)_8$转换为二进制数时,只需要把每个数字转换为3-bit二进制数,如1转换为001,5转换为101,7转换为111,3转换为011,4转换为100,6转换为110,则可以得到二进制数$(001101111.011100110)_2$。

1.2.3 基本二进制算术运算

非十进制数的算术运算和十进制数的算术运算遵循同样的规则。

二进制算术运算因为只涉及0和1两个数字,相对比较简单,$0+0=0,0+1=1,1+0=1,1+1=10$,两个1相加的结果是和为0,进位为1。当两个n-bit二进制数相加时,从最低有效位开始逐位相加,低位向高位产生进位,高位加法包括来自低位的进位。图1-13所示是两个4-bit二进制数相加的过程。

```
  0 0 1 0    进位
  1 0 1 1    被加数
+ 0 0 1 0    加数
─────────
  1 1 0 1
```

图1-13 两个4-bit数相加

二进制减法也和十进制减法类似,$0-0=0,1-0=1,0-1=1,1-1=0$。0减去1时不够减,和十进制类似,从高位借1,等同于2,2减去1得1。

1.3 有符号的二进制数

在数字系统中通常会需要处理负数,上面讲述的二进制数都是无符号数,最左边的bit是最高有效位。为了能够表示数的正负,需要给正负符号一个标记。通常附加一个bit来表示正负,也就是用$(n+1)$个bit来表示n-bit的数,最左边的bit是符号位,0表示正,1表示负。这种带符号的二进制数有两种表示方法,一种是符号位-数值,另一种是有符号的补码。

1.3.1 符号位-数值

这种形式的有符号数的最高位是符号位,后面是数值。图1-14所示是用5-bit表示的两个有符号数。

这种形式的有符号数在进行算术运算时符号位和数值需要分别进行处理。和十进制算术运算一样,先对数值进行处理,然后加上正确的符号。

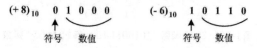

图1-14　两个5-bit符号位-数值形式的有符号数

在做加减法时,首先通过两个数的符号和需要做的运算判断实际做加法还是减法。如果做加法,就对数值部分做加法,然后加上正确的符号。如果做减法,需要先比较减数和被减数,再从较大的数中减去较小的数。这种做法需要做运算符判断和比较操作,硬件开销大。做减法的另一种方法是从被减数中减去减数,如果最高有效位没有借位,则计算结果是正数,是正确的;如果最高有效位有借位,则减数大于被减数,结果是负的,需要修正结果,同时修正最终的符号位。

对这种符号位-数值形式的数进行算术运算时,做加法需要加法器,做减法需要减法器,同时需要运算判断电路以及最终结果和符号的修正电路,电路比较复杂。因此,在现代计算机系统中并不采用这种表示形式,更常用的是有符号的补码。

1.3.2 有符号的补码

● 补码

每个r进制系统都有两种补码,基数r的补码和$r-1$的补码,$r-1$的补码又称为r的反码。对于二进制系统,有2的补码和1的补码,1的补码即反码;对于十进制系统,有10的补码和9的补码。

对于一个给定的n位十进制数N,其10的补码定义为$10^n - N$,反码定义为$(10^n - 1) - N$。例如十进制数4567的10的补码为$10^4 - 4567 = 5433$;反码为$(10^4 - 1) - 4567 = 9999 - 4567 = 5432$。可以看出,反码的每一位都可以用9减去当前位得到,补码可以通过反码加1得到。

对于一个给定的n位二进制数N,其2的补码定义为$2^n - N$,反码定义为$(2^n - 1) - N$。例如6位二进制数001101的补码为$2^6 - 001101 = 1000000 - 001101 = 110011$;反码为$(2^6 - 1) - 001101 = 111111 - 001101 = 110010$。可以看出,反码的每一位可以用1减去当前位来得到,也就是把二进制数中的1变为0,0变为1,这可以通过对每位取反实现,补码等于反码加1。因此在求二进制数补码时,可以很方便地先对二进制数求反,然后加1,就得到了补码。例如:

1011001的反码是:0100110,补码是:0100111。

1111000的反码是:0000111,补码是:0001000。

● **有符号的补码**

　　有符号补码的最高位也是符号位，0表示正数，1表示负数，负数用正数的补码表示。符号位–数值表示方法的符号仅表示数的正负，而有符号的补码的符号有权重。

　　对于一个有符号的二进制补码表示的数 $N = a_n a_{n-1} a_{n-2} \cdots a_1 a_0$，左边第一位 a_n 是符号位，它所对应的十进制数是：

$$N = -2^n \times a_n + 2^{n-1} \times a_{n-1} + 2^{n-2} \times a_{n-2} + \cdots + 2 \times a_1 + a_0$$

　　正数的表示和符号位–数值表示形式相同，负数用正数的补码表示。为了得到负数的有符号补码表示，我们可以从这个负数所对应的正数开始，然后采用求补的方法得到负数的有符号补码表示。例如求用5-bit表示的-3，首先用5-bit表示+3，得到00011，最高位是符号位，然后对这个数求补码，可以先求反得到11100，然后加1得到补码11101。

　　可以用上面的有符号补码的多项式计算出对应的十进制数：

$$(11101)_2 = -2^4 \times 1 + 2^3 \times 1 + 2^2 \times 1 + 2^1 \times 0 + 2^0 \times 1$$
$$= -16 + 8 + 4 + 0 + 1 = -3$$

　　可以看出，这种有符号的补码就可以表示相应的负数。因此在计算机中，有符号数都是以有符号的补码形式保存的。

　　对有符号补码表示的负数求补，就得到相应的正数。即：

$$N = \left[\left[N \right]_{补} \right]_{补}$$

　　表1-3列出了用两种形式表示的4-bit有符号数的所有值。可以看到，这两种表示方法中正数的表示相同，最高位的0是符号位，表示是正数。负的表示不同，但最高位都是1，表示是负数。另外在符号位–数值表示方法中，0会有正0和负0，这在实际运算中是不会出现的。

表1-3　4-bit有符号二进制数

十进制	有符号的二进制补码	符号位–数值
+7	0111	0111
+6	0110	0110
+5	0101	0101
+4	0100	0100
+3	0011	0011
+2	0010	0010
+1	0001	0001
+0	0000	0000
-0	–	1000
-1	1111	1001
-2	1110	1010
-3	1101	1011
-4	1100	1100
-5	1011	1101
-6	1010	1110
-7	1001	1111

十进制	有符号的二进制补码	符号位–数值
–8	1000	––

n–bit有符号补码可以表示的数的范围是$-2^{n-1} \sim (2^{n-1}-1)$。例如8–bit有符号补码可以表示的范围是$-128 \sim +127$。符号位–数值可以表示的范围是$-(2^{n-1}-1) \sim (2^{n-1}-1)$和有符号的0。

1.3.3　有符号补码的加减法

由于有符号补码的符号位是有权值的,在进行加减运算时符号位看作数值的一部分参加运算。对有符号的补码做加法运算时不需要再进行运算符判断和数值比较,仅需要相加,符号位处产生的进位被丢弃,运算结果也是有符号的补码。

【例1-1】用有符号的补码表示–6和+13,并计算$-6+13$。

$$+6: 00110 \xrightarrow{\text{取反}} 11001 \xrightarrow{+1} 11010 \ (-6) \qquad +13: 01101$$

$$\begin{array}{rr} -6 & 11010 \\ +13 & +01101 \\ \hline 7 & 00111 \end{array}$$

在例1-1中,求负数–6的补码可以先写出对应的整数+6,然后对+6求补码,即取反再加1,即得到–6的有符号的补码表示。可以用有符号的补码直接相加,相加就是基本的二进制数加法,符号位产生了进位1,丢弃这个进位,得到00111。这个结果也是有符号补码,符号位为0,即正数,为+7。

对一个有符号补码表示的二进制正数求补即可得到相应的负数,对一个有符号的补码表示的二进制负数求补也可以得到相应的正数,即求$-N$就是对N求补。因此,对用有符号的补码表示的二进制数做减法运算很简单,A减去B等同于A加上$-B$,也就等于A加上B的补码(B取反加1)。

$$A - B = A + (-B) = A + \bar{B} + 1$$

这样,对有符号补码表示的二进制数做减法可以用做加法实现,因此在计算机中,做加法和减法使用同一电路实现。

【例1-2】用有符号的补码表示–6和–13,并计算$(-6)-(-13)$。

用有符号的补码来计算$(-6)-(-13)$,可以通过计算$(-6)+\overline{(-13)}+1$来实现。–6的有符号补码表示为11010,–13的有符号补码表示为10011,对–13求反得到01100,和–6相加再加1,丢弃最高位产生的进位,得到00111,即+7。

$$+6: 00110 \xrightarrow{\text{取反}} 11001 \xrightarrow{+1} 11010 \ (-6)$$

$$+13: 01101 \xrightarrow{\text{取反}} 10010 \xrightarrow{+1} 10011 \ (-13)$$

$$\begin{array}{rrr} -6 & 11010 & 11010 \\ --13 & -10011 & 01100 \\ \hline 7 & & +\quad 1 \\ \hline & & 00111 \end{array}$$

【例1-3】计算用有符号补码表示的$6-13$。

```
      6        00110        00110
  -  13      - 01101        10010
  ────────   ────────   +       1
      -7                 ──────────
                            11001
```

需要注意的是,对有符号补码进行加减运算时,每一 bit 的加减运算和无符号数加减时的运算规则相同。

1.4 溢出

一定字长的二进制数仅能表示一定范围的数,例如 5-bit 有符号补码表示的范围是 -16~15,8-bit 有符号补码表示的范围是 -128~127;5-bit 无符号数表示的范围是 0~31,8-bit 无符号数表示的范围是 0~255。

当两个一定字长的二进制数进行算术运算时,产生的结果可能超出这一字长所能表示的范围,这称为溢出(overflow)。例如两个 8-bit 无符号数相加,和的范围是 0~510,需要 9-bit 才能表示;两个 8-bit 有符号补码相加,和的范围是 -256~ + 254,也需要 9-bit 才能表示。

对硬件电路来说,内部算术运算单元的数据宽度是一定的,数据存储单元(寄存器)的宽度也是一定的,发生溢出则意味着运算结果错误。

【例 1-4】计算 (-6) - 13,被加数和加数都用 5-bit 有符号的补码表示。

可以看到,丢弃最高位的进位,结果为 +13。而正确的结果是 -19,原因就在于 -19 已超出了 5-bit 的表示范围。因此,在计算机中通常会检测运算结果是否溢出,用一个标识位来标识是否发生溢出,然后做出相应的处理。

```
      -6       11010        11010
  -   13     - 01101        10010
  ────────   ────────   +       1
      -19                ──────────
                         (1) 01101   =13
```

无符号数进行加法运算时,如果最高位产生了进位输出,则意味着结果超出了能够表示的范围,会发生溢出。

对于有符号数,加法和减法运算都有可能发生溢出。有符号补码加减运算的溢出可以通过检测最高位和次高位的进位输出来判定,如果这两个进位输出相同,则不发生溢出;如果这两个进位输出不同,则发生溢出。

【例 1-5】用 8-bit 有符号的补码表示有符号数 +70 和 +80,计算 70 + 80 和 70 - 80。

+70 和 +80 做加法的结果是 +150,而 8-bit 有符号补码的表示范围是 -128~127,150 超出了 8-bit 的表示范围;类似地,+70 和 +80 做减法的结果是 -10,没有超出 8-bit 的表示范围。

```
进位:0 1                              进位:0 0
      70      0 1000110                70      0 1000110
  +   80   + 0 1010000             -   80   + 1 0110000
  ──────────────────────          ──────────────────────
  +150      1 0010110 = -106       -10      1 1110110 = -10
```

可以看出,+70 和 +80 相加时,最高位的进位输出是 0,次高位的进位输出是 1,两个进位输出不同,因此有溢出,得到的 8-bit 运算结果是错误的。+70 和 +80 相减时,最高位的进位输出是 0,次高位的进位输出也是 0,两个进位输出相同,因此没有溢出,得到的 8-bit 运算结果是正确的。

1.5 几种常见的二进制编码

1.5.1 BCD码

数字系统中所有的信息都以二进制形式存在,但在实际生活中人们更习惯用十进制数。一种方法是把十进制数都转换为二进制数,但n-bit二进制数只能表示2^n个可能的值,有些十进制数无法用二进制数精确表示。另外一种方法是用二进制的形式来表示十进制数,这就是所谓的二进制编码的十进制数BCD码(Binary Coded Decimal)。

BCD码是把十进制数中的每一个数字都用二进制编码表示。十进制有10个数字0~9,对每个数字进行编码,至少需要4-bit。4-bit二进制数有16种状态,用来表示十进制的10个数字,因此可以有多种编码方式。不同编码方式中4-bit编码每个位置的权值不同,如8421BCD码、2421BCD码等。8421BCD码即四位二进制码从高位到低位的权值分别是2^3、2^2、2^1和2^0,是最常用的BCD码。十进制数字0~9的不同二进制编码如表1-4所示。

表1-4 十进制数字的二进制编码

十进制数字	8421BCD码	2421BCD码
0	0000	0000
1	0001	0001
2	0010	0010
3	0011	0011
4	0100	0100
5	0101	1011
6	0110	1100
7	0111	1101
8	1000	1110
9	1001	1111

如果十进制数有n位,它的BCD编码就有$4n$位。把十进制数用BCD码表示就是把十进制数中的每一个数字用相应的二进制编码代替。以下是十进制数185的二进制形式和8421BCD编码。

$$(185)_{10} = (10111001)_2 = (0001\ 1000\ 0101)_{BCD}$$

用二进制表示185只需要8-bit,用BCD码表示185需要12-bit。很明显,表示同一个数,BCD码比二进制表示需要更多位。但是计算机的输入输出数据经常需要用十进制形式,因此BCD码是一种重要的十进制表示形式。

需要注意的是BCD码是十进制数,而不是二进制数。它和传统的十进制数不同的仅仅是用二进制编码0000、0001、0010、…、1000、1001来表示十进制的10个数字,而传统的十进制是用0、1、2、…、8、9来表示10个数字。

1.5.2 ASCII码

计算机不仅需要处理数字,还需要处理字符信息。在计算机中,信息都是以二进制的形式保存和处理的,因此需要用二进制编码来表示数字、字母和一些特殊字符。任何一种英语的数字字母字符集都包含10个十进制数字、26个字母和一些特殊字符。如果包含数字和大小写字母,则至少需要7位二进制编码。

目前国际上采用的数字字母字符的标准二进制编码称为ASCII码(American Standard Code for International Interchange,美国信息交换标准码)。ASCII码采用7位二进制编码,可以表示128个字符。ASCII码的编码如表1-5所示,7位二进制编码$B_7B_6B_5B_4B_3B_2B_1$中的高三位构成表中的列,低四位构成表中的行。例如字母"A"对应的列为100,对应的行为0001,则字母A的ASCII码就是1000001。ASCII码共包含94个可打印字符和34个不可打印的控制字符。

表1-5　ASCII码编码

$B_4B_3B_2B_1$	$B_7B_6B_5$							
	000	001	010	011	100	101	110	111
0000	NULL	DLE	SP	0	@	P	`	p
0001	SOH	DC1	!	1	A	Q	a	q
0010	STX	DC2	"	2	B	R	b	r
0011	ETX	DC3	#	3	C	S	c	s
0100	EOT	DC4	$	4	D	T	d	t
0101	ENQ	NAK	%	5	E	U	e	u
0110	ACK	SYN	&	6	F	V	f	v
0111	BEL	ETB	'	7	G	W	g	w
1000	BS	CAN	(	8	H	X	h	x
1001	HT	EM	)	9	I	Y	i	y
1010	LF	SUB	*	:	J	Z	j	z
1011	VT	ESC	+	;	K	[	k	{
1100	FF	FS	,	<	L	\	l		
1101	CR	GS	−	=	M	]	m	}
1110	SO	RS	.	>	N	^	n	~
1111	SI	US	/	?	O	_	o	DEL

ASCII码中有34个控制字符,用于控制数据的传送和为要打印的文本定义格式。表1-5中的控制字符用缩写表示,缩写与全名对应列表如表1-6所示。控制字符按功能分为格式控制符(format effector)、信息分割符(information separator)和通信控制字符(communication control character)。

格式控制符用于控制打印的格式和布局,如退格BS(backspace)、水平制表符HT(horizontal tabulation)和回车CR(carriage return)。信息分割符用于把数据分成不同的部分(段落或页),如记录分割符RS(record separator)和文件分割符FS(file separator)。通信控制符用于控制文本的传送,如文本起始符STX(start of text)和文本终止符ETX(end of text),它们可以在文本传送过程中控制文本的开始和结束。

表1-6　控制字符缩写和全名对应表

NULL	空字符	DLE	数据链路转义
SOH	标题开始	DC1	设备控制1

STX	文本起始	DC2	设备控制2
ETX	文本终止	DC3	设备控制3
EOT	传输结束	DC4	设备控制4
ENQ	询问	NAK	否认
ACK	确认	SYN	同步
BEL	蜂鸣	ETB	传输块结束
BS	退格	CAN	取消
HT	水平制表符	EM	介质末端
LF	换行	SUB	替换
VT	垂直制表符	ESC	跳出
FF	换页	FS	文件分割符
CR	回车	GS	组分割符
SO	移出	RS	记录分割符
SI	移入	US	单元分割符
SP	空格	DEL	删除

1.5.3 格雷码

8421BCD码的每一位都有固定的权值,而格雷码(Gray Code)是一种无权值编码,它可以有多种编码形式。格雷码的特点是任何两个相邻的码只有一位不同,而且首尾两个编码也是如此。当采用格雷码进行向上或向下计数时,每次计数值变化时只有一个二进制位翻转,而采用自然二进制编码则可能会有多个二进制位翻转。表1-7所示是模8的三位反射格雷码和自然二进制码。可以看出,自然二进制编码从000到111计数时,每次有一至三位需要翻转,而格雷码则每次只有一位需要翻转。而且除最左边的位以外,右边的两位以最左边的0和1分界,呈镜像对称,因此这种编码称为反射格雷码。

表1-7 模8的三位反射格雷码和自然二进制码

自然二进制编码	翻转次数	格雷码	翻转次数
000		000	
001	1	001	1
010	2	011	1
011	1	010	1
100	3	110	1
101	1	111	1
110	2	101	1
111	1	100	1
000	3	000	1

在某些应用中,计数时如果多个位同时发生变化就会产生错误。在这种情况下就不宜使用自然二进制编码,而使用格雷码则可以减少这种变化所产生的错误。格雷码是一种高可靠性码,同时由于计数时每次变化只有一位翻转,相比采用自然二进制码的计数电路,采用格雷码计数的电路功耗更小。

习题

1-1 写出0~31的二进制、八进制和十六进制数表示。

1-2 把下列十进制数转换为二进制数。

(1) 193　　　(2) 75.625　　　(3) 2007.375

1-3 把下列二进制数转换为十进制数。

(1) 1001101　　　(2) 1010011.101　　　(3) 110010.1101

1-4 把下面表中的数转换为另外三种进制。

十进制	二进制	八进制	十六进制
369.3125			
	1011101.101		
		456.5	
			F3C2.A

1-5 把下列十进制数写成BCD码形式。

(1) 382　　　(2) 7645　　　(3) 129

1-6 把下列BCD码写成十进制数形式。

(1) $(1001\,0011\,1000)_{BCD}$　　　(2) $(0111\,0010\,0101)_{BCD}$

1-7 写出下列二进制数的反码和补码。

(1) 11100　　　(2) 0110011　　　(3) 1110100

1-8 写出下列十进制数的有符号二进制补码。

(1) −17　　　(2) 34　　　(3) −64

1-9 写出下列有符号补码数的十进制形式。

(1) 100011　　　(2) 001100　　　(3) 111011

1-10 把下列算式中的数用有符号的补码表示并计算。

(1) (+36) + (−24)　　　(2) (−35) − (−24)

1-11 下面算式中的数均为有符号的补码,计算算式并判断是否有溢出。

(1) 100111 + 111001　　　(2) 110001 − 010010

1-12 写出自己名字拼音的ASCII码。

2 逻辑代数

逻辑代数(Logic Algebra)由英国数学家布尔(Boole)首先提出,因此也称为布尔代数(Boolean Algebra)。逻辑代数是数字逻辑设计的数学基础,它建立了用数学方式表示各种数字逻辑关系的方法。

逻辑函数和普通代数中的函数相似,是因变量随自变量的变化而变化。逻辑函数 $F = f(A,B,C,D,\cdots)$ 表示逻辑变量 A、B、C、D、$\cdots$ 经过有限的逻辑运算产生输出 F,F 随逻辑变量 A、B、C、D、$\cdots$ 的变化而变化。逻辑函数描述了输出和输入之间的关系,一旦逻辑变量的值确定,输出 F 的值也就确定了,可以是0或1。

2.1 基本逻辑运算和逻辑门

逻辑代数中基本的逻辑运算有"与"(AND)、"或"(OR)、"非"(NOT)三种。此外还有一些复合逻辑运算,如"与非"(NAND)、"或非"(NOR)、"异或"(XOR)、"同或"(XNOR)等,这些复合逻辑运算都可以用基本逻辑运算实现。这些基本逻辑运算都可以用逻辑门实现。

2.1.1 "与"运算

"与"运算在数学上定义为两个布尔值的"乘",表示决定某一事件的全部条件同时具备时,该事件才会发生。例如两个逻辑变量 A 和 B 做"与"运算,只有 A 和 B 同时为1时,运算结果才是1,否则结果为0。

以图2-1所示的两个串联开关控制指示灯的电路为例,只有当开关A和开关B同时闭合时,指示灯才会亮,任何一个开关打开,指示灯都不会亮。可以列出 A、B开关状态和指示灯状态之间的关系,如表2-1所示。

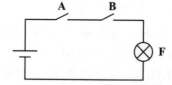

图2-1 两个串联开关控制指示灯电路

如果把开关闭合记为1,把开关打开记为0,把指示灯亮记为1,指示灯灭记为0,则可以列出表2-2。这种把输入的所有可能组合和对应的输出都列出的表称为真值表。由于每个输入只有两种可能的值,N个输入就有 2^N 种组合。

表2-1 串联开关控制电路的开关状态和指示灯状态

开关A	开关B	指示灯F
断	断	灭
断	合	灭
合	断	灭

续表

开关A	开关B	指示灯F
合	合	亮

表2-2 "与"运算真值表

A	B	F
0	0	0
0	1	0
1	0	0
1	1	1

在逻辑代数中,"与"运算用"·"表示,A与B做"与"运算可以表示为:

$$F = A \cdot B$$

在不会发生混淆的情况下,"·"也可以省略,直接写为:$F = AB$。

上式中A和B是逻辑变量,F是逻辑变量A和B的逻辑函数,从真值表可以得出:

$$0 \cdot 0 = 0 \qquad 0 \cdot 1 = 0 \qquad 1 \cdot 0 = 0 \qquad 1 \cdot 1 = 1$$

进一步可以推出:

$$0 \cdot A = 0 \qquad A \cdot 1 = A \qquad A \cdot A = A$$

在实际应用中,可以有多个逻辑变量进行"与"运算,如:$F = A \cdot B \cdot C$。当任一逻辑变量为0时,输出F即为0;只有当所有的逻辑变量为1时,输出F才为1。

在数字电路中,把实现逻辑"与"运算的单元电路称为与门。根据与门的输入端数,有二输入与门、三输入与门、四输入与门等。与门的逻辑符号如图2-2所示。

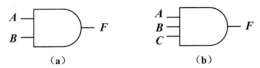

（a） （b）

图2-2 与门逻辑符号

2.1.2 "或"运算

"或"运算在数学上定义为两个布尔值的"加",表示决定某一事件的全部条件都不具备时,该事件才不会发生;如果其中任何一个条件具备,该事件就会发生。例如两个逻辑变量A和B做"或"运算,只有A和B同时为0时,运算结果才是0,否则结果为1。

类似地,以图2-3所示的两个并联开关控制指示灯电路为例,只有当开关A和开关B同时打开时,指示灯才灭;否则,任何一个开关闭合,指示灯就会亮。

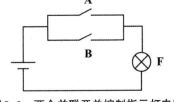

图2-3 两个并联开关控制指示灯电路

开关和指示灯的状态表如表2-3所示,"或"运算真值表如表2-4所示。

表2-3 并联开关控制电路的开关状态和指示灯状态

开关A	开关B	指示灯F
断	断	灭

续表

开关A	开关B	指示灯F
断	合	亮
合	断	亮
合	合	亮

表2-4 "或"运算真值表

A	B	F
0	0	0
0	1	1
1	0	1
1	1	1

在逻辑代数中,"或"运算用"+"表示,A 与 B 做"或"运算可以表示为:

$$F = A + B$$

从真值表可以得出:

$$0 + 0 = 0 \qquad 0 + 1 = 1 \qquad 1 + 0 = 1 \qquad 1 + 1 = 1$$

进一步可以推出:

$$0 + A = A \qquad A + 1 = 1 \qquad A + A = A$$

在实际应用中,可以有多个逻辑变量进行"或"运算,如 $F = A + B + C$。当任一逻辑变量为1时,输出 F 即为1;只有当所有的逻辑变量为0时,输出 F 才为0。

在数字电路中,把实现逻辑"或"运算的单元电路称为或门。根据或门的输入端数,有二输入或门、三输入或门、四输入或门等。或门的逻辑符号如图2-4所示。

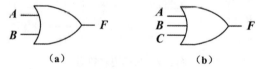

（a） （b）

图2-4 或门逻辑符号

2.1.3 "非"运算

"非"运算返回输入的否定值。如果输入为0,则结果为1;输入为1,则结果为0。

类似地,以图2-5所示的开关控制指示灯电路为例,当开关闭合时,指示灯灭;当开关打开时,指示灯亮。

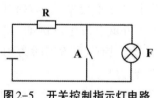

图2-5 开关控制指示灯电路

开关和指示灯状态表如表2-5所示,"非"运算真值表如表2-6所示。

表2-5 开关控制电路的开关状态和指示灯状态

开关A	指示灯F
断	亮
合	灭

表2-6 "非"运算真值表

A	F
0	1
1	0

在逻辑代数中,"非"运算用"‾"或""表示,A 做"非"运算可以表示为:

$$F = \bar{A} \qquad \text{或} \qquad F = A'$$

从真值表可以得出:

$$0' = 1 \qquad\qquad 1' = 0$$

在数字电路中,把实现逻辑"非"运算的单元电路称为非门。非门的逻辑符号如图2-6所示。

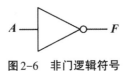

图2-6 非门逻辑符号

2.1.4 "与非"和"或非"运算

"与非"运算是"与"运算和"非"运算的复合运算。它先把输入变量进行"与"运算,然后再把"与"的结果做"非"运算,与非的逻辑函数式为:

$$F = \overline{A \cdot B} \qquad \text{或} \qquad F = (A \cdot B)'$$

"或非"运算是"或"运算和"非"运算的复合运算。它先把输入变量进行"或"运算,然后再把"或"的结果做"非"运算,或非的逻辑函数式为:

$$F = \overline{A + B} \qquad \text{或} \qquad F = (A + B)'$$

"与非"和"或非"运算的真值表如表2-7所示。从真值表可以看出,对于"与非"运算,只有输入变量都为1时,输出才为0;对于"或非"运算,只有输入变量都为0时,输出才为1。

表2-7 "与非"和"或非"运算真值表

A	B	$(A \cdot B)'$	$(A + B)'$
0	0	1	1
0	1	1	0
1	0	1	0
1	1	0	0

在数字电路中,把实现"与非"运算和"或非"运算的单元电路称为与非门和或非门。两输入与非门和或非门的逻辑符号如图2-7所示。

(a)两输入与非门逻辑符号　　　　(b)两输入或非门逻辑符号

图2-7 两输入与非门和或非门逻辑符号

和非门符号输出端上的小圆圈相似,在后续的逻辑符号中输出端带小圆圈都表示逻辑取反。

2.1.5 "异或"和"同或"运算

异或和同或都是两变量的逻辑运算。异或的逻辑关系是:当两个输入变量不同时输出为1,相同时输出为0。同或的逻辑关系是:当两个输入变量相同时输出为1,不同时输出为0。异或的运算符号为"⊕",同或的运算符号为"⊙"。

异或的逻辑函数式为:

$$F = A \oplus B = AB' + A'B。$$

同或的逻辑函数式为:

$$F = A \odot B = AB + A'B'$$

"异或"和"同或"运算的真值表如表2-8所示。

表2-8　"异或"和"同或"运算真值表

A	B	$A \oplus B$	$A \odot B$
0	0	0	1
0	1	1	0
1	0	1	0
1	1	0	1

对于异或运算,由真值表可以得出:

$$0 \oplus 0 = 0 \qquad 0 \oplus 1 = 1 \qquad 1 \oplus 0 = 1 \qquad 1 \oplus 1 = 0$$

可以推出:

$$A \oplus A = 0 \qquad A \oplus A' = 1 \qquad A \oplus 0 = A \qquad A \oplus 1 = A'$$

进一步可以推出:偶数个逻辑变量A进行异或,结果为0;奇数个逻辑变量A进行异或,结果仍然为A。当多个0、1相异或时,起作用的是1,如果其中有奇数个1,则结果为1;如果有偶数个1,则结果为0。

对于同或运算,由真值表可以得出:

$$0 \odot 0 = 1 \qquad 0 \odot 1 = 0 \qquad 1 \odot 0 = 0 \qquad 1 \odot 1 = 1$$

可以推出:

$$A \odot A = 1 \qquad A \odot A' = 0 \qquad A \odot 0 = A' \qquad A \odot 1 = A$$

进一步可以推出:偶数个逻辑变量A进行同或,结果为1;奇数个逻辑变量A进行同或,结果仍然为A。当多个0、1相同或时,起作用的是0,如果其中有偶数个0,则结果为1;如果有奇数个0,则结果为0。

比较异或运算和同或运算,可以看出异或和同或互为相反:

$$A \oplus B = (A \odot B)' \qquad A \odot B = (A \oplus B)'$$

在数字电路中,把实现逻辑"异或"运算和"同或"运算的单元电路称为异或门和同或门,异或门和同或门的逻辑符号如图2-8所示。

（a）异或门逻辑符号 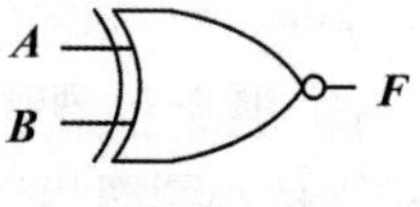　　　　　　　　　（b）同或门逻辑符号

图2-8　异或门和同或门逻辑符号

2.2 逻辑代数基本定理

逻辑常量和常量的运算规则都是逻辑代数的公理,逻辑常量和变量、逻辑变量和变量的运算规则是逻辑代数的基本定理,逻辑代数的公理和基本定理汇总如表2-9所示。

表2-9 逻辑代数公理和基本定理

1a	$0' = 1$	1b	$1' = 0$	公理1
2a	$0 \cdot 0 = 0$	2b	$1 + 1 = 1$	公理2
3a	$0 \cdot 1 = 1 \cdot 0 = 0$	3b	$1 + 0 = 0 + 1 = 1$	公理3
4a	$1 \cdot 1 = 1$	4b	$0 + 0 = 0$	公理4
5a	$A \cdot B = B \cdot A$	5b	$A + B = B + A$	交换律
6a	$A \cdot (B \cdot C) = (A \cdot B) \cdot C$	6b	$A + (B + C) = (A + B) + C$	结合律
7a	$A \cdot (B + C) = A \cdot B + A \cdot C$	7b	$A + B \cdot C = (A + B) \cdot (A + C)$	分配律
8a	$A \cdot 0 = 0$	8b	$A + 1 = 1$	控制律
9a	$A \cdot 1 = A$	9b	$A + 0 = A$	自等律
10a	$A \cdot A = A$	10b	$A + A = A$	重叠律
11a	$A \cdot (A + B) = A$	11b	$A + A \cdot B = A$	吸收律
12a	$A \cdot A' = 0$	12b	$A + A' = 1$	互补律
13a	$(A \cdot B)' = A' + B'$	13b	$(A + B)' = A' \cdot B'$	反演律
14	$(A')' = A$			

表2-9中的公理和基本定理分为两列,a列和b列的定理是对偶的。所谓对偶是把与变为或、或变为与、0变为1、1变为0。对任一定理等号两边的表达式同时取对偶,则可以得到对应的另一列中的定理。

表中的定理可以采用穷举法证明,即分别列出等式两边逻辑函数式的真值表,如果两个真值表完全相同,则等式成立。

上述定理也可以用公理或已经证明的定理来证明。

定理$A + AB = A$的证明:

$$A + AB$$
$$= A(1 + B)$$
$$= A \cdot 1 = A$$

定理$A + BC = (A + B)(A + C)$的证明:

$$(A + B)(A + C)$$
$$= A + AC + AB + BC$$
$$= A(1 + C + B) + BC$$
$$= A \cdot 1 + BC = A + BC$$

定理$(A \cdot B)' = A' + B'$的代数证明比较长,这里用表2-10所示的真值表来证明。列出等式两边逻辑函数式的真值表,可以看到,等式左右两边逻辑函数式的运算结果相同,证明了等式的正确性。

表2-10 定理$(A \cdot B)' = A' + B'$等式两边逻辑函数式真值表

A	B	$(A \cdot B)'$	$A' + B'$
0	0	1	1
0	1	1	1
1	0	1	1
1	1	0	0

逻辑函数式中的运算有优先级,优先级从高到低依次为:括号、非、与、或。即括号内的表达式必须在其他运算前计算,然后计算非,再计算与,最后做或运算。运算的优先级和普通算术运算相似,只是"乘"和"加"被"与"和"或"所代替。

2.3 逻辑代数基本规则

逻辑代数有三个重要规则:代入规则、反演规则和对偶规则。

2.3.1 代入规则

对于逻辑等式中的任何一个变量,如果把所有出现该变量的地方都用逻辑函数式G代替,则等式仍然成立。这个规则称为代入规则。

合理利用代入规则,可以扩大逻辑代数基本定理的应用范围。

【例2-1】在等式$(A + B)' = A' \cdot B'$中把变量B用$B + C$替换,就得到等式:

$$\left(A + (B + C)\right)' = A' \cdot (B + C)'$$

可以得到:

$$(A + B + C)' = A' \cdot B' \cdot C'$$

类似地,也可以得到:

$$(ABCD)' = A' + B' + C' + D'$$

【例2-2】在等式$A + B \cdot C = (A + B) \cdot (A + C)$中把变量$C$用$CD$替换,就得到等式:

$$A + B \cdot CD = (A + B) \cdot (A + CD)$$

可以得到:

$$A + BCD = (A + B)(A + C)(A + D)$$

2.3.2 反演规则

反演就是求一个逻辑函数F的反F',反演规则就是求反规则。

已知逻辑函数F,如果把逻辑函数式中所有的0换为1、1换为0、"+"换为"·"、"·"换为"+"、原变量换为反变量、反变量换为原变量,得到的新逻辑函数式就是逻辑函数F的反F'。

反演规则是反演律的推广,应用反演规则可以很方便地求出逻辑函数的反(非)。

【例2-3】已知逻辑函数$F = (AB)' + CD$,求F'。

应用反演规则,可以得到:

$$F' = (A' + B')'(C' + D')$$

【例2-4】已知逻辑函数$F = (AB' + C)D$,求F'。

应用反演规则,可以得到:

$$F' = (A' + B)C' + D'$$

应用反演规则时需注意:

◇ 变换应对所有的逻辑常量、逻辑变量和运算符实行,不能遗漏;

◇ 必须保持原逻辑函数中变量之间的运算顺序不变,必要时加括号;

◇ 原变量和反变量之间的互换只对单个逻辑变量有效,如例2-3中 $F = (AB)' + CD$ 中的 $(AB)'$ 是非运算,不是反变量,因此在反演变换中非号必须保留。

2.3.3 对偶规则

在表2-9中汇总的逻辑代数基本定理中,左列和右列的公式都是对偶的,只要把左列公式中的1和0、"+"和"·"互换,就可以得到右列的公式;对右列的公式做这样的操作同样也会得到左列的公式。

对任一逻辑函数 F,把逻辑函数式中所有的逻辑常量1和0互换,把逻辑运算符"+"和"·"互换,而变量不变,就得到这个逻辑函数的对偶式 F^D。

例如逻辑函数:

$$F = A(B' + C)$$

则它的对偶式:

$$F^D = A + B'C$$

如果两个逻辑函数相等,则它们的对偶式也相等。做对偶变换时应对全部逻辑常量和逻辑运算符实行,不能遗漏。

对一个逻辑函数的对偶再求对偶,就得到原函数:

$$F = \left(F^D\right)^D$$

需要注意的是,原函数和它的对偶式是两个相互独立的函数。对偶式不是原函数的反,它们之间只是形式上对偶。

2.4 常用逻辑代数公式

运用上述基本定理和规则,可以推导出一些常用的公式。应用这些公式可以方便地进行逻辑函数式的化简。

公式1: $AB + A'B = B$

证明: $AB + A'B$

$= B(A + A')$

$= B \cdot 1 = B$

公式2: $A + A'B = A + B$

证明: $A + A'B$

$= (A + A')(A + B)$

$= 1 \cdot (A + B) = A + B$

在逻辑函数式中,如果某与项的一个因子恰好与另一与项互补,则这个因子是冗余的,可以消去。

公式 3： $AB + A'C + BC = AB + A'C$

证明： $AB + A'C + BC$

$= AB + A'C + BC(A + A')$

$= AB + ABC + A'C + A'BC$

$= AB(1 + C) + A'C(1 + B)$

$= AB + A'C$

在逻辑函数式中，如果某两个与项中有一个变量互为相反，而这两个与项中的其他变量都是组成第三个与项的因子，则第三个与项是冗余的，可以消去。这个公式还可以推广为：

$$AB + A'C + BCDE\cdots = AB + A'C$$

公式 4： $AB + A'C = (A + C)(A' + B)$

证明： $(A + C)(A' + B)$

$= AA' + AB + A'C + BC$

$= AB + A'C + BC$

$= AB + A'C$

2.5 逻辑函数的表示方法和逻辑化简

逻辑函数表示和逻辑变量之间的逻辑关系，可以用逻辑变量、逻辑常量（0 和 1）和逻辑运算符组成的逻辑函数式来表示，例如逻辑函数：

$$F = A + B'C$$

逻辑函数也可以用真值表来表示。真值表是把逻辑变量赋值为 0、1 的各种组合以及相应的函数值列出的表。如果有 n 个逻辑变量，则真值表的行数为 2^n，n-bit 组合从二进制数 0 排列到 $2^n - 1$。表 2-11 是逻辑函数 F 的真值表。

表 2-11 逻辑函数 F 的真值表

A	B	C	F
0	0	0	0
0	0	1	1
0	1	0	0
0	1	1	0
1	0	0	1
1	0	1	1
1	1	0	1
1	1	1	1

逻辑函数可以从逻辑函数式转换为由逻辑门构成的逻辑电路图。在逻辑电路图中，逻辑函数式中的逻辑变量作为输入，逻辑函数 F 作为输出，把逻辑函数式中各逻辑变量之间的逻辑运算用逻辑门表示，再把这些变量和逻辑门连接起来，就得到了实现逻辑函数的逻辑电路图。图 2-9 所示是实现上面逻辑函数 F 的逻辑电路图。非门对输入 B 求反，与门对 B' 和输入 C 做与运算，或门再对输入 A 和 $B'C$ 做或运算，产生输出 F。

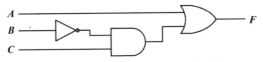

图 2-9　实现逻辑函数 F 的逻辑电路图

逻辑函数的真值表只有一种表示形式,但如果用逻辑函数式来表示逻辑函数,就会有多种不同的表达形式。不同的表达形式对应不同的逻辑电路,复杂的逻辑函数式意味着更多的逻辑门数和更多的逻辑门输入数,即更复杂的电路;简洁的逻辑函数式则意味着更少的逻辑门数和逻辑门输入数,即更简单的电路。例如逻辑函数:

$$F_1 = A'B'C + A'BC + AB'$$

实现 F_1 的逻辑电路如图 2-10 所示。可以看出,实现这个逻辑函数需要两个非门、两个三输入与门、一个二输入与门和一个三输入或门。

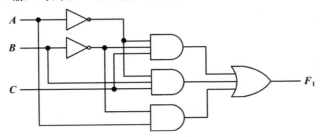

图 2-10　实现 F_1 的逻辑电路图

利用逻辑代数基本定理,可以得到不同形式的逻辑函数式:

$$F_1 = A'B'C + A'BC + AB'$$
$$= A'C(B' + B) + AB'$$
$$= A'C + AB'$$

逻辑函数式被简化为两项,只需要两个非门、两个二输入与门和一个二输入或门就可以实现,逻辑电路如图 2-11 所示。用真值表可以验证这两个逻辑函数式是相等的,真值表如表 2-12 所示。两种函数式的真值表是相同的,也就是说这两种函数式是相等的。在实现相同功能的逻辑函数时,逻辑门数和门的输入数应尽可能少,这样可以简化电路,降低电路开销,提高电路性能。

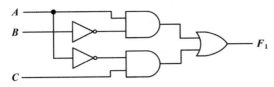

图 2-11　F_1 简化后的逻辑电路图

表 2-12　F_1 两种逻辑函数式真值表

A	B	C	$A'B'C + A'BC + AB'$	$A'C + AB'$
0	0	0	0	0
0	0	1	1	1
0	1	0	0	0
0	1	1	1	1
1	0	0	1	1

A	B	C	$A'B'C + A'BC + AB'$	$A'C + AB'$
1	0	1	1	1
1	1	0	0	0
1	1	1	0	0

简化逻辑函数的一种方法是利用逻辑代数基本定理和常用公式,减少逻辑函数式中的项数和每项中的变量数。

【例2-5】化简下列逻辑函数。

（1）$F = ABC + A'B'C + ABC' + AB'C$

$\quad = AB(C + C') + B'C(A' + A)$

$\quad = AB + B'C$

（2）$F = A(B + C) + B'C'$

$\quad = A(B + C) + (B + C)'$

$\quad = ((B + C)' + A)((B + C)' + (B + C))$

$\quad = A + (B + C)'$

$\quad = A + B'C'$

2.6 逻辑函数的两种标准表达形式

逻辑函数有两种标准表达形式:最小项的和和最大项的积,即"积之和"和"和之积"。积之和就是包含多个"与"项的表达式,"与"项又称为乘积项,积之和就是这些"与"项做"或"运算。和之积就是包含多个"或"项的表达式,"或"项又称为和项,和之积就是这些"或"项做"与"运算。

2.6.1 最小项和最小项的和

如果逻辑函数中有n个逻辑变量,n个变量组成"与"项(乘积项),每个逻辑变量可以以原变量(X)或反变量(X')的形式出现,且仅出现一次,这个乘积项称为最小项。n个变量就有2^n个最小项。如果有两个逻辑变量A、B,就有四个最小项$A'B'$、$A'B$、AB'和AB。如果有三个逻辑变量A、B、C,就有八个最小项$A'B'C'$、$A'B'C$、$A'BC'$、$A'BC$、$AB'C'$、$AB'C$、ABC'、ABC。表2-13是三变量所有最小项的真值表。

表2-13 三变量所有最小项真值表

ABC	$A'B'C'$ m_0	$A'B'C$ m_1	$A'BC'$ m_2	$A'BC$ m_3	$AB'C'$ m_4	$AB'C$ m_5	ABC' m_6	ABC m_7
000	1	0	0	0	0	0	0	0
001	0	1	0	0	0	0	0	0
010	0	0	1	0	0	0	0	0
011	0	0	0	1	0	0	0	0
100	0	0	0	0	1	0	0	0
101	0	0	0	0	0	1	0	0

ABC	$A'B'C'$ m_0	$A'B'C$ m_1	$A'BC'$ m_2	$A'BC$ m_3	$AB'C'$ m_4	$AB'C$ m_5	ABC' m_6	ABC m_7
110	0	0	0	0	0	0	1	0
111	0	0	0	0	0	0	0	1

从表2-13中可以看出,对任一最小项,只有一种变量取值使其值为1,其他取值其值均为0。例如对于最小项 $A'B'C'$,仅当 ABC 为000时 $A'B'C' = 1$,其他取值时 $A'B'C' = 0$;对于最小项 $A'B'C$,仅当 ABC 为001时 $A'B'C = 1$,其他取值时 $A'B'C = 0$。因此,如果真值表中二进制数的相应bit为1,则对应变量取原变量,如果相应的bit为0,则取反变量,由此可以得到相应的最小项。最小项也可以用符号 m_j 表示,下标 j 是该最小项对应的二进制数等值的十进制数。三变量的最小项:

$$A'B'C' = m_0 \qquad A'B'C = m_1 \qquad A'BC' = m_2 \qquad A'BC = m_3$$

$$AB'C' = m_4 \qquad AB'C = m_5 \qquad ABC' = m_6 \qquad ABC = m_7$$

最小项的性质如下:

◇　任一最小项,只有一种变量取值使其值为1,其他取值其值均为0;

◇　任意两个不同最小项的乘积(与)为0,即 $m_i \cdot m_j = 0, i \neq j$;

◇　n个变量的所有最小项的和(或)为1,即 $\sum_{i=0}^{2^n-1} m_i = 1$。

任何一个逻辑函数都可以表示为最小项的和。有时逻辑函数不是这种形式,可以先把逻辑函数式写为积的和,然后看每一项是否包含所有的变量,如果不是,再进行扩展。

【例2-6】用最小项的和表示逻辑函数 $F = A + BC$。

$$F = A(B + B')(C + C') + BC(A + A')$$
$$= ABC + AB'C + ABC' + AB'C' + ABC + A'BC$$
$$= ABC + AB'C + ABC' + AB'C' + A'BC$$
$$= m_7 + m_5 + m_6 + m_4 + m_3$$
$$= \sum (m_3, m_4, m_5, m_6, m_7)$$

另一种方法是直接从逻辑函数式列出真值表,然后从真值表得到这些最小项。表2-14是逻辑函数 $F = A + BC$ 的真值表。

表2-14　$F = A + BC$ 的真值表

A	B	C	F
0	0	0	0
0	0	1	0
0	1	0	0
0	1	1	1
1	0	0	1
1	0	1	1
1	1	0	1
1	1	1	1

从真值表中可以看出,值为1的最小项的序号是3、4、5、6、7。用最小项的和表示逻辑函数,也可以简洁表示为:

$$F = \sum m(3,4,5,6,7)$$

2.6.2 最大项和最大项的积

如果逻辑函数中有 n 个逻辑变量，n 个变量组成"或"项（和项），每个逻辑变量可以以原变量(X)或反变量(X')的形式出现，且仅出现一次，这个和项称为最大项。n 个变量就有 2^n 个最大项。如果有两个逻辑变量 A 和 B，就有四个最大项 $A + B$、$A + B'$、$A' + B$ 和 $A' + B'$。如果有三个逻辑变量 A、B、C，就有八个最大项 $A + B + C$、$A + B + C'$、$A + B' + C$、$A + B' + C'$、$A' + B + C$、$A' + B + C'$、$A' + B' + C$、$A' + B' + C'$。表 2-15 是三变量所有最大项的真值表。

表2-15 三变量所有最大项真值表

ABC	$A+B+C$ M_0	$A+B+C'$ M_1	$A+B'+C$ M_2	$A+B'+C'$ M_3	$A'+B+C$ M_4	$A'+B+C'$ M_5	$A'+B'+C$ M_6	$A'+B'+C'$ M_7
000	0	1	1	1	1	1	1	1
001	1	0	1	1	1	1	1	1
010	1	1	0	1	1	1	1	1
011	1	1	1	0	1	1	1	1
100	1	1	1	1	0	1	1	1
101	1	1	1	1	1	0	1	1
110	1	1	1	1	1	1	0	1
111	1	1	1	1	1	1	1	0

从表 2-15 可以看出，对任一最大项，只有一种变量取值使其值为 0，其他取值其值均为 1。例如对于最大项 $A + B + C$，仅当 ABC 为 000 时 $A + B + C = 0$，其他取值时 $A + B + C = 1$；对于最大项 $A + B + C'$，仅当 ABC 为 001 时 $A + B + C' = 0$，其他取值时 $A + B + C' = 1$。因此，如果真值表中二进制数的相应 bit 为 1，则对应变量取反变量，如果相应的 bit 为 0，则取原变量，由此可以得到相应的最大项。最大项也可以用符号 M_j 表示，下标 j 是该最大项对应的二进制数等值的十进制数。三变量的最大项：

$$A + B + C = M_0 \qquad A + B + C' = M_1$$
$$A + B' + C = M_2 \qquad A + B' + C' = M_3$$
$$A' + B + C = M_4 \qquad A' + B + C' = M_5$$
$$A' + B' + C = M_6 \qquad A' + B' + C' = M_7$$

最大项的性质如下：

◇ 任一最大项，只有一种变量取值使其值为 0，其他取值其值均为 1；

◇ 任意两个不同最大项的和（或）为 1，即 $M_i + M_j = 1, i \neq j$；

◇ n 个变量的所有最大项的积（与）为 0，即 $\prod_{i=0}^{2^n-1} M_i = 0$。

任何一个逻辑函数都可以表示为最大项的积。有时逻辑函数不是这种形式，可以先把逻辑函数式写为和的积，然后看每一项是否包含所有的变量，如果不是，再进行扩展。

【例2-7】用最大项的积表示逻辑函数 $F = AB + A'C$。

$F = AB + A'C$

$= (AB + A')(AB + C)$

$$= (A' + A)(A' + B)(A + C)(B + C)$$
$$= (A' + B + CC')(A + C + BB')(B + C + AA')$$
$$= (A' + B + C)(A' + B + C')(A + C + B)(A + C + B')(B + C + A)(B + C + A')$$
$$= (A' + B + C)(A' + B + C')(A + B + C)(A + B' + C)$$
$$= M_4 \cdot M_5 \cdot M_0 \cdot M_2$$
$$= \prod (M_0, M_2, M_4, M_5)$$

另一种方法是直接从逻辑函数式列出真值表，然后从真值表得到这些最大项。表2-16是逻辑函数 $F = AB + A'C$ 的真值表。

表2-16　$F = AB + A'C$的真值表

A	B	C	F
0	0	0	0
0	0	1	1
0	1	0	0
0	1	1	1
1	0	0	0
1	0	1	0
1	1	0	1
1	1	1	1

从真值表中可以看出，值为0的最大项的序号是0、2、4、5。用最大项的积表示逻辑函数，也可以简洁表示为：

$$F = \prod M(0,2,4,5)$$

2.6.3　最小项表达式和最大项表达式之间的关系

同一个逻辑函数可以用最小项的和表示，也可以用最大项的积表示，是同一逻辑函数的不同表示方式，因此二者在本质上是相等的。

观察例2-7中逻辑函数 $F = AB + A'C$ 的真值表，可以得出：

$$F = AB + A'C$$
$$= \sum m(1,3,6,7)$$
$$= \prod M(0,2,4,5)$$

可以看出，两种标准式中最小项和最大项的序号间存在互补关系，在最小项表达式中没有出现的序号一定会出现在最大项表达式中，反之亦然。利用这一特性，可以很方便地根据最小项表达式写出最大项表达式，或根据最大项表达式写出最小项表达式。

如果原函数是用真值表中使函数值为1的那些最小项来表示的，当对原函数求反时，就会使原来为1的最小项值变0，原来为0的最小项值变1，因此其反函数就等于原函数中没出现的最小项的和。类似地，用最大项的积表示的逻辑函数，其反函数就等于原函数中没有出现的最大项的积。

【例2-8】逻辑函数 $F = AB + A'C$，写出反演式 F' 的最小项表达式。

逻辑函数 $F = AB + A'C$ 和反演式 F' 的真值表如表2-17所示。

表2-17　$F = AB + A'C$和反演式F'的真值表

A	B	C	F	F'
0	0	0	0	1
0	0	1	1	0
0	1	0	0	1
0	1	1	1	0
1	0	0	0	1
1	0	1	0	1
1	1	0	1	0
1	1	1	1	0

$$F' = \sum m(0,2,4,5)$$
$$= \prod M(1,3,6,7)$$

可以看出,反演式的最小项表达式中最小项的序号和F的最大项表达式中最大项的序号一致;F'的最大项表达式中最大项的序号和F的最小项表达式中最小项的序号一致。

2.7　逻辑函数不同表示方式间的转换

2.7.1　真值表与逻辑函数式间的转换

在解决实际逻辑问题时,通常先把问题抽象为真值表,通过真值表,建立输入和输出之间的关系。从2.6节可知,"最小项的和"和"最大项的积"这两种标准表达形式就是直接从真值表中得到的逻辑函数的基本形式。因此,可以通过真值表,把表示输出和输入之间关系的函数式写为"最小项的和"或"最大项的积"。

【例2-9】有A、B、C三个输入,当三个信号中有两个或两个以上为高电平时,输出F为高,否则F为低。试写出输出F的逻辑函数式。

设高电平为1,低电平为0,输入为A、B、C,输出为F。根据问题的描述,可以得到如表2-18所示的真值表。

表2-18　例2-9真值表

A	B	C	F
0	0	0	0
0	0	1	0
0	1	0	0
0	1	1	1
1	0	0	0
1	0	1	1
1	1	0	1
1	1	1	1

根据真值表,可以把逻辑函数写为最小项的和。在真值表中,找出所有使$F = 1$的输入组合,用原变量表示变量取值1,用反变量表示变量取值0,各变量相与;然后把这些与项相

或,就得到逻辑函数 F 的与或式。

从表2-18可以看出,输入 ABC 为011、101、110和111时,输出 $F = 1$。对应的与项分别是 $A'BC$、$AB'C$、ABC'、ABC,把这些与项相或,就得到最小项之和:

$$F = A'BC + AB'C + ABC' + ABC$$

根据真值表,也可以把逻辑函数写为最大项的积。在真值表中,找出所有使 $F = 0$ 的输入组合,用原变量表示变量取值0,用反变量表示变量取值1,各变量相或;然后把这些或项相与,就得到逻辑函数 F 的或与式。

从表2-18可以看出,输入 ABC 为000、001、010和100时,输出 $F = 0$。对应的或项分别是 $A + B + C$、$A + B + C'$、$A + B' + C$、$A' + B + C$,把这些或项相与,就得到最大项之积:

$$F = (A + B + C)(A + B + C')(A + B' + C)(A' + B + C)$$

这两种逻辑函数式是对同一真值表的两种不同表示方法,二者是相等的。

如果已知逻辑函数求真值表,只需将输入变量取值的所有组合代入逻辑函数式,求出其逻辑值,列出表,即可得到逻辑函数的真值表。

2.7.2 逻辑函数式和逻辑电路图之间的转换

把逻辑函数式转换为逻辑电路图,只需要把逻辑函数式中各变量间的与、或、非等运算用逻辑符号表示出来,再把这些符号和对应的逻辑变量连接起来即可。

如果逻辑电路图已知,要转换为逻辑函数式,只需要从逻辑电路图的输入端开始,逐级写出每个逻辑符号的输出逻辑表达式,在输出端就可以得到逻辑函数式。

【例2-10】已知逻辑电路图如图2-12所示,写出输出的逻辑函数式。

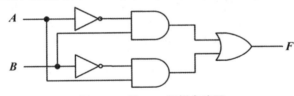

图2-12 例2-10逻辑电路图

从输入 A、B 开始,逐级写出每个逻辑符号输出端的逻辑表达式,在输出端就得到逻辑函数式:

$$F = A'B + AB' = A \oplus B$$

输出 F 和输入 A、B 是异或关系,这个逻辑电路实现的是异或功能。

2.7.3 真值表到波形图

把逻辑函数输入变量的每一种可能取值和对应的输出按时间顺序排列起来,就是该逻辑函数的波形图。波形图的横轴是时间,纵轴是变量取值。由于变量取值只可能取0和1,因此通常并不画出纵轴。

【例2-11】将表2-18所示的真值表转换为波形图。

表2-18真值表的波形图如图2-13所示。

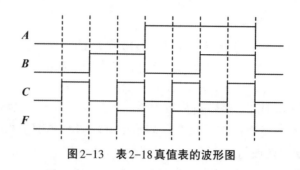

图2-13 表2-18真值表的波形图

2.8 卡诺图化简

实现某一逻辑功能的逻辑函数可以有多种表达形式。逻辑函数式复杂,就意味着实现这一逻辑函数的电路复杂;逻辑函数式简单,就意味着电路简单,有利于电路性能的提高和成本的降低。

逻辑函数的化简有代数化简法和卡诺图化简法。代数化简法利用逻辑代数基本定理和常用公式对逻辑函数式进行变换,得到简化的表达式。卡诺图化简是把逻辑函数用卡诺图表示,在卡诺图上进行函数化简。这种方法简便,适合于输入变量数较小的逻辑函数化简。

2.8.1 卡诺图

任何一个逻辑函数都可以用一个真值表唯一地表示出来。真值表是按一维方式排列的,一边列自变量的取值组合,另一边列对应的函数值,如表2-19所示的表决判定的真值表。

表2-19 表决判定的真值表

A	B	C	F
0	0	0	0
0	0	1	0
0	1	0	0
0	1	1	1
1	0	0	0
1	0	1	1
1	1	0	1
1	1	1	1

如果把真值表中的自变量分成两组(A)和(BC)或(AB)和(C),分别放在行和列,就形成了一个二维的图表。

每一组变量的取值按格雷码排列,例如图2-14(a)中BC的排列和图2-14(b)中AB的排列是00、01、11、10。单个变量的排列是0、1。每个小方格就代表真值表的一行,真值表有多少行,就有多少个小方格,函数的值按坐标位置逐个填入。这样真值表就转换为卡诺图,如图2-14所示。

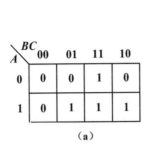
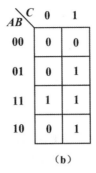

图2-14　表2-19真值表对应的卡诺图

卡诺图实际上是真值表的另一种形式。因此每个小方格也代表最小项或最大项,可以在小方格内直接标注最小项或最大项的标号。卡诺图的一般形式如图2-15所示。

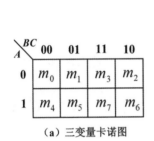

（a）三变量卡诺图

$\frac{CD}{AB}$	00	01	11	10
00	m_0	m_1	m_3	m_2
01	m_4	m_5	m_7	m_6
11	m_{12}	m_{13}	m_{15}	m_{14}
10	m_8	m_9	m_{11}	m_{10}

（b）四变量卡诺图

$\frac{CDE}{AB}$	000	001	011	010	110	111	101	100
00	m_0	m_1	m_3	m_2	m_6	m_7	m_5	m_4
01	m_8	m_9	m_{11}	m_{10}	m_{14}	m_{15}	m_{13}	m_{12}
11	m_{24}	m_{25}	m_{27}	m_{26}	m_{30}	m_{31}	m_{29}	m_{28}
10	m_{16}	m_{17}	m_{19}	m_{18}	m_{22}	m_{23}	m_{21}	m_{20}

（c）五变量卡诺图

图2-15　卡诺图的一般形式

行变量和列变量的取值都按格雷码排列,即相邻的变量取值只有一个变量不同。两个相邻的小方格之间只有一个变量发生变化,也就是两个相邻的最小项只有一个变量互为反变量,其余的变量都相同,这称为两个最小项在逻辑上是相邻的。最大项类似。

例如图 2-15（b）所示的四变量卡诺图中,$A'BC'D(m_5)$ 有四个相邻的小方格:$A'BC'D'(m_4)$、$A'B'C'D(m_1)$、$A'BCD(m_7)$、$ABC'D(m_{13})$,如果 $m_5=1,m_4=1$,则:

$$A'BC'D + A'BC'D' = A'BC'(D + D') = A'BC'$$

消去变量 D。

类似地,如果 $m_5=1,m_1=1$,则:

$$A'BC'D + A'B'C'D = A'C'D(B + B') = A'C'D$$

消去变量 B。

类似地,如果 $m_5 = 1, m_7 = 1$,则:

$$A'BC'D + A'BCD = A'BD(C' + C) = A'BD$$

消去变量 C。

类似地,如果 $m_5 = 1, m_{13} = 1$,则:

$$A'BC'D + ABC'D = BC'D(A' + A) = BC'D$$

消去变量 A。

从上面的分析可知,在卡诺图中几何相邻的最小(大)项也是逻辑相邻的最小(大)项,两个相邻的最小(大)项叠加可以消去一个变量;在卡诺图上就是找出相邻小方格对应的变量取值中相同的取值。所以卡诺图化简实质上就是相邻的最小或最大项的合并。

从图 2-15 所示的卡诺图可以看出,除几何位置相邻的小方格逻辑相邻,左右两边、上下两边、四个角也是逻辑相邻的。对于五变量卡诺图,除上面提到的逻辑相邻项外,以图中粗线为轴,左右两边对称的小方格也是逻辑相邻的。

2.8.2 由逻辑函数画出卡诺图

对于一个逻辑函数,可以用以下三种方法画出卡诺图:真值表法、标准型法和观察法。

● **真值表法**

写出已知逻辑函数的真值表,然后把真值表中的每个函数值填入卡诺图中相应的小方格内,就画出了逻辑函数的卡诺图。

● **标准型法**

任意一个逻辑函数都可以写为最小项和的形式。把已知的逻辑函数写为最小项的和,逻辑函数式中包含哪几个最小项,就在卡诺图相应的小方格中填入 1,其余的填入 0,就得到了已知逻辑函数的卡诺图。

【例 2-12】用卡诺图表示逻辑函数 $F = ABC' + BC'D' + BD$。

把逻辑函数 F 展开为最小项和的形式:

$$F = ABC' + BC'D' + BD$$
$$= ABC'(D + D') + BC'D'(A + A') + BD(A + A')(C + C')$$
$$= ABC'D + ABC'D' + ABC'D' + A'BC'D' + ABCD + ABC'D + A'BCD + A'BC'D$$
$$= ABC'D + ABC'D' + A'BC'D' + ABCD + A'BCD + A'BC'D$$
$$= \sum(m_{13}, m_{12}, m_4, m_{15}, m_7, m_5)$$

把式中最小项 m_4、m_5、m_7、m_{12}、m_{13}、m_{15} 对应的小方格填上 1,其余的小方格填 0,就得到如图 2-16 所示的卡诺图。

AB\CD	00	01	11	10
00	0	0	0	0
01	1	1	1	0
11	1	1	1	0
10	0	0	0	0

图 2-16 $F = ABC' + BC'D' + BD$ 的卡诺图

● 观察法

观察法就是直接观察逻辑函数式中的每个与项,确定每个与项应该在哪些对应的小方格中填1,然后在剩下的小方格中填0,就可以得到逻辑函数的卡诺图。

用观察法来画例2-12中逻辑函数 $F = ABC' + BC'D' + BD$ 的卡诺图。与项 ABC' 应在 m_{12} 和 m_{13} 对应的小方格填1,与项 $BC'D'$ 应在 m_4 和 m_{12} 对应的小方格填1,与项 BD 应在 m_5、m_7、m_{13}、m_{15} 对应的小方格填1,其余的小方格填0,也可得到如图2-16所示的卡诺图。

2.8.3 用卡诺图化简逻辑函数

● 化简为与或式

由前面的分析可知,几何相邻的小方格也是逻辑相邻的。合并两个相邻的填1小方格可以消去一个变量。

例如在图2-17(a)中,m_5 和 m_7 合并为一项,把两个填1的小方格圈在一起,找它们共有的取值没有变化的变量因子,得到简化的逻辑函数 $F = AC$。在图2-17(b)中,m_3 和 m_7 合并为一项,把两个填1的小方格圈在一起,找它们共有的取值没有变化的变量因子,得到简化的逻辑函数 $F = BC$。

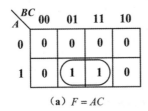 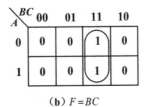

图2-17　两个几何相邻小方格的合并

相邻单元的概念可以推广到4个、8个小方格。圈内填1的小方格数必须是2的幂,2^i 个相邻的填1小方格合并可以消去 i 个变量。

例如在图2-18(a)中,m_5、m_7、m_{13} 和 m_{15} 合并为一项,四个填1的小方格圈在一起,得到简化的逻辑函数 $F = BD$。在图2-18(b)中,m_0、m_4、m_8 和 m_{12} 合并为一项,四个填1的小方格圈在一起,得到简化的逻辑函数 $F = C'D'$。在图2-18(c)中,m_8、m_9、m_{10}、m_{11}、m_{12}、m_{13}、m_{14} 和 m_{15} 合并为一项,八个填1的小方格圈在一起,得到简化的逻辑函数 $F = A$。

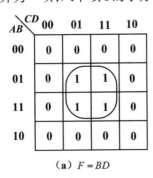

（a）$F = BD$　　　（b）$F = C'D'$　　　（c）$F = A$

图2-18　2^i 个几何相邻小方格的合并

除几何位置相邻的 2^i 个小方格逻辑相邻以外,左右两边、上下两边、四个角也是逻辑相邻的,这些填1的小方格也可以合并消去变量。

例如在图 2-19(a) 中,左边的 m_4 和右边的 m_6 是相邻的,可以把它们合并为一项,把这两个填 1 的小方格圈在一起,得到简化的逻辑函数 $F = A'BD'$。在图 2-19(b) 中,左边的 m_0、m_4 和右边的 m_2、m_6 也是相邻的,可以把它们合并为一项,把这四个填 1 的小方格圈在一起,得到简化的逻辑函数 $F = A'D'$。在图 2-19(c) 中,左边的 m_0、m_4、m_8、m_{12} 和右边的 m_2、m_6、m_{10}、m_{14} 也是相邻的,可以把它们合并为一项,把这八个填 1 的小方格圈在一起,得到简化的逻辑函数 $F = D'$。

在图 2-20(a) 中,上边的 m_0 和下边的 m_8 是相邻的,可以把它们合并为一项,把这两个填 1 的小方格圈在一起,得到简化的逻辑函数 $F = B'C'D'$。在图 2-20(b) 中,上边的 m_1、m_3 和下边的 m_9、m_{11} 也是相邻的,可以把它们合并为一项,把这四个填 1 的小方格圈在一起,得到简化的逻辑函数 $F = B'D$。在图 2-20(c) 中,上边的 m_0、m_1、m_2、m_3 和下边的 m_8、m_9、m_{10}、m_{11} 也是相邻的,可以把它们合并为一项,把这八个填 1 的小方格圈在一起,得到简化的逻辑函数 $F = B'$。

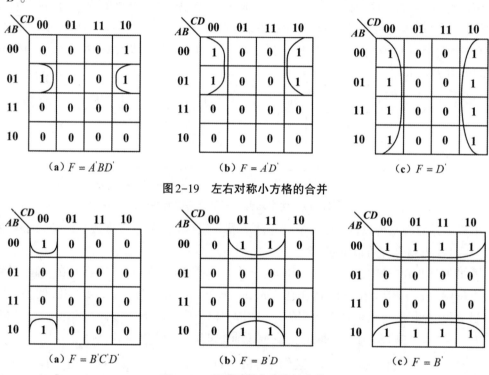

图 2-19　左右对称小方格的合并

图 2-20　上下对称小方格的合并

在图 2-21 中,四个角的 m_0、m_2、m_8 和 m_{10} 是相邻的,可以把它们合并为一项,把这四个填 1 的小方格圈在一起,得到简化的逻辑函数 $F = B'D'$。

总结上述各种情况,可以得到用卡诺图合并最小项的规律:

◇　在卡诺图中,如果存在逻辑相邻的 2^i 个填 1 的小方格,则可以把这些小方格圈在一起合并它们;

◇　合并的方法是保留圈内没有 0、1 变化的变量,消去出现 0、1 变化的变量;

◇　如果卡诺图的所有小方格都是 1,则逻辑函数 $F = 1$;如果所有的小方格都是 0,则逻辑函数 $F = 0$。

卡诺图中的一个圈 1 的圈就代表一个与项,圈越少,意味着与项越少;圈越大,对应的与项中的变量数就越少,意味着与门的输入数越少。因此在圈卡诺图时应尽可能少地圈圈,圈大圈。为了使逻辑函数化简得到最佳结果,合并圈之间允许部分重叠。

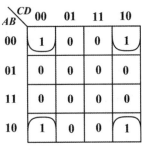

$$F = B'D'$$

图2-21　四个角小方格的合并

【例2-13】用卡诺图化简逻辑函数 $F = \sum m(3,5,6,7,8,9,10,11,13)$。

（1）首先画出逻辑函数的卡诺图,如图2-22(a)所示。

（2）找出可能合并的小方格,使所有填1的小方格都至少被一个圈覆盖;而且每个圈中都至少有一个没被其他圈覆盖的填1小方格,即没有多余的圈。一种圈法如图2-22(a)所示,可以在卡诺图上圈出 (m_8,m_9,m_{10},m_{11})、(m_5,m_{13})、(m_3,m_7) 和 (m_7,m_6)。

（3）把所有的圈对应的乘积项相加,就得到简化的逻辑函数:

$$F = AB' + BC'D + A'CD + A'BC$$

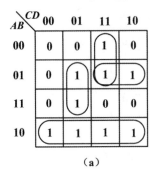 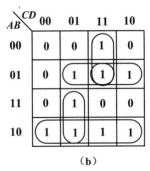

（a）　　　　　　　　　　　　　　　（b）

图2-22　例2-13逻辑函数的卡诺图

上面逻辑函数的卡诺图也可以采用另外一种圈法,可以在卡诺图上圈出 (m_8,m_9,m_{10},m_{11})、(m_9,m_{13})、(m_5,m_7)、(m_3,m_7) 和 (m_7,m_6),如图2-22(b)所示。得到简化的逻辑函数式:

$$F = AB' + AC'D + A'BD + A'CD + A'BC$$

这种圈法每个圈中都有独立未重叠圈的填1小方格,没有多余的圈。但相比图2-22(a)的圈法多了一个圈,反映在最终的逻辑函数式中就是多了一个乘积项,因而不是最简的。

【例2-14】用卡诺图化简逻辑函数 $F = \sum m(0,2,5,7,8,9,10,11,13)$。

逻辑函数的卡诺图如图 2-23(a)所示。可以在卡诺图上圈出 (m_8,m_9,m_{10},m_{11})、(m_0,m_2,m_8,m_{10})、(m_9,m_{13})、(m_5,m_7),得到简化的逻辑函数:

$$F = B'D' + AB' + AC'D + A'BD$$

这个卡诺图也可以采用另一种圈法。可以在卡诺图上圈出 (m_8,m_9,m_{10},m_{11})、

(m_0,m_2,m_8,m_{10})、(m_5,m_{13})、(m_5,m_7),如图2-23(b)所示,得到简化的逻辑函数:

$$F = B'D' + AB' + BC'D + A'BD$$

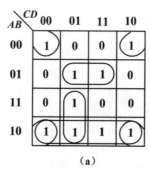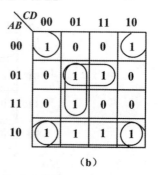

图2-23　例2-14逻辑函数的卡诺图

这两种圈法都是圈最少,尽可能圈大圈,圈的数量也相同,得到了不同的简化逻辑函数式,这两种逻辑函数式都是F的最简与或式。可见,卡诺图的圈法不是唯一的,最简与或式也不是唯一的。

【例2-15】用卡诺图化简逻辑函数$F = A'C'D' + B'C'D' + AB'D + B'CD$。

逻辑函数的卡诺图如图2-24所示,可以在卡诺图上圈出(m_0,m_4)、(m_8,m_9)和(m_3,m_{11})。简化的逻辑函数为:

$$F = A'C'D' + AB'C' + B'CD$$

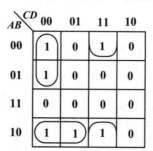

图2-24　例2-15逻辑函数的卡诺图

● **化简为或与式**

任何逻辑函数也可以表示为最大项的积。由前面2.7节的分析可知,从真值表求标准或与式时要找出真值表中函数值为0的行,根据每行的变量取值得到对应的最大项,取值为1的变量取反变量,取值为0的变量取原变量,然后相加,最后将这些最大项相与。

相应地,卡诺图的每个小方格也对应着一个最大项。同一小方格对应的最小项和最大项的编号是相同的。在填写卡诺图时,逻辑函数式中所包含的最大项对应的小方格都填写0,其余填1。在用卡诺图化简逻辑函数为或与式时,应圈逻辑相邻的填0小方格,圈卡诺图的规则和简化与化简为与或式时相同。

【例2-16】用卡诺图化简逻辑函数$F = \prod M(2,3,4,6,11,12,14)$为或与式。

(1)首先画出逻辑函数的卡诺图,如图2-25所示。

(2)找出可能合并的小方格,使所有的填0小方格都至少被一个圈覆盖;而且每个圈中都至少有一个没被其他圈覆盖的填0小方格,即没有多余的圈。可以在卡诺图上圈出

(M_4,M_{12},M_6,M_{14})、(M_2,M_3)和(M_3,M_{11})。

（3）把所有圈对应的和项相与，就得到简化的逻辑函数：

$$F=(B'+D)(A+B+C')(B+C'+D')$$

CD
AB
00
01
11
10
00
01
11
10
1
1
0
0
0
1
1
0
0
1
1
0
1
1
0
1

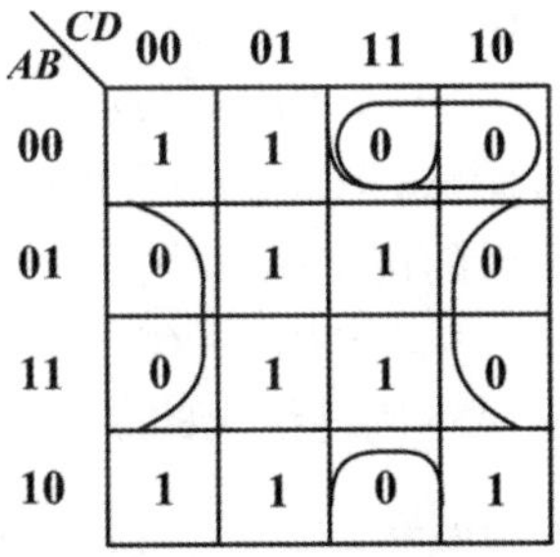

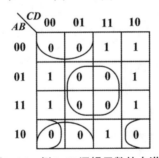

图2-25　例2-16逻辑函数的卡诺图

【例2-17】用卡诺图化简逻辑函数$F=\sum m(2,3,4,6,11,12,14)$为或与式。

（1）逻辑函数的卡诺图如图2-26所示，逻辑函数表示为最小项的和，因此在相应的小方格内填入1，其余填入0。

（2）由于要把逻辑函数化简为或与式，因此找出所有可能合并的填0小方格圈出，可以在卡诺图上圈出(M_5,M_7,M_{13},M_{15})、(M_0,M_1,M_8,M_9)和(M_8,M_{10})。

（3）把所有圈对应的和项相与，就得到简化的逻辑函数：

$$F=(B'+D')(B+C)(A'+B+D)$$

CD
AB
00
01
11
10
00
01
11
10
0
0
1
1
1
0
0
1
1
0
0
1
0
0
1
0

图2-26　例2-17逻辑函数的卡诺图

2.8.4　有无关项逻辑函数的化简

逻辑函数可以表示为最小项的和，有n个变量，就有2^n个最小项。在实际应用中，并不是所有的最小项都有确定的函数值（0或1），而是其中一部分有确定值，另一部分可能没有确定值。例如用四位二进制编码表示十进制数时，就有六个编码是没用的。另外一种情况是某些组合产生的输出不影响整个系统的功能。这种不会出现或不会对系统功能产生影响的输入变量组合就称为无关项。

无关项是逻辑值不确定的变量组合，因此不能在卡诺图中填入1或0。为了能区别出这些无关项，通常在卡诺图中填入d。在逻辑函数式中用$\sum d(\cdots\cdots)$表示无关项，例如$F(A,B,C,D)=\sum m(1,2,4,6)+\sum d(10,12,13)$。

在用卡诺图进行化简时，无关项可以视为0，也可以视为1，可以根据实际情况将无关项视为0或1，以得到最简逻辑函数式。

【例2-18】化简逻辑函数 $F = \sum m(1,3,7,11,15) + \sum d(0,2,5)$。

逻辑函数的卡诺图如图2-27所示。无关项可圈可不圈，不圈无关项，把m_1,m_3合并，可以得到$A'B'D$。如果把无关项d_0、d_2看作1圈入，则可以得到更简单的逻辑函数式$A'B'$，如图2-27(a)所示。化简后的逻辑函数为：

$$F = A'B' + CD$$

这个卡诺图也可以采用另一种圈法，把m_1,m_3,m_7和d_5圈在一起，把d_5看作1，得到逻辑函数式$A'D$，如图2-27(b)所示。化简后的逻辑函数为：

$$F = A'D + CD$$

这两种简化的逻辑函数式都满足本例题给出的条件。

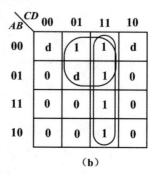

图2-27　例2-18逻辑函数的卡诺图

习题

2-1　用真值表证明下列定理的正确性。

(1) $(ABC)' = A' + B' + C'$

(2) $A + BC = (A + B)(A + C)$

(3) $A'B + B'C + C'A = AB' + BC' + CA'$

2-2　用代数方法证明下列布尔等式。

(1) $A'B' + A'B + AB = A' + B$

(2) $A'B + B'C' + AB + B'C = 1$

(3) $Y + X'Z + XY' = X + Y + Z$

2-3　证明下列布尔等式。

(1) $A \oplus B' = A' \oplus B = (A \oplus B)'$

(2) $A'B'C + AB'C' + A'BC' + ABC = A \oplus B \oplus C$

(3) $AB + BC + AC = (A + B)(B + C)(A + C)$

2-4　写出下列逻辑函数的反演式和对偶式。

(1) $F = A'B + AB'$

(2) $F = [A(B' + C) + BD']E$

(3) $F = (A + B' + C)(A'B' + C)(A + B'C')$

2-5　用代数方法化简下列逻辑表达式。

(1) $A'C' + A'BC + B'C$

(2) $(A + B + C)'(ABC)'$

(3) $ABC' + AC$

(4) $A'B'D + A'C'D + BD$

(5) $(A + B)(A + C)(AB'C)$

2-6 列出下列逻辑函数的真值表,并用最小项的和和最大项的积的形式表示逻辑函数。

(1) $F = (XY + Z)(Y + XZ)$

(2) $F = (X' + Y)(Y' + Z)$

(3) $F = AB'D + AC'D + ACD + BC'$

2-7 逻辑函数 F_1 和 F_2 的真值表如表题2-7所示,

(1) 列出 F_1 和 F_2 的最大项和最小项;

(2) 列出 F_1' 和 F_2' 的最大项和最小项;

(3) 用最小项的和的形式来表示 F_1 和 F_2;

(4) 用最大项的积的形式来表示 F_1 和 F_2。

表题 2-7

A	B	C	F_1	F_2
0	0	0	0	1
0	0	1	1	0
0	1	0	1	1
0	1	1	0	0
1	0	0	1	1
1	0	1	0	0
1	1	0	1	0
1	1	1	0	1

2-8 把下列逻辑表达式转换为积之和的形式和和之积的形式。

(1) $(AB + C)(B + C'D)$

(2) $A' + A(A + B')(B + C')$

(3) $(A + BC' + CD)(B' + EF)$

2-9 画出下列逻辑函数的逻辑电路图,要求逻辑电路图与逻辑函数式完全对应。

(1) $F = A'B'C' + AB + AC$

(2) $F = AC(B' + D) + BC(A' + D')$

2-10 画出下列逻辑函数的卡诺图。

(1) $F = XY + XZ + X'YZ$

(2) $F = A'BC + ABD + B'D'$

2-11 用卡诺图把下列逻辑函数化简为最简与或式。

(1) $F(A,B,C,D) = \sum m(1,5,6,7,11,12,13,15)$

(2) $F(A,B,C,D) = \sum m(0,2,4,5,8,10,11,15)$

(3) $F(A,B,C,D) = \sum m(0,2,4,7,8,10,12,13)$

(4) $F(A,B,C,D) = \prod M(5,7,13,15)$

(5) $F(A,B,C,D) = \prod M(1,2,3,6,7,9,11)$

(6) $F = A'B' + AC + B'C$

(7) $F = ABC + ABD + AB'C + AC'D + A'CD' + C'D'$

2-12 用卡诺图把下列逻辑函数化简为最简或与式。

(1) $F(A,B,C,D) = \prod M(1,3,9,10,11)$

(2) $F(A,B,C,D) = \prod M(1,2,3,6,7,9,11)$

(3) $F(A,B,C,D) = \sum m(0,1,2,8,10,12,14,15)$

(4) $F(A,B,C,D) = \sum m(0,1,3,6,7)$

2-13 用卡诺图把下列逻辑函数化简为最简与或式。

(1) $F(A,B,C) = \sum m(2,4,7) + \sum d(0,1,5,6)$

(2) $F(A,B,C,D) = \sum m(0,2,4,5,8) + \sum d(7,10,13)$

2-14 化简下列逻辑函数,并用两级"与非"门来实现。

(1) $F = A'B'C + AC' + ACD + ACD' + A'B'D'$

(2) $F = AB + A'BC + A'B'C'D$

2-15 用"与非"门实现逻辑函数 $F = \sum m(0,1,2,3,4,8,9,12)$ 的取反。

3 CMOS门电路

3.1 逻辑值的表示

实现与、或、非逻辑的电路称为与门、或门、非门,这些门都是由晶体管电路实现的。

在电路中,0和1可以用电压也可以用电流表示,最简单也最常见的是用电压电平表示。常见的方式是定义一个电压阈值,大于这个阈值的电压表示为一个逻辑值,小于这个阈值的电压表示为另一个逻辑值。通常,低电平表示为逻辑0,高电平表示为逻辑1,这就是所谓的正逻辑;如果低电平表示为逻辑1,高电平表示为逻辑0,这就是所谓的负逻辑。本书主要使用正逻辑。

在正逻辑系统中,逻辑0和逻辑1可以简单地称为"低"和"高",对"低"和"高"的定义如图3-1所示。V_{SS}通常认为是负电源电压或0V,0V也就是电路的"地"(GND);最高电压为V_{DD},是电路的电源电压。从图中可以看出,电压在V_{SS}和$V_{0,\max}$之间表示逻辑0,被电路认作"低";电压在$V_{1,\min}$和V_{DD}之间表示逻辑1,被电路认作"高"。$V_{0,\max}$和$V_{1,\min}$的值依工艺不同而不同。处于$V_{0,\max}$和$V_{1,\min}$之间的电压未定义。

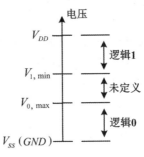

图3-1 逻辑值对应的电平

3.2 MOS管结构和工作原理

逻辑门电路都是由晶体管实现的,在大信号下可以认为管子工作在开关状态。例如开关受逻辑信号X控制,当X为高时开关闭合,X为低时开关打开,如图3-2所示。

$$X = 0 \qquad\qquad X = 1$$

图3-2 开关模型

金属-氧化物-半导体-场效应管(Metal Oxide Semiconductor Field-Effect Transistor, MOSFET)是大规模集成电路VLSI中应用最广泛的开关器件,是数字集成电路的基本构成单元。和双极型管BJT相比,MOS管占用硅面积比较小,制造步骤也比较少。

MOS管有两种类型,N沟道MOS管(NMOS管)和P沟道MOS管(PMOS管)。NMOS管的基本结构如图3-3所示。衬底是芯片的基本材料,对衬底进行P掺杂,在P衬底上做出两个N+扩散区的N阱,称为源(source)和漏(drain)。在源和漏之间的衬底表面覆盖薄的二氧化硅绝缘层,上面铺设导电的多晶硅或金属,引出引线,称为栅极G;从两个N阱源和漏分别引出两根引线,称为源极S和漏极D。可以看出,源极和漏极是完全对称的,它们的作用只有在连接外加电压后才能确定。

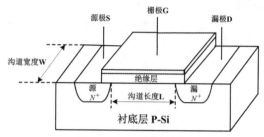

图3-3 NMOS管结构

在栅极上施加正电压时,就会在栅极下形成导电沟道。源和漏之间的距离称为沟道长度L,沟道的横向长度称为沟道宽度W。沟道的长和宽是控制管子电特性的重要参数,覆盖沟道的二氧化硅绝缘层的厚度t_{ox}也是一个重要的参数。栅极没有加电压就没有导电沟道的MOS管称为增强型,栅极零偏压时导电沟道就存在的MOS管称为耗尽型。

PMOS管的结构和NMOS管的结构类似,不同的是PMOS管的衬底是N掺杂的,源和漏是P阱,当在栅极上加负电压时则会形成P型导电沟道。

MOS管有四个端子:栅极G、源极S、漏极D和衬底B。在NMOS管中,定义两个N阱中电势比较低的一端为源极,另一端为漏极。习惯上所有端的电压都是相对于源的电势来定义的,如栅源电压V_{GS}、漏源电压V_{DS}和衬底–源电压V_{BS}。NMOS管和PMOS管的符号如图3-4所示,四端符号表示管子所有的外部连线,简化的三端符号应用也很广泛。

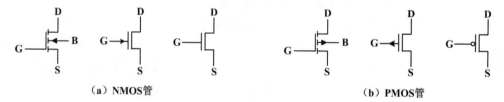

（a）NMOS管   （b）PMOS管

图3-4 N沟道和P沟道MOS管电路符号

在NMOS管的栅极、源极和漏极分别加电压V_G、V_S和V_D,如图3-5所示。在栅极上加正电压,则会吸引衬底中的电子向上运动,当栅极上的电压(相对于源极)大于某一阈值V_T时,就会在栅极下面的源和漏之间形成导电沟道,因为形成的沟道是N型的,所以这种管子称为N沟道MOS管。

N沟道在源和漏两个N阱之间形成了电气连接,这时如果漏极和源极之间有一个电位差,该沟道就会允许电流传导,则漏极和源极之间就会有电流流过,这称为管子处于导通状态(ON)。如果栅极上的电压小于阈值,则源和漏之间无法形成导电沟道,源极和漏极之间也就无法导通,这称为管子处于截止状态,不导通(OFF)。

对某一个固定的栅源电压$V_{GS} > V_T$,电流I_D的大小取决于加在漏极和源极上的电压V_{DS}。如果$V_{DS} = 0V$,则没有电流流过。随着V_{DS}的增大,只要加在漏极的电压V_D足够小,能保证在漏端也能大于阈值电压V_T,即$V_{GD} > V_T$,电流I_D随V_{DS}的增大近似线性增大。在这个电压范围内,即$0 < V_{DS} < (V_{GS} - V_T)$,称管子工作在线性区,电流和电压的关系近似为:

$$I_D = k'_n \frac{W}{L}\left[(V_{GS} - V_T)V_{DS} - \frac{1}{2}V_{DS}^2\right]$$

其中k'_n是常数,和制造工艺有关。

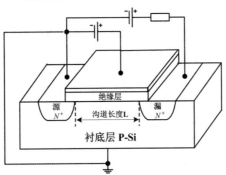

图3-5 NMOS管基本工作原理

当$V_{DS} = V_{GS} - V_T$时,电流I_D达到最大值。V_{DS}继续增大,管子不再工作在线性区,电流也饱和在最大值,这种情况称管子工作在饱和区,这时漏极电流I_D和V_{DS}的变化近似无关:

$$I_D = k'_n \frac{W}{L}(V_{GS} - V_T)^2$$

NMOS管在某一固定栅源电压$V_{GS} > V_T$时漏源电压和漏极电流的关系如图3-6所示。

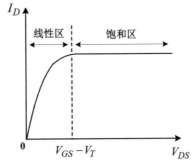

图3-6 NMOS管电压电流关系

栅极上的电压可以控制MOS管的通和断,因此MOS管可以看作栅电压控制的开关。下面就用电压控制的开关模型来分析电路的逻辑行为,把高电压映射为逻辑1,低电压映射为逻辑0。MOS管在逻辑电路中的典型应用如图3-7所示,源极S和漏极D之间是否能导通由栅极电压控制。

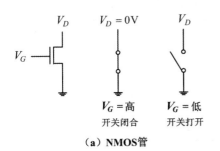

（a）NMOS管

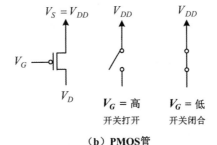

（b）PMOS管

图3-7 MOS管在逻辑电路中的典型应用

对N管来说,当栅极上的电压V_G为低电平(逻辑0)时,源极和漏极之间无法形成导电沟道,相当于开关打开;当栅极上的电压V_G为高电平(逻辑1)时,源极和漏极之间可以形成导电沟道,可以导通,相当于开关闭合。P管的行为和N管正好相反,当栅极上的电压V_G为高电平(逻辑1)时,源极和漏极之间无法形成导电沟道,不能导通,开关打开;当栅极上的电压 V_G 为低电平(逻辑0)时,源极和漏极之间可以形成导电沟道,可以导通,相当于开关闭合。

3.3 NMOS门电路

图3-8所示是用NMOS管实现的非门。当 V_X 为低电平时,NMOS管不导通,电阻R上没有电流,因此 $V_F = V_{DD}$。当 V_X 为高电平时,NMOS管导通,把 V_F 下拉到低电平。V_F 的大小取决于流经电阻R和管子的电流大小。如果从输入 V_X 和输出 V_F 的关系看,可以认为这个电路实现了非门,也称为反相器,$F = X'$。

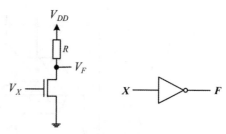

图3-8 NMOS管实现的非门

图3-9所示的电路中两个NMOS管串联,当 V_{X1} 和 V_{X2} 同为高电平时,两个管子都导通,V_F 被下拉到低电平;当 V_{X1} 和 V_{X1} 中任意一个为低电平时,就无法形成从电源到地的通路,$V_F = V_{DD}$。用逻辑值来表示高低电平,就可以得到真值表。可以看出,这个电路实现了与非门,$F = (X1 \cdot X2)'$。

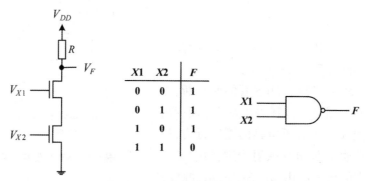

X1	X2	F
0	0	1
0	1	1
1	0	1
1	1	0

图3-9 NMOS管实现的与非门

图3-10所示的电路中两个管子并联,当 V_{X1} 和 V_{X1} 中任意一个为高电平时,就可以形成从电源到地的通路,V_F 被下拉到低电平;当 V_{X1} 和 V_{X2} 同为低电平时,两个管子都不导通,无法形成从电源到地的通路,$V_F = V_{DD}$。用逻辑值来表示高低电平,就可以得到真值表。可以看出,这个电路实现了或非门,$F = (X1 + X2)'$。

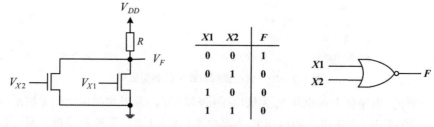

X1	X2	F
0	0	1
0	1	0
1	0	0
1	1	0

图3-10 NMOS管实现的或非门

3.4 CMOS门电路

用NMOS管实现逻辑电路时都需要有一个上拉电阻,当NMOS管不导通时,输出被上拉到高电平;当NMOS管导通时,输出被下拉到低电平,因此电路中NMOS管部分也可以看作下拉网络。图3-8~图3-10中NMOS门电路的结构都可以用图3-11所示的结构来表示。

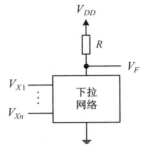

图3-11　NMOS门电路结构

用NMOS管实现的门电路,用PMOS管也可以实现。实现相同功能的逻辑门时,PMOS电路和NMOS电路是对偶的。用NMOS管实现逻辑门时需要有一个上拉电阻,用PMOS管实现逻辑门时则需要有一个下拉电阻;如果用NMOS管实现时电路中的管子是串联的,那么用PMOS管实现时电路中的管子就是并联的,反之亦然。当PMOS管部分不导通时,输出被下拉到低电平;当PMOS管部分导通时,输出被上拉到高电平,因此电路中的PMOS管部分可以看作上拉网络。PMOS门电路的结构如图3-12所示。

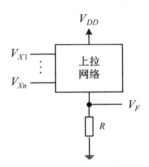

图3-12　PMOS门电路结构

如果把NMOS电路和PMOS电路结合在一起,让它们分别做下拉网络和上拉网络,这就是互补型MOS电路——CMOS电路。

CMOS门电路的结构如图3-13所示,上拉网络由PMOS管构成,下拉网络由NMOS管构成,上拉网络和下拉网络中的管子数相同。上拉网络中PMOS管的连接方式和下拉网络中NMOS管的连接方式是对偶的,也就是说,如果下拉网络中NMOS管是串联连接,那么上拉网络中PMOS管就是并联连接,反之亦然。

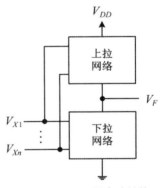

图3-13　CMOS门电路结构

3.4.1 CMOS反相器

最简单的CMOS门电路是非门,也称为CMOS反相器,电路如图3-14所示。当V_x为低电平时,T_2管截止,T_1管导通,输出V_F被上拉到高电平。当V_x为高电平时,T_2管导通,T_1管截止,输出V_F被下拉到低电平。

CMOS反相器的一个重要特点是无论输入是高还是低,稳态时都没有直流电流通路。实际上所有CMOS电路都有这个特点,稳态时没有直流电流流过也就没有静态功耗。CMOS电路的另一个优点是它的电压传输特性,输出电压完全在$0\sim V_{DD}$之间变动,噪声容限相对较宽,而且电压传输特性的过渡区十分陡峭,CMOS反相器的电压传输特性接近理想反相器。

在图3-14中,输入电压被同时加到NMOS管和PMOS管的栅极,这样两个管子都直接由

V_X驱动。当输入电压比NMOS管的阈值小,即$V_X < V_{Th,N}$时,NMOS管截止;同时PMOS管导通,工作在线性区。不计两个管子的漏极泄漏电流,两个管子的漏极电流都近似为0,即:$I_{D,N} = I_{D,P} = 0$,PMOS管漏源间的电压也为0,这时输出电压$V_F = V_{OH} = V_{DD}$。

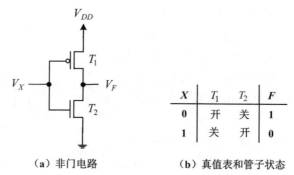

（a）非门电路　　　　　　　（b）真值表和管子状态

图3-14　CMOS非门电路

当输入电压$V_X > V_{DD} + V_{Th,P}$时,PMOS管截止。这时NMOS管导通,工作在线性区,它的漏源电压为0,输出电压$V_F = V_{OL} = 0$。

当输入电压大于NMOS管的阈值,$V_X > V_{Th,N}$,且满足$V_{DS,N} \geq V_{GS,N} - V_{Th,N}$时,NMOS管处于饱和状态,$V_F \geq V_X - V_{Th,N}$。

当输入电压$V_X < V_{DD} + V_{Th,P}$,且满足$V_{DS,P} \leq V_{GS,P} - V_{Th,P}$时,PMOS管处于饱和状态,$V_F \leq V_X - V_{Th,P}$。

CMOS反相器的电压传输特性如图3-15所示,这里把特性曲线分为五个区,记为A、B、C、D、E,分别对应不同的工作条件。表3-1列出了这些区和相应的临界输入输出电平。

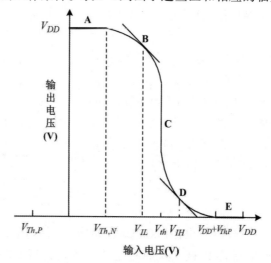

图3-15　CMOS反相器电压传输特性

表3-1　CMOS反相器电压传输特性各区工作条件

区	V_X	V_F	NMOS管	PMOS管
A	$< V_{Th,N}$	V_{OH}	截止	线性
B	V_{IL}	高,$\approx V_{OH}$	饱和	线性
C	V_{th}	V_{th}	饱和	饱和

续表

区	V_X	V_F	NMOS管	PMOS管
D	V_{IH}	低,$\approx V_{OL}$	线性	饱和
E	$> V_{DD} + V_{Th,P}$	V_{OL}	线性	截止

在 A 区,当 $V_X < V_{Th,N}$ 时,NMOS管截止,输出电压 $V_F = V_{OH} = V_{DD}$。当输入电压超过 $V_{Th,N}$ 时进入 B 区,NMOS管开始进入饱和状态,输出电压也开始下降,与 $\left(\dfrac{dV_F}{dV_X}\right) = -1$ 对应的临界电压 V_{IL} 位于 B 区。从图中可以看出,反相器的门限电压 $V_{th} = V_F = V_X$ 位于 C 区。随着输出电压进一步下降,PMOS管在 C 区边界进入饱和状态。当输出电压 V_F 下降到低于 $V_X - V_{Th,N}$ 时,进入 D 区,NMOS管开始工作在线性区,与 $\left(\dfrac{dV_F}{dV_X}\right) = -1$ 对应的临界电压 V_{IH} 位于 D 区。当输入电压 $V_X > V_{DD} + V_{Th,P}$ 时,进入 E 区,PMOS管截止,输出电压 $V_F = V_{OL} = 0$。

在上面的定性分析中,NMOS管和PMOS管都可以看作由输入电压控制的连接输出节点和地或电源电压的理想开关。这个电路最重要的特征就是在 A 区和 E 区稳态时,电源提供的直流电流都近似为 0。在 B、C 和 D 区,两个管子都导通,存在直流导通电流,当 $V_X = V_{th}$ 时,直流导通电流达到峰值。

3.4.2 CMOS门电路

图 3-16 所示是 CMOS 与非门的电路和管子状态,这个电路和 NMOS 与非门很相似,不同的是上拉电阻由两个并联的 PMOS 管取代,下半部分是两个串联的 NMOS 管。

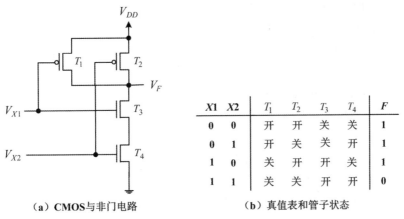

X1	X2	T_1	T_2	T_3	T_4	F
0	0	开	开	关	关	1
0	1	开	关	关	开	1
1	0	关	开	开	关	1
1	1	关	关	开	开	0

（a）CMOS与非门电路　　　　　　　（b）真值表和管子状态

图3-16 CMOS与非门电路

当两个输入 V_{X1} 和 V_{X2} 中任意一个为低电平时,两个串联的NMOS管中相应的管子就不能导通,下拉网络不导通;而两个并联的PMOS管中相应的管子导通,上拉网络导通,输出 V_F 被上拉到高电平。只有两个输入 V_{X1} 和 V_{X1} 同时为高电平时,两个串联的NMOS管同时导通,下拉网络导通;而并联的两个PMOS管都不导通,上拉网络不导通,输出 V_F 被下拉到低电平。分析电路中各个管子的通断情况以及对应的真值表,可以看出这个电路实现与非门,$F = (X1 \cdot X2)'$。

图 3-17 所示是 CMOS 或非门的电路和管子的状态。它的上拉网络是两个串联的 PMOS 管,下拉网络是两个并联的 NMOS 管。当两个输入 V_{X1} 和 V_{X2} 中任意一个为高电平时,两个串

联的PMOS管中相应的管子就不能导通,导致上拉网络不导通;而并联的NMOS管中相应的管子就会导通,从而使得下拉网络导通,输出V_F被下拉到低电平。只有当两个输入同时为低电平时,上拉网络中的两个PMOS管同时导通,使得上拉网络导通;而下拉网络中的两个NMOS管同时不导通,使得下拉网络不导通,输出V_F被上拉到高电平。分析电路中各个管子的通断情况以及对应的真值表,可以看出这个电路实现或非门,$F = (X1 + X2)'$。

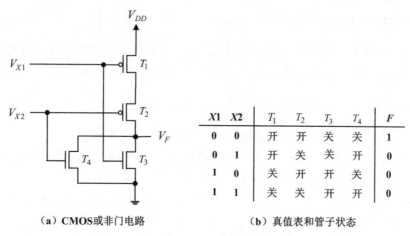

X1	X2	T_1	T_2	T_3	T_4	F
0	0	开	开	关	关	1
0	1	开	关	关	开	0
1	0	关	开	开	关	0
1	1	关	关	开	开	0

(a) CMOS或非门电路 　　　　(b) 真值表和管子状态

图 3-17　CMOS或非门电路

实现与门需要用一个与非门和一个非门连接起来,CMOS与门电路如图3-18所示。同样,实现或门也需要一个或非门和一个非门连接起来。

与非门和或非门的电路结构可以很容易地扩展到复合逻辑电路,通过管子的串并联就可以实现复合逻辑功能。

对NMOS门电路:

◇ "与"用NMOS管串联实现;

◇ "或"用NMOS管并联实现;

◇ 电路实现"非"逻辑;

◇ 复合逻辑中的"与"和"或"运算可以用上述结构的嵌套来实现。

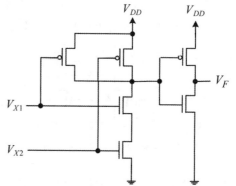

图 3-18　CMOS与门电路

PMOS门电路和NMOS门电路是对偶的。即NMOS下拉网络中的串联对应着PMOS上拉网络中的并联;NMOS下拉网络中的并联对应着PMOS上拉网络中的串联。CMOS门电路的电路结构规则可以总结如下:

◇ CMOS门电路由NMOS下拉网络和PMOS上拉网络构成;

◇ 上拉网络中,"或"用串联的PMOS管实现,"与"用并联的PMOS管实现,即"串或并与";

◇ 下拉网络中,"或"用并联的NMOS管实现,"与"用串联的NMOS管实现,即"串与并或";

◇ 电路自上拉网络和下拉网络的连接处输出;

◇ 电路实现逻辑"非"功能。

例如逻辑函数 $F = [X1(X2 + X3)]'$,根据CMOS门电路的电路结构规则,上拉网络是

$X1$ 控制的 PMOS 管和 $X2$、$X3$ 控制的两个串联的 PMOS 管并联,下拉网络是 $X1$ 控制的 NMOS 管和 $X2$、$X3$ 控制的两个并联的 NMOS 管串联,得到如图 3-19 所示的电路。

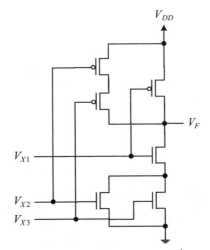

图 3-19 实现逻辑函数 $F = \left[X1(X2 + X3) \right]'$ 的 CMOS 电路

3.5 传输门和三态缓冲器

CMOS 传输门由一个 NMOS 管和一个 PMOS 管并联而成,电路及表示符号如图 3-20 所示。加在两个管子栅极上的控制信号是互补的,这样传输门就在节点 A 和 B 之间形成了一个双向开关,开关受信号 C 控制。如果 C 是高电平,则两个管子都导通,在节点 A 和 B 之间形成一个低阻的电流通路。如果 C 是低电平,则两个管子都截止,节点 A 和 B 之间是断开的,呈开路状态,这种状态称为高阻状态 Z。

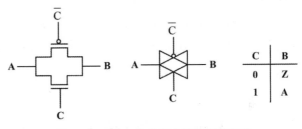

图 3-20 CMOS 传输门电路及表示符号

用传输门可以构成三态缓冲器。三态缓冲器有一个输入端 X、一个输出端 F 和一个使能端 EN,符号如图 3-21(a)所示。使能信号用来控制三态缓冲器是否产生输出,如果 $EN = 0$,则缓冲器和输出完全断开,输出为高阻态,$F = Z$;如果 $EN = 1$,则缓冲器驱动输入 X 到输出 F,$F = X$,等效电路如图 3-21(b)所示。三态缓冲器的所谓"三态"就是输出有逻辑 0、1 和高阻三种状态。图 3-21(c)和图 3-21(d)所示是三态缓冲器的一种实现和真值表。

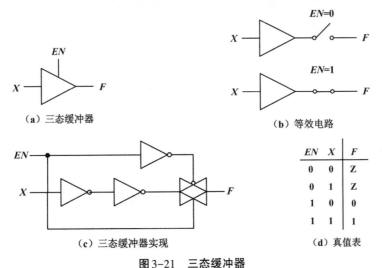

图 3-21 三态缓冲器

图 3-22 所示是常见的四种类型三态缓冲器。图 3-22(b)中的三态缓冲器和图 3-22(a)

所示的类似,不同的只是当 $EN = 1$ 时,输出 $F = X'$。图 3-22(c) 和图 3-22(d) 中三态缓冲器的使能信号相同,都是低有效,当 $EN = 1$ 时,$F = Z$;图 3-22(c) 中的三态缓冲器当 $EN = 0$ 时,$F = X$,图 3-22(d) 中的三态缓冲器当 $EN = 0$ 时,$F = X'$。

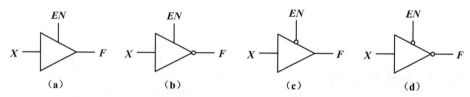

图 3-22　四种类型三态缓冲器

三态缓冲器可以实现总线复用。图 3-23(a) 是两个信号复用总线的例子,两个三态缓冲器的输出并接在输出总线上,两个三态缓冲器的控制信号不同,任何时候都只有一个三态缓冲器的控制信号有效,这样就保证了总有一个三态缓冲器的输出处于高阻状态,即和总线是断开的,因此可以实现输出信号的选择。类似地,用三态缓冲器也可以实现多个信号复用总线,如图 3-23(b) 所示。多个信号通过三态缓冲器连接在总线上,条件是任何时候只有一个三态缓冲器的使能信号有效,这样在任何时候都只有一个三态缓冲器的输出有效,其他三态缓冲器的输出处于高阻状态,即只有一路信号连接在总线上,其他信号和总线是断开的。

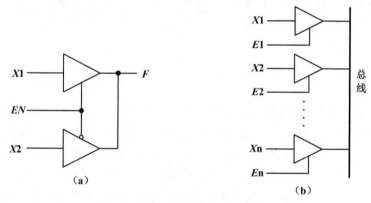

图 3-23　三态缓冲器实现总线复用

同样地,用三态缓冲器也可以实现双向总线,如图 3-24 所示。

需要注意的是,一定不能有两个或两个以上使能信号同时有效。如果使能信号同时有效,并且同时有效的缓冲器输出不同信号,就会出现电源 V_{DD} 到地 GND 的通路,造成短路。

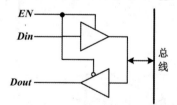

图 3-24　三态缓冲器实现双向总线

3.6 CMOS门电路的传播延时和功耗

3.6.1 传播延时

数字系统的速度主要由构成系统的逻辑门的传播延时决定。反相器是数字电路设计的核心,复杂电路的电气特性几乎完全可以由反相器中得到的结果推断出来,对反相器的分析也可以延伸来解释其他比较复杂的门的特性。门的性能主要是由它的动态(瞬态)响应决定的,因此这里通过CMOS反相器的动态响应来分析它的传播延时。

传播延时是反相器响应输入变化所需要的时间。假设在反相器的输入端加一个如图3-25(a)所示的理想脉冲信号,则反相器输出端的信号如图3-25(b)所示。

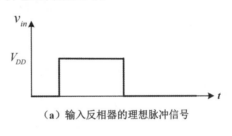

（a）输入反相器的理想脉冲信号

可以看出,输出信号不再是理想的脉冲,输出从高变为低或从低变为高都需要一段时间。把输出达到$V_{DD}/2$的点定义为转换点,定义输入的边沿到输出转换点的时间为传播延时。传播延时有两种,一种是输出从高变为低的传播延时t_{PHL},另一种是输出从低变为高的传播延时t_{PLH},这两种延时可能不相等。反相器的传播延时就定义为这两种延时的平均:

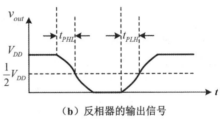

（b）反相器的输出信号

图3-25　输入为理想脉冲的反相器的输出和传播延时

$$t_P = \frac{t_{PHL} + t_{PLH}}{2}$$

反相器的这一动态响应主要是由门的输出电容C_L决定的。输出电容C_L包括NMOS管和PMOS管的漏扩散电容、连线电容以及所驱动的门的输入电容。假设管子的开关是瞬间发生的,当输入为0时,NMOS管截止,PMOS管导通,电源通过PMOS管对电容C_L充电,门的响应时间是通过PMOS管的导通电阻R_P向C_L充电所需要的时间,如图3-26(a)所示。当输入为高时,NMOS管导通,PMOS管截至,电容通过NMOS管放电,门的响应时间是通过NMOS管的导通电阻R_N放电所需要的时间,如图3-26(b)所示。

估计延时有几种不同的模型,其中一种是τ模型。该模型将门的延时简化为时间常数$\tau = RC$。当输入为一个阶跃电压信号时,对于输出从高变为低的情况,下拉电阻为R_N,输出响应为:

$$V_{out}(t) = V_{DD}e^{-t/R_N C_L}$$

对于输出从低变为高的情况,上拉电阻为R_P,输出响应为:

$$V_{out}(t) = V_{DD}\left(1 - e^{-t/R_P C_L}\right)$$

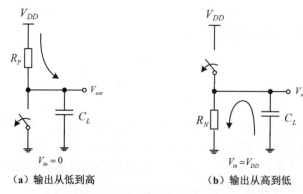

（a）输出从低到高　　　　　　　（b）输出从高到低

图3-26　CMOS反相器动态特性的开关模型

τ 模型的关键是假设晶体管可以模型化为一个电阻,但实际上NMOS管和PMOS管的导通电阻并不是常数,而是管子两端电压的非线性函数。为了简化模型,用管子的平均导通电阻 R_{eqN} 和 R_{eqP} 分别代替 R_N 和 R_P。从高变为低的延时 t_{PHL} 和从低变为高的延时 t_{PLH} 分别测量 $V_{DD} \sim \frac{1}{2} V_{DD}$ 和 $0 \sim \frac{1}{2} V_{DD}$ 的时间,可以得到:

$$t_{PHL} = \ln(2) R_{eqN} C_L = 0.69 R_{eqN} C_L$$

$$t_{PLH} = \ln(2) R_{eqP} C_L = 0.69 R_{eqP} C_L$$

平均导通电阻 R_{eqN} 和 R_{eqP} 都和管子的宽长比 W/L 成反比,W/L 值增大时,电阻值减小。NMOS管和PMOS管具有不同的导通电阻,通过SPICE仿真发现有一个导通电阻的经验公式:

$$R_{eqN} = \frac{12.5}{(W/L)_n} K\Omega$$

$$R_{eqP} = \frac{30}{(W/L)_p} K\Omega$$

对于 $0.25\mu m$、$0.18\mu m$ 和 $0.13\mu m$ 的CMOS工艺,这些值都是正确的。

上面估计反相器延时的模型虽然非常粗糙,但是可以在一定程度上揭示电路的性能如何依赖于总体的负载电容和晶体管的尺寸。延时和负载电容 C_L 成正比,因此降低负载电容可以缩短门的传播延时。负载电容主要由门本身的内部扩散电容、连线电容和扇出电容组成,好的版图设计有助于减小扩散电容和连线电容。增大管子的宽长比 W/L 可以缩短门的传播延时,但增加管子的尺寸同时也增大了扩散电容,从而使 C_L 增大。

3.6.2　功耗

CMOS门电路的功耗主要由静态功耗 P_{stat}、电容充放电引起的动态功耗 P_{dyn} 和直通电流引起的动态功耗 P_{dp} 组成。

$$P_{total} = P_{stat} + P_{dyn} + P_{dp}$$

静态功耗是电路稳态时的功耗。理想情况下静态CMOS门电路的静态功耗为0,因为在稳态下NMOS管和PMOS管绝不会同时导通。但实际上总会有泄漏电流流过晶体管源(或漏)与衬底之间反相偏置的PN结,这一电流通常都非常小,因此可以被忽略。

动态功耗大部分都是由电平转换时电容充放电引起的。仍然以CMOS反相器为例,假设输入信号是阶跃信号,上升时间和下降时间都为0。当负载电容C_L通过PMOS管充电时,它的电压从0升至V_{DD},在这期间从电源获取的能量为:

$$E_{V_{DD}} = \int_0^\infty i_{V_{DD}}(t) V_{DD} dt = V_{DD} \int_0^\infty C_L \frac{dv_{out}}{dt} dt = V_{DD} C_L \int_0^{V_{DD}} dv_{out} = C_L V_{DD}^2$$

电平翻转结束时在电容C_L上存储的能量为:

$$E_{C_L} = \int_0^\infty i_{V_{DD}}(t) v_{out} dt = \int_0^\infty C_L \frac{dv_{out}}{dt} v_{out} dt = C_L \int_0^{V_{DD}} v_{out} dv_{out} = \frac{C_L V_{DD}^2}{2}$$

可以看出,在从低翻转至高期间,电容C_L上被充电的电荷量为$C_L V_{DD}$,电源提供的能量为$C_L V_{DD}^2$,其中一半能量$\frac{C_L V_{DD}^2}{2}$存放在电容上,另一半能量消耗在PMOS管上。在从高翻转至低期间,电容通过NMOS管放电,它的能量消耗在NMOS管上。因此每一个开关周期(从高变为低和从低变为高)都需要消耗一定的能量,即$C_L V_{DD}^2$。如果反相器每秒通断f次(即开关的频率为f),则功耗为:

$$P_{dyn} = C_L V_{DD}^2 f$$

动态功耗中除电容充放电引起的功耗外,还存在着直通电流引起的功耗P_{dp}。在实际情况中,输入信号的上升时间和下降时间并不为0,因此会存在NMOS管和PMOS管同时导通的时候,电源V_{DD}和地之间会在很短的时间内出现一条直通的通路,形成一个电流脉冲。这个电流脉冲的峰值出现在$V_M = \frac{1}{2} V_{DD}$处,这时NMOS管和PMOS管都工作在饱和区。这个电流脉冲的宽度取决于输入电压的变化速度,输入波形的边沿变化越慢,电流脉冲就越宽,P_{dp}就越大。但通常这部分功耗远小于P_{dyn}。

因此,静态CMOS门电路的功耗主要是对电容进行充放电引起的动态功耗。可以看出,电路的工作频率越高,功耗越大;电源电压越高,功耗越大。

习题

3-1   图题3-1中只画出了CMOS电路的一半,试画出另一半电路。

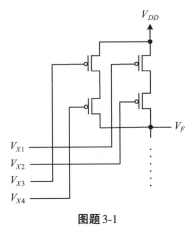

图题3-1

3-2   写出图题3-2所示电路实现的逻辑函数。

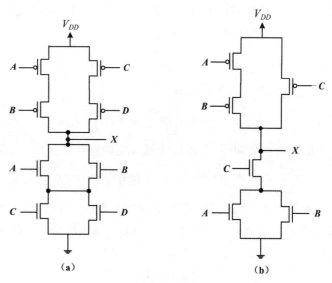

图题 3-2

3-3 电路如图题3-3(a)所示,试填写图题3-3(b)中的输出信号Y的波形。

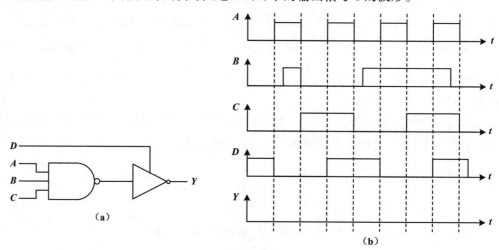

图题 3-3

3-4 三态门内部电路如图题3-4所示,试写出三态门的功能表,画出该三态门的逻辑符号。

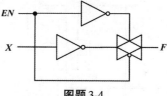

图题 3-4

3-5 画出实现下列逻辑函数的CMOS电路。

(1) $F = (A \cdot B \cdot C)'$

(2) $F = (A + B + C + D)'$

4 组合逻辑电路

4.1 概述

任何一个数字系统都是由组合逻辑电路和时序逻辑电路构成的。组合逻辑电路具有以下特点：

- ◇ 任何时刻输出仅和当前时刻的输入有关,而与以前各时刻的输入无关;
- ◇ 从电路结构上看,组合逻辑电路通常由逻辑门构成,没有存储元件,信号是单向流动的,没有从输出到输入的反馈通路,输出和输入之间有一定的延时;
- ◇ 组合逻辑电路可以是多输入、多输出的,如图4-1所示,输出和输入之间的关系可以用一组逻辑函数表示:

$$F_1 = f_1(X_1, X_2, \cdots, X_n)$$
$$F_2 = f_2(X_1, X_2, \cdots, X_n)$$
$$\vdots$$
$$F_m = f_m(X_1, X_2, \cdots, X_n)$$

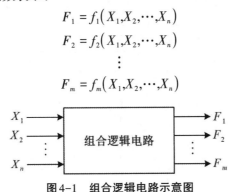

图4-1 组合逻辑电路示意图

数字系统中常用的组合逻辑电路模块有多路选择器、编码器、译码器、比较器和加减法器等,这些组合逻辑电路也是构成数字系统的基本模块。本章主要介绍组合逻辑电路的分析和设计方法,组合逻辑电路基本模块的功能、设计和电路结构。

4.2 组合逻辑电路的分析和设计方法

4.2.1 组合逻辑电路分析方法

组合逻辑电路的分析就是根据给定的逻辑电路图,分析输入和输出之间的关系,从而判断电路实现的逻辑功能。组合逻辑电路的分析步骤如图4-2所示,具体步骤如下:

（1）根据给定的逻辑电路图,写出输出的逻辑函数式;

（2）简化逻辑函数式；

（3）列出真值表,由真值表概括出电路的逻辑功能。

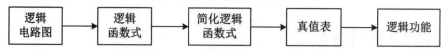

图4-2　组合逻辑电路分析步骤

【例4-1】试分析图4-3所示逻辑电路图的逻辑功能。

从输入开始,逐级写出各逻辑门的输出,得到输出的逻辑函数式为:

$$S = A \oplus B \oplus C_i$$
$$C_o = AB + AC_i + BC_i$$

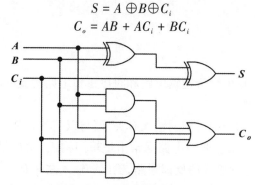

图4-3　例4-1逻辑电路图

由逻辑函数式,可以列出如表4-1所示的真值表。

表4-1　例4-1真值表

A	B	C_i	S	C_o
0	0	0	0	0
0	0	1	1	0
0	1	0	1	0
0	1	1	0	1
1	0	0	1	0
1	0	1	0	1
1	1	0	0	1
1	1	1	1	1

由真值表可以看出,当输入中有奇数个1时,输出S为1,而当输入中有两个或超过两个1时,输出C_o为1。如果把两个输入A、B看作加数和被加数,C_i看作进位输入,这个电路可以实现两个1-bit二进制数相加的功能,输出S可以看作A、B和C_i的和,C_o可以看作三者相加向高位的进位输出。

C_o还可以看作实现多数表决功能,S也可以看作实现判奇功能。

4.2.2　组合逻辑电路设计方法

根据实际的逻辑问题,得出实现这一逻辑功能的逻辑电路,就是组合逻辑电路的设计。组合逻辑电路的设计步骤如图4-4所示,具体步骤如下:

（1）分析逻辑问题,确定输入和输出,把输入和输出的状态用0和1表示;

（2）根据逻辑问题的因果关系,列出逻辑真值表;

（3）根据真值表，写出输出的逻辑函数式，对逻辑函数式进行变换和化简；

（4）由逻辑函数式画出逻辑电路图。

图4-4　组合逻辑电路设计步骤

【例4-2】用基本逻辑门设计一个交通灯错误报警电路。每一组交通灯由红绿黄三个灯组成，正常情况下，任意时刻只有一种颜色的灯亮，如果有两个或三个灯同时亮，或三个灯都不亮，就是电路发生了故障，需要给出故障信号，提示需要修理。

首先进行逻辑抽象。把红绿黄三色灯的状态定义为输入R、G、Y，灯亮用1表示，灯不亮用0表示，故障提示定义为输出F，有故障时输出为1，无故障时输出为0。根据问题，列出如表4-2所示的真值表。

表4-2　例4-2真值表

R	G	Y	F
0	0	0	1
0	0	1	0
0	1	0	0
0	1	1	1
1	0	0	0
1	0	1	1
1	1	0	1
1	1	1	1

根据真值表，可以画出如图4-5所示输出的卡诺图。

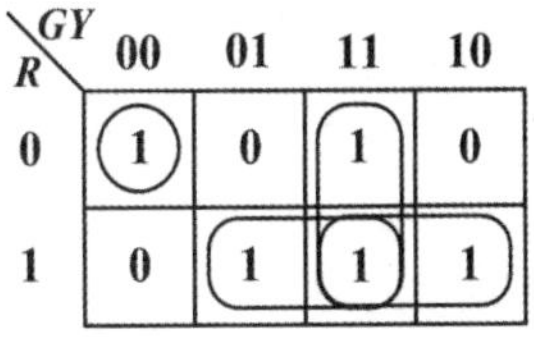

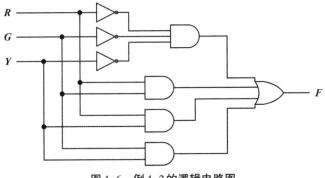

图4-5　例4-2输出的卡诺图

由卡诺图可以得到输出的逻辑函数式：

$$F = RG + RY + GY + R'G'Y'$$

由逻辑函数式，可以画出如图4-6所示的逻辑电路图。

图4-6　例4-2的逻辑电路图

4.2.3 常用的基本逻辑功能

定值和使能是最基本的常用逻辑功能,其中定值不做任何逻辑运算,使能涉及"与"或者"或"运算。

定值就是把一个或多个变量固定为0或1,通常通过直接连接0或1实现。对正逻辑,低电平为0,高电平为1,另一种方法是接地表示0,接电源电压表示1,如图4-7所示。

使能是允许信号从输入传递到输出,通常会附加一个使能信号EN,用它来决定输出是否被使能。使能可以用与门或或门实现,如图4-8所示。

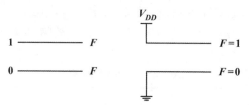

图4-7 定值逻辑实现

在图4-8(a)所示的电路中,当$EN = 1$时,输出$F = X$,即输出被使能;当$EN = 0$时,无论X为何值,输出都为0,即输出被屏蔽为0。输出也可以被屏蔽为1,如图4-8(b)所示,当$EN = 1$时,输出$F = X$,即输出被使能;当$EN = 0$时,无论X为何值,输出都为1。

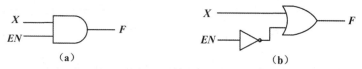

图4-8 使能电路

4.3 多路选择器

多路选择器是一种非常常用的组合电路基本模块,它就像是切换开关一样,可以用来选择不同通路的信号进行输出。多路选择器的符号及功能如图4-9所示,图4-9(a)所示是2-1选择器,图4-9(b)所示是4-1选择器。在电路结构图中,多路选择器通常用MUX标识。

4.3.1 多路选择器设计

● MUX2-1选择器

MUX2-1选择器有两个输入A和B、一个选择输入SEL、一个输出Y。如果$SEL = 0$,选择输入A输出,$Y = A$;如

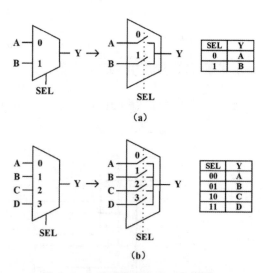

图4-9 多路选择器符号和示意图

果 $SEL = 1$,则选择输入 B 输出, $Y = B$。

由图 4-9(a)所示的 MUX2-1 选择器功能表可以列出如表 4-3 所示的真值表。

表 4-3　MUX2-1 选择器真值表

SEL	A	B	Y
0	0	0	0
0	0	1	0
0	1	0	1
0	1	1	1
1	0	0	0
1	0	1	1
1	1	0	0
1	1	1	1

由真值表,可以画出如图 4-10 所示输出的卡诺图。

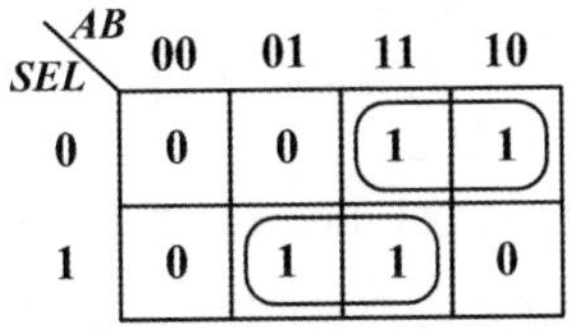

图 4-10　MUX2-1 选择器输出的卡诺图

由卡诺图可以得到输出的逻辑函数式:

$$Y = SEL'\cdot A + SEL\cdot B$$

MUX2-1 选择器的逻辑电路图如图 4-11 所示。

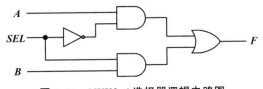

图 4-11　MUX2-1 选择器逻辑电路图

从图 4-11 可以看出,当 $SEL = 0$ 时,上面的与门输出被使能,下面的与门输出被屏蔽为 0,这时 A 就可以被传送到输出;当 $SEL = 1$ 时,下面的与门输出被使能,上面的与门输出被屏蔽为 0,这时 B 就可以被传送到输出。

● **MUX4-1 选择器**

MUX4-1 选择器有四个 1-bit 输入 A、B、C、D,2-bit 选择信号 $S_1 S_0$,一个输出 Y,如图 4-9(b)所示。如果 $S_1 S_0 = 00$,则选择输入 A 输出, $Y = A$;如果 $S_1 S_0 = 01$,则选择输入 B 输出, $Y = B$;如果 $S_1 S_0 = 10$,则选择输入 C 输出, $Y = C$;如果 $S_1 S_0 = 11$,则选择输入 D 输出, $Y = D$。

如果像上面的 MUX2-1 选择器一样列出真值表,6 个输入就需要列出 $2^6 = 64$ 种组合,这是比较困难的。

和 MUX2-1 选择器类似,也可以用四个与门和一个或门来实现 MUX4-1 选择器。当 $S_1 S_0 = 00$,第一个与门的输出被使能,其他与门的输出被屏蔽为 0,输入 A 就可以被传送到输出;当$S_1S_0 = 01$,第二个与门的输出被使能,其他与门的输出被屏蔽为0,这样输入B就可以被传送到输出;当$S_1S_0 = 10$,第三个与门的输出被使能,其他与门的输出被屏蔽为0,这样输入C就可以被传送到输出;当$S_1S_0 = 11$,第四个与门的输出被使能,其他与门的输出被屏蔽为0,这样输入D就可以被传送到输出。因此可以利用选择信号的最小项来产生与门的使能信号,使被选择的信号传送到输出,由此得到MUX4-1选择器输出的逻辑函数式:

$$Y = S_1'S_0'A + S_1'S_0B + S_1S_0'C + S_1S_0D$$

MUX4-1选择器的逻辑电路图如图4-12所示。

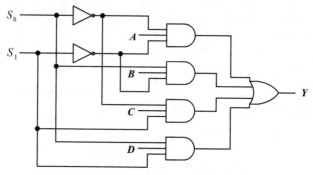

图4-12　MUX4-1选择器的逻辑电路图

类似地,可以用同样的电路结构来实现MUX2^n-1选择器。选择信号为n-bit,当其中一个与门的输出被使能时,其他与门的输出被屏蔽为0,只有连接到被使能与门的输入可以被传送到输出。

多路选择器也可以设计实现多bit数据的选择。例如图4-13所示的MUX2-1选择器,输入A和B都是4-bit数据,输出Y也是4-bit数据。当$S = 0$时,$Y_3Y_2Y_1Y_0 = A_3A_2A_1A_0$;当$S = 1$时,$Y_3Y_2Y_1Y_0 = B_3B_2B_1B_0$。$A$中每一位的选择控制都相同,$B$中每一位的选择控制也都相同。

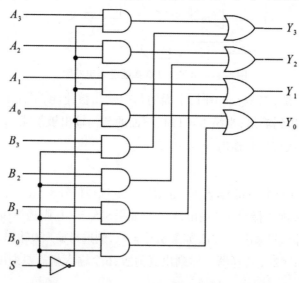

图4-13　4-bit MUX2-1选择器逻辑电路图

4.3.2 多路选择器的级联

大多路选择器可以用小多路选择器级联来实现。例如 MUX4-1 选择器可以用三个 MUX2-1 选择器实现,如图 4-14 所示;MUX16-1 选择器可以用 5 个 MUX4-1 选择器实现,如图 4-15 所示。MUX16-1 选择器也可以用 2 个 MUX8-1 选择器和 1 个 MUX2-1 选择器实现。

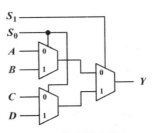

图4-14 用MUX2-1选择器实现MUX4-1选择器

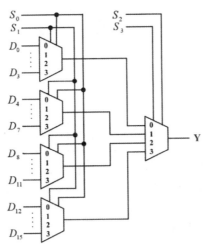

图4-15 用MUX4-1选择器实现MUX16-1选择器

4.3.3 用多路选择器实现逻辑函数

对于 n 输入变量的逻辑函数,输入有 2^n 种可能取值,当输入为不同的值时,逻辑函数产生相应的输出。如果把不同输入对应的输出值作为可以选择的输入,把输入变量作为选择信号,就可以用多路选择器来实现逻辑函数。

【例4-3】用MUX4-1选择器实现逻辑函数 $F = AB' + A'B$。

逻辑函数的真值表如表4-4所示。

表4-4 例4-3逻辑函数的真值表

A	B	F
0	0	0
0	1	1
1	0	1
1	1	0

如果把输入 A 和 B 看作选择信号,把0、1、1、0作为可以选择的数据输入,这个逻辑函数也可以写为:

$$F = A'B' \cdot 0 + A'B \cdot 1 + AB' \cdot 1 + AB \cdot 0$$

这样,这个逻辑函数就可以用MUX4-1选择器来实现,如图4-16所示。

对于有n个输入变量的逻辑函数,也可以用$n-1$个输入变量作为选择信号,另外一个输入变量作为数据输入,用多路选择器来实现。

【例4-4】用MUX4-1选择器实现逻辑函数 $F(A,B,C) = \sum m(1,2,6,7)$。

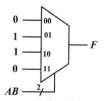

图4-16 用MUX4-1选择器实现例4-3逻辑函数

逻辑函数包含三个逻辑变量,用其中的两个逻辑变量A和B作为选择信号,数据输入由真值表决定。逻辑函数的真值表如表4-5所示。

表4-5 例4-4逻辑函数真值表

A	B	C	F	
0	0	0	0	$F = C$
0	0	1	1	
0	1	0	1	$F = C'$
0	1	1	0	
1	0	0	0	0
1	0	1	0	
1	1	0	1	1
1	1	1	1	

可以看出,若$AB = 00$,当$C = 0$时,$F = 0$,当$C = 1$时,$F = 1$。因此当$AB = 00$时,$F = C$。类似地,当$AB = 01$时,$F = C'$。当$AB = 10$时,无论C是0还是1,$F = 0$。当$AB = 11$时,$F = 1$。图4-17所示是用MUX4-1选择器实现这一逻辑函数。

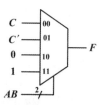

图4-17 用MUX4-1选择器实现例4-4逻辑函数

也可以把逻辑函数写为最小项和的形式,选择一部分逻辑变量作为选择信号,把逻辑函数式表示为多路选择器逻辑函数式的形式,由此确定各输入数据信号的形式。例如例4-4中的逻辑函数可以表示为:

$$F(A,B,C) = \sum m(1,2,6,7)$$
$$= A'B'C + A'BC' + ABC' + ABC$$
$$= A'B'C + A'BC' + AB(C + C')$$
$$= A'B' \cdot C + A'B \cdot C' + AB' \cdot 0 + AB \cdot 1$$

同样可以得到:当$AB = 00$时,$F = C$;当$AB = 01$时,$F = C'$;当$AB = 10$时,$F = 0$;当$AB = 11$时,$F = 1$。

4.4 编码器

在数字电路中,编码就是用一定规则的二进制编码来表示特定信息的过程,实现这一过程的电路称为编码器。编码器把输入信号转换为特定的编码,用输出的编码来表示相应的输入信号。例如键盘的接口就是一个编码器,当一个键被按下时,编码器就会输出一个表示这个键的编码信号。

常用的编码器有普通二进制编码器和二进制优先编码器。通常编码器有 N 个输入端，有 n 个输出端，应满足 $N \le 2^n$。

4.4.1 普通二进制编码器

一个普通二进制编码器的例子就是8-3编码器。它有8个输入 D_7、D_6、$\cdots$、D_0，3个输出 Y_2、Y_1、Y_0（代表对输入的编码），假定任意时刻只有一个输入有效（1有效）。8-3编码器的真值表如表4-6所示。

表4-6 8-3编码器的真值表

D_7	D_6	D_5	D_4	D_3	D_2	D_1	D_0	Y_2	Y_1	Y_0
0	0	0	0	0	0	0	1	0	0	0
0	0	0	0	0	0	1	0	0	0	1
0	0	0	0	0	1	0	0	0	1	0
0	0	0	0	1	0	0	0	0	1	1
0	0	0	1	0	0	0	0	1	0	0
0	0	1	0	0	0	0	0	1	0	1
0	1	0	0	0	0	0	0	1	1	0
1	0	0	0	0	0	0	0	1	1	1

编码器的逻辑函数式可以直接从真值表得出。当 D_1、D_3、D_5 和 D_7 有效时，$Y_0 = 1$；当 D_2、D_3、D_6 和 D_7 有效时，$Y_1 = 1$；当 D_4、D_5、D_6 和 D_7 有效时，$Y_2 = 1$，由此可以写出编码器输出的逻辑函数式：

$$Y_0 = D_1 + D_3 + D_5 + D_7$$
$$Y_1 = D_2 + D_3 + D_6 + D_7$$
$$Y_2 = D_4 + D_5 + D_6 + D_7$$

可以用三个或门来实现普通二进制8-3编码器，如图4-18所示。

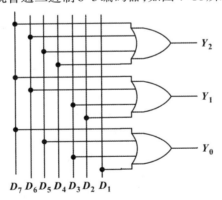

图4-18 普通二进制8-3编码器逻辑电路图

普通二进制编码器存在的一个问题是编码结果有模糊无法区分的情况。如果8-3编码器的输入都无效，这时的输出为000，而000也是 D_0 的编码，因此普通二进制编码器无法区分 D_0 的编码和无有效输入的情况。

另外，普通二进制编码器有一个限制：任意时刻只能有一个输入有效，如果有两个输入同时有效，就可能产生错误的输出。例如上面的普通8-3编码器，如果 D_3 和 D_6 同时有效，则编码输出为111，而111既不是 D_3 的编码，也不是 D_6 的编码，它是输入 D_7 的编码。

4.4.2 优先编码器

优先编码器带有优先级功能,当两个输入同时有效时,输出是优先级高的那个输入的编码。例如8-3编码器,如果设定D_6的优先级高于D_3,那么当D_3和D_6同时有效时,就会输出D_6的编码110。4-2优先编码器的真值表如表4-7所示。

表4-7 4-2优先编码器真值表

D_3	D_2	D_1	D_0	Y_1	Y_0	V
0	0	0	0	d	d	0
0	0	0	1	0	0	1
0	0	1	X	0	1	1
0	1	X	X	1	0	1
1	X	X	X	1	1	1

真值表输出栏中的d表示无关项,输入栏中的X表示可以是0,也可以是1。例如001X实际表示两种可能的输入:0010和0011。

从真值表可以看出,D_3的优先级最高。只要$D_3 = 1$,不管其他输入是否有效,编码器都输出D_3的编码11。D_2的优先级次高,只有D_3为0时,$D_2 = 1$,不管其他两个输入是否有效,编码器输出D_2的编码10。D_1、D_0的优先级依次降低,只有前面高优先级的输入都为0时,才有可能产生低优先级输入的编码。

由真值表可以画出如图4-19所示的4-2优先编码器输出的卡诺图。

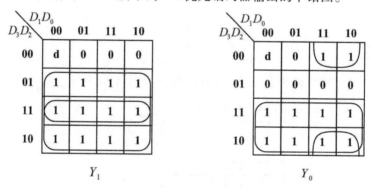

图4-19 4-2优先编码器输出的卡诺图

由卡诺图可以得到4-2优先编码器输出的逻辑函数式:

$$Y_0 = D_3 + D_2'D_1$$
$$Y_1 = D_3 + D_2$$

当所有的输入都为0时,由上面的逻辑函数可以得出,编码输出$Y_1Y_0 = 00$,而这是当前面优先级高的输入都为0,$D_0 = 1$时的编码输出。因此优先级编码器也存在编码结果模糊、无法区分的情况。

解决这个问题,一种方法是在电路上再增加一个输出V,用来指示编码结果是否有效。当有一个或多个输入为1时,编码输出有效,$V = 1$;如果所有的输入都为0,编码输出无效,$V = 0$。由真值表可以得到V的逻辑函数式:

$$V = D_3 + D_2 + D_1 + D_0$$

4-2优先编码器的逻辑电路图如图4-20所示。

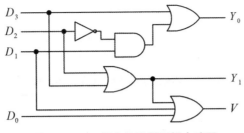

图 4-20　4-2 优先编码器逻辑电路图

4.5　译码器

在数字系统中,有些信息以二进制编码的形式表示,n-bit 的二进制编码可以表示 2^n 种信息。译码是编码的逆过程,二进制译码器通常有 n 个输入,m 个输出,译码器输出的个数 $m \leqslant 2^n$,在任意时刻只有一个输出有效,这种译码器称为 n - m 译码器,例如 3-8 译码器。

有些编码之间的转换电路也称为译码器,例如常用的把 BCD 码转换为 7 段数码管显示信号的 4-7 译码器。

4.5.1　二进制译码器

● 　**2-4 译码器**

2-4 译码器有两个输入 A_1、A_0,有四个输出 D_3、D_2、D_1、D_0,电路符号如图 4-21 所示。输入代表 2-bit 的编码,对于一个编码,有唯一的输出有效(以高有效为例),而其他输出无效。例如当输入 A_1A_0 为 00 时,输出 D_0 为 1,而 D_1、D_2、D_3 为 0。

2-4 译码器的真值表如表 4-8 所示。

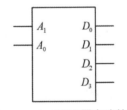

图 4-21　2-4 译码器电路符号

表 4-8　2-4 译码器真值表

A_1	A_0	D_3	D_2	D_1	D_0
0	0	0	0	0	1
0	1	0	0	1	0
1	0	0	1	0	0
1	1	1	0	0	0

由真值表可以看出,译码器的每个输出对应于一个输入变量的最小项,输出的逻辑函数式为:

$$D_3 = A_1 A_0$$
$$D_2 = A_1 A_0'$$
$$D_1 = A_1' A_0$$
$$D_0 = A_1' A_0'$$

2-4 译码器的逻辑电路图如图 4-22 所示。

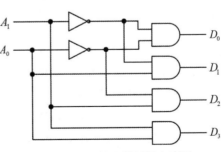

图 4-22　2-4 译码器逻辑电路图

● 带使能的2-4译码器

对2-4译码器还可以加使能控制信号EN,当EN有效时,译码输出正常工作;当EN无效时,所有译码输出无效。带使能控制的2-4译码器真值表如表4-9所示。

表4-9　带使能控制的2-4译码器真值表

EN	A_1	A_0	D_3	D_2	D_1	D_0
0	X	X	0	0	0	0
1	0	0	0	0	0	1
1	0	1	0	0	1	0
1	1	0	0	1	0	0
1	1	1	1	0	0	0

由真值表可以得到带使能的2-4译码器输出的逻辑函数式:

$$D_3 = EN \cdot A_1 A_0 \qquad D_2 = EN \cdot A_1 A_0'$$
$$D_1 = EN \cdot A_1' A_0 \qquad D_0 = EN \cdot A_1' A_0'$$

带使能2-4译码器的逻辑电路图如图4-23所示。

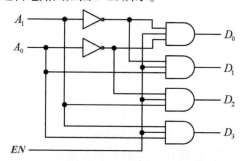

图4-23　带使能2-4译码器的逻辑电路图

● 低有效的2-4译码器

译码器也可以设计为输出低有效。表4-10是低有效2-4译码器真值表,使能信号EN和输出都是低有效。使能$EN = 0$时译码器正常工作,输出中只有一个输出有效为0,其余的输出为1;使能$EN = 1$时,不管输入是什么,所有的输出都无效为1。

表4-10　低有效2-4译码器真值表

EN	A_1	A_0	D_3	D_2	D_1	D_0
1	X	X	1	1	1	1
0	0	0	1	1	1	0
0	0	1	1	1	0	1
0	1	0	1	0	1	1
0	1	1	0	1	1	1

可以看出,低有效2-4译码器的每一个输出的真值表都和高有效2-4译码器的真值表互为相反,因此其输出的逻辑函数式为:

$$D_3 = \left(EN' \cdot A_1 A_0 \right)' \qquad D_2 = \left(EN' \cdot A_1 A_0' \right)'$$
$$D_1 = \left(EN' \cdot A_1' A_0 \right)' \qquad D_0 = \left(EN' \cdot A_1' A_0' \right)'$$

这个2-4译码器可以用与非门来实现,逻辑电路图如图4-24所示。

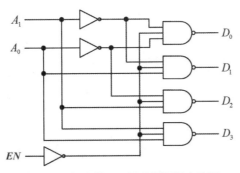

图 4-24 低有效 2-4 译码器逻辑电路图

4.5.2 用小译码器实现大译码器

大译码器可以直接设计,也可以用小译码器构成,例如可以用两个 2-4 译码器构成一个 3-8 译码器。3-8 译码器有三个输入 $A_2A_1A_0$,有八个输出 $D_7D_6D_5D_4D_3D_2D_1D_0$,3-8 译码器的真值表如表 4-11 所示。

表 4-11　3-8 译码器真值表

EN	A_2	A_1	A_0	D_7	D_6	D_5	D_4	D_3	D_2	D_1	D_0
0	X	X	X	0	0	0	0	0	0	0	0
1	0	0	0	0	0	0	0	0	0	0	1
1	0	0	1	0	0	0	0	0	0	1	0
1	0	1	0	0	0	0	0	0	1	0	0
1	0	1	1	0	0	0	0	1	0	0	0
1	1	0	0	0	0	0	1	0	0	0	0
1	1	0	1	0	0	1	0	0	0	0	0
1	1	1	0	0	1	0	0	0	0	0	0
1	1	1	1	1	0	0	0	0	0	0	0

从真值表可以看出,当 $A_2 = 0$ 时,译码输出为 D_3、D_2、D_1 或 D_0;当 $A_2 = 1$ 时,译码输出为 D_7、D_6、D_5 或 D_4。因此可以用两个 2-4 译码器来构成一个 3-8 译码器,电路结构如图 4-25 所示。

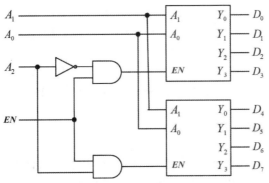

图 4-25　用两个 2-4 译码器构成一个 3-8 译码器

用 A_2 和使能 EN 来产生两个 2-4 译码器的使能信号。当 $A_2 = 0$ 时,下面 2-4 译码器的输出无效,$D_4 \sim D_7$ 全部为 0,上面的 2-4 译码器被使能,输出 $D_0 \sim D_3$ 中的一个有效,其余无效;当 $A_2 = 1$ 时,上面 2-4 译码器的输出无效,$D_0 \sim D_3$ 全部为 0,下面的 2-4 译码器被使能,输出

$D_4 \sim D_7$ 中的一个有效,其余无效。

类似地,用这种方法可以构成更大的译码器。例如用五个2-4译码器构成一个4-16译码器,如图4-26所示;或用两个3-8译码器构成一个4-16译码器,如图4-27所示。

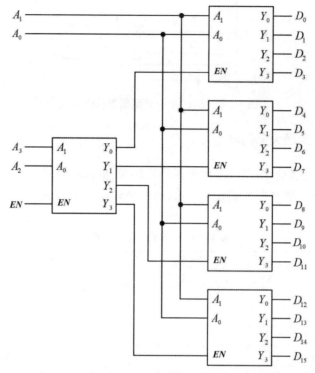

图4-26 用五个2-4译码器构成一个4-16译码器

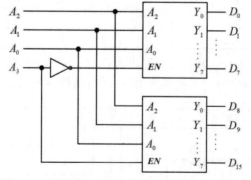

图4-27 用两个3-8译码器构成一个4-16译码器

4.5.3 用二进制译码器实现逻辑函数

从前面对二进制译码器的分析可知,译码器每一个输出的逻辑函数式都是输入变量的一个最小项,$n - 2^n$ 译码器可以产生输入变量的所有最小项。

任何逻辑函数都可以写为最小项和的形式,因此可以用译码器和一个或门来实现任意逻辑函数。也就是说,如果用译码器来实现逻辑函数,这个逻辑函数必须写为最小项和的形式。对 n 输入、m 输出的组合逻辑电路,都可以用 $n - 2^n$ 译码器产生 n 个输入变量的所有最小项,然后根据逻辑函数式从译码器的输出中选择相应的最小项做或运算得到 m 个输出。

例4-1中的全加器电路输出的逻辑函数式可以表示为:

$$S(A,B,C_i) = \sum(1,2,4,7)$$

$$C_o(A,B,C_i) = \sum(3,5,6,7)$$

由于全加器中有三个输入,因此要产生三个变量的全部最小项需要3-8译码器,然后选择逻辑函数式中的最小项做或运算。用3-8译码器实现的全加器电路结构如图4-28所示。

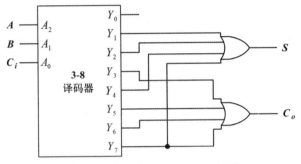

图4-28 用3-8译码器实现全加器

4.5.4 七段数码管显示译码器

在电子计时器或其他电子设备中经常会看到用七段数码管显示数字,这些数字在电路中通常是BCD编码的。把BCD码转换为七段数码管显示驱动信号的电路就称为七段数码管显示译码器,也称为4-7译码器。

七段数码管由7个发光二极管 a、b、c、d、e、f、g 按图4-29(a)所示的排列方式组成,不同段的亮或暗组合就显示出不同的数字,如图4-29(b)所示。

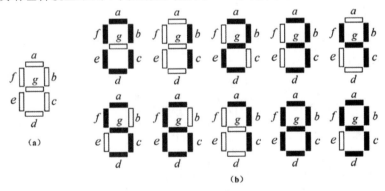

图4-29 七段数码管显示

为了减少控制信号,七段数码管中的数码管有共阴和共阳两种连接方式。共阴连接是把7个数码管的阴极连在一起接地,驱动信号加在数码管的阳极,如图4-30(a)所示,如果要点亮某一段数码管,就需要使驱动信号为高。共阳连接是把7个数码管的阳极连在一起接电源,驱动信号加在数码管的阴极,如图4-30(b)所示,如果要点亮某一段数码管,就需要使驱动信号为低。

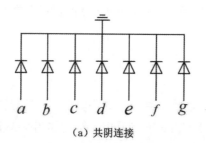
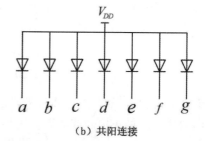

（a）共阴连接　　　　　　　　　　　　　（b）共阳连接

图4-30　七段数码管连接方式

这里以共阴连接的七段数码管为例设计4-7译码器，即输出信号为高有效。4-7译码器的输入为4-bit的BCD码$D_3D_2D_1D_0$，输出为驱动各段数码管的信号a、b、c、d、e、f、g。根据显示数字的数码管的不同组合，可以得到4-7译码器的真值表，如表4-12所示。

表4-12　4-7译码器真值表

D_3	D_2	D_1	D_0	a	b	c	d	e	f	g
0	0	0	0	1	1	1	1	1	1	0
0	0	0	1	0	1	1	0	0	0	0
0	0	1	0	1	1	0	1	1	0	1
0	0	1	1	1	1	1	1	0	0	1
0	1	0	0	0	1	1	0	0	1	1
0	1	0	1	1	0	1	1	0	1	1
0	1	1	0	1	0	1	1	1	1	1
0	1	1	1	1	1	1	0	0	0	0
1	0	0	0	1	1	1	1	1	1	1
1	0	0	1	1	1	1	1	0	1	1
其他				1	0	0	1	1	1	1

由真值表可以画出各输出的卡诺图，得到各段驱动信号的逻辑函数式。图4-31所示是输出a、b、c的卡诺图。

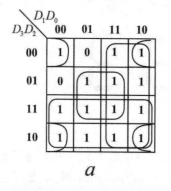
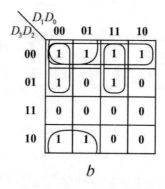
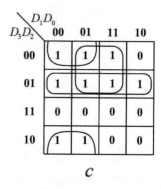

图4-31　a、b、c的卡诺图

由卡诺图可以得到输出a、b、c的逻辑函数式：

$$a = D_2'D_0' + D_3 + D_1 + D_2D_0$$
$$b = D_3'D_2' + D_2'D_1' + D_3'D_1'D_0' + D_3'D_1D_0$$
$$c = D_3'D_2 + D_2'D_1' + D_3'D_0$$

4.6 比较器

比较器是比较两个二进制数大小的电路，在数字系统中经常使用。比较器通常做两个二进制数的大于、小于和等于比较。

无符号数比较器的输入是两个二进制数 A、B，输出是三个 1-bit 信号 G、L、E，分别指示是否 $A > B$、$A < B$ 或 $A = B$。比较器的符号如图 4-32 所示。

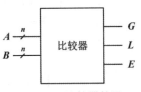

图 4-32 比较器符号

2-bit 比较器的真值表如表 4-13 所示。

表 4-13 2-bit 比较器真值表

A_1	A_0	B_1	B_0	G	L	E
0	0	0	0	0	0	1
0	0	0	1	0	1	0
0	0	1	0	0	1	0
0	0	1	1	0	1	0
0	1	0	0	1	0	0
0	1	0	1	0	0	1
0	1	1	0	0	1	0
0	1	1	1	0	1	0
1	0	0	0	1	0	0
1	0	0	1	1	0	0
1	0	1	0	0	0	1
1	0	1	1	0	1	0
1	1	0	0	1	0	0
1	1	0	1	1	0	0
1	1	1	0	1	0	0
1	1	1	1	0	0	1

输出 G、L 和 E 的卡诺图如图 4-33 所示。

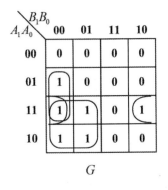
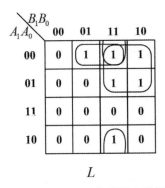
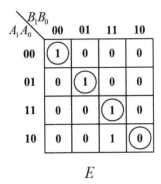

图 4-33 2-bit 比较器的卡诺图

由卡诺图可以得到三个输出的逻辑函数式：

$$G = A_1 B_1' + A_0 B_1' B_0' + A_1 A_0 B_0'$$
$$L = A_1' B_1 + A_1' A_0' B_0 + A_0' B_1 B_0$$
$$E = A_1' A_0' B_1' B_0' + A_1' A_0 B_1' B_0 + A_1 A_0' B_1 B_0' + A_1 A_0 B_1 B_0$$

2-bit无符号数比较器的逻辑电路图如图4-34所示。

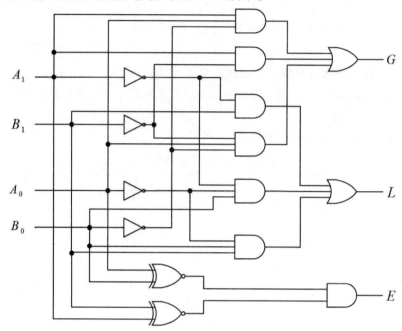

图4-34　2-bit无符号数比较器逻辑电路图

　　理论上来说,4-bit比较器的设计和2-bit比较器相似,列出真值表,就可以求出三个输出的逻辑函数式,得到逻辑电路图。但是,4-bit比较器意味着输入为8-bit,真值表很大,计算输出的逻辑函数式比较困难。

　　对于无符号数比较,另一种方法是对输入A和B逐位考虑,从A和B的最高有效位到最低有效位逐位比较:

如果$A_3 = 0, B_3 = 1$,则$A < B$,

如果$A_3 = 1, B_3 = 0$,则$A > B$;

如果$A_3 = B_3$,就看下一位A_2和B_2:

　　如果$A_2 = 0, B_2 = 1$,则$A < B$,

　　如果$A_2 = 1, B_2 = 0$,则$A > B$;

　　如果$A_2 = B_2$,就看下一位A_1和B_1:

　　　　……

4-bit比较器的真值表如表4-14所示。

表4-14　4-bit比较器真值表

$A_3 B_3$	$A_2 B_2$	$A_1 B_1$	$A_0 B_0$	G	L	E
10	XX	XX	XX	1	0	0
01	XX	XX	XX	0	1	0
$A_3 = B_3$	10	XX	XX	1	0	0
	01	XX	XX	0	1	0

续表

A_3B_3	A_2B_2	A_1B_1	A_0B_0	G	L	E
		10	XX	1	0	0
		01	XX	0	1	0
	$A_2 = B_2$		10	1	0	0
		$A_1 = B_1$	01	0	1	0
			$A_0 = B_0$	0	0	1

由此可以得到 G 和 L 的逻辑函数式:

$$G = A_3B_3' + (A_3 \odot B_3)A_2B_2' + (A_3 \odot B_3)(A_2 \odot B_2)A_1B_1' + (A_3 \odot B_3)(A_2 \odot B_2)(A_1 \odot B_1)A_0B_0'$$

$$L = A_3'B_3 + (A_3 \odot B_3)A_2'B_2 + (A_3 \odot B_3)(A_2 \odot B_2)A_1'B_1 + (A_3 \odot B_3)(A_2 \odot B_2)(A_1 \odot B_1)A_0'B_0$$

对于相等比较,只有 $A_3 = B_3, A_2 = B_2, A_1 = B_1, A_0 = B_0$ 同时成立时, $A = B$。因此 E 的逻辑函数式为:

$$E = (A_3 \odot B_3)(A_2 \odot B_2)(A_1 \odot B_1)(A_0 \odot B_0)$$

4-bit 无符号数比较器的逻辑电路图如图 4-35 所示。n-bit 无符号数比较器都可以采用这种方法设计。

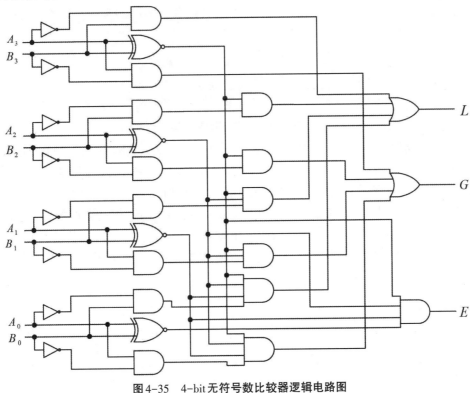

图 4-35 4-bit 无符号数比较器逻辑电路图

4.7 加法器

加法器是数字系统中最常用的算术运算模块,也是处理器算术逻辑运算单元中最基本的运算单元。加法器对两个 n-bit 二进制数相加,产生 n-bit 的和和 1-bit 的进位输出,加法器符号如图4-36所示。

4.7.1 自顶向下的设计

对于比较小的数字电路,可以采用组合逻辑电路设计基本方法,列出真值表,由真值表得到输出的逻辑函数式。但当电路比较大、比较复杂时,用这种方法来设计往往很不现实。

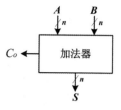

图4-36 n-bit加法器

例如设计4-bit加法器,就意味着输入为8-bit,输入所有可能的组合为2^8;如果设计8-bit加法器,输入为16-bit,所有可能的组合为2^{16}。在这种情况下真值表会很大,从真值表得到输出的逻辑函数式会很困难。

对于比较大、比较复杂的电路通常采用自顶向下(Top-Down)的设计方法。自顶向下的设计方法是从设计规范开始,把功能逐级分解为更小的子功能,直到分解的子功能可以用相对简单的小电路实现。当所有的子功能模块都设计、验证和实现后,就可以把这些子模块连接起来构成最终完整的设计。因此,设计过程是从顶层抽象层次(Top)开始,分解到(Down)容易用硬件模块实现的低级抽象层次。实现过程是从底层的电路模块开始,连接形成更上层、更大的电路模块,直到完整的电路,这个过程称为自底向上(Bottom-Up)的过程。

这里以二进制数加法器的设计来说明这个设计过程。图4-37所示是两个4-bit二进制数相加的计算过程。

$$\begin{array}{cccccc} & \mathbf{1} & \mathbf{0} & \mathbf{1} & \mathbf{1} & \text{被加数} \\ + & {}_1\mathbf{1} & {}_1\mathbf{1} & {}_0\mathbf{1} & {}_1\mathbf{1} & \text{加数} \\ \hline \mathbf{1} & \mathbf{1} & \mathbf{0} & \mathbf{0} & \mathbf{0} & \text{和} \end{array}$$

图4-37 两个4-bit数相加

和十进制数加法类似,二进制数加法从低位开始,每个1-bit二进制数做加法运算: $0+0=0, 0+1=1, 1+0=1, 1+1=10$。两个4-bit数相加时,高三位做的运算都是相同的,每一位都是被加数位、加数位和低位来的进位相加,产生一个和位和一个向高位的进位输出;最低位相加时没有低位来的进位。n-bit数相加的过程是类似的,因此n-bit加法运算可以分解为两种基本的1-bit相加的子运算,有低位进位输入的称为全加运算,没有低位进位的称为半加运算,半加运算也可以看作进位输入为0的全加运算。n-bit加法运算的分解如图4-38所示。

$$\begin{array}{cccccccc} & a_{n-1} & a_{n-2} & \cdots\cdots & a_2 & a_1 & a_0 \\ + & b_{n-1} & b_{n-2} & \cdots\cdots & b_2 & b_1 & b_0 \\ \hline c_{out} & s_{n-1} & s_{n-2} & \cdots\cdots & s_2 & s_1 & s_0 \end{array}$$

(a) n-bit加法运算

$$\begin{array}{cc} & a_i \\ & b_i \\ + & c_i \\ \hline c_{i+1} & s_i \end{array}$$

(b) 1-bit全加运算

$$\begin{array}{cc} & a_i \\ + & b_i \\ \hline c_{i+1} & s_i \end{array}$$

(c) 1-bit半加运算

图4-38 n-bit加法运算及其分解

全加运算有三个输入、两个输出;半加运算有两个输入、两个输出,这两个运算可以很容易用电路实现。实现全加运算的电路模块称为全加器,实现半加运算的电路模块称为半加器,用全加器和半加器就可以得到n-bit加法器的电路结构,如图4-39所示。

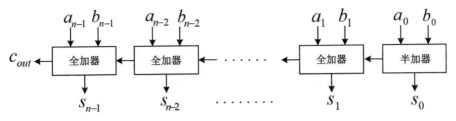

图 4-39　n-bit 加法器结构

4.7.2　半加器和全加器

● **半加器**

半加器实现半加运算，它的输入是 1-bit 的被加数 a 和加数 b，输出是和 s 和进位输出 c_o。1-bit 二进制数相加，只有两个输入都为 1 时，进位输出为 1。半加器真值表如表 4-15 所示。

表 4-15　半加器真值表

a	b	s	c_o
0	0	0	0
0	1	1	0
1	0	1	0
1	1	0	1

两个输出的逻辑函数式可以直接由真值表得到：

$$s = a'b + ab' = a \oplus b \qquad\qquad c_o = ab$$

半加器的逻辑电路图如图 4-40 所示。

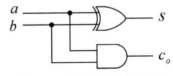

图 4-40　半加器逻辑电路图

● **全加器**

全加器实现全加运算，它的输入是 1-bit 的被加数 a、加数 b 和来自低位的进位输入 c_i，输出是和 s 和进位输出 c_o。全加器的真值表如表 4-16 所示。

表 4-16　全加器真值表

a	b	c_i	s	c_o
0	0	0	0	0
0	0	1	1	0
0	1	0	1	0
0	1	1	0	1
1	0	0	1	0
1	0	1	0	1
1	1	0	0	1
1	1	1	1	1

由真值表可以画出两个输出的卡诺图，如图 4-41 所示。

由卡诺图可以得到两个输出的逻辑函数式：

$$s = a'b'c_i + a'bc_i' + ab'c_i' + abc_i = a \oplus b \oplus c_i$$
$$c_o = ab + bc_i + ac_i = c_i \cdot (a \oplus b) + ab$$

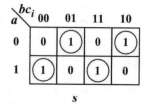 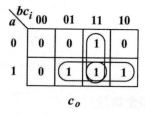

图4-41　全加器两个输出的卡诺图

全加器的逻辑电路图如图4-42所示。

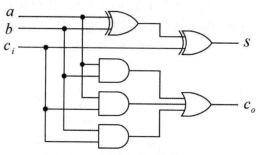

图4-42　全加器逻辑电路图

全加器也可以用两个半加器来实现，如图4-43所示。

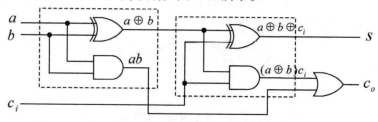

图4-43　用两个半加器和一个或门实现的全加器

4.7.3　进位传播加法器

图4-39所示的n-bit加法器是用1-bit全加器和半加器级联构成的，这种加法器称为进位传播加法器。

图4-44所示是一个4-bit进位传播加法器的结构图，输入$A = a_3a_2a_1a_0$，$B = b_3b_2b_1b_0$，加法器的进位输入c_0为0。

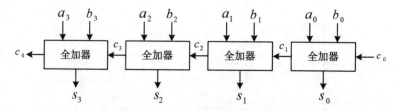

图4-44　4-bit进位传播加法器结构

4个1-bit全加器通过进位级联起来,加数和被加数的各位通过4个全加器相加,产生相应位置的和s_i和进位输出c_{i+1},c_{i+1}连接到下一个全加器的进位输入。和从最低有效位开始依次向高位产生,只有低位来的进位正确,才会产生正确的和位。因此,只有最高位的进位输入正确时,正确的和才能产生。

在4-bit加法器中,信号传播的路径从最低有效位a_0和b_0开始,进位依次向高位传播,最差的情况就是进位从最低有效位一直传播到最高有效位,这就是加法器的关键路径。1-bit全加器的延时包括数据输入到进位输出的延时$T_{FA}(a,b \rightarrow c_o)$、进位输入到进位输出的延时$T_{FA}(c_i \rightarrow c_o)$以及进位输入到和的延时$T_{FA}(c_i \rightarrow s)$,n-bit进位传播加法器的延时是:

$$T = T_{FA}(a,b \rightarrow c_o) + (n-2)T_{FA}(c_i \rightarrow c_o) + T_{FA}(c_i \rightarrow s)$$

通常把1-bit全加器的延时笼统地称为T_{FA},n-bit进位传播加法器的延时近似为nT_{FA}。可以看出,进位传播加法器的延时和数据宽度n呈线性关系,数据宽度增大,延时也线性增大。因此进位传播加法器不适合用于大数据宽度或高性能算术运算单元。

4.7.4 提前进位加法器

进位传播加法器是最简单也是最慢的加法器设计,慢的原因在于最高位运算必须等正确的进位输入产生才可以完成。加速加法的一个方法是消除进位链,直接计算出各位的进位输入。

重新考虑全加器中进位的产生。仅从输入a和b看,只有a和b都为1时才会产生进位输出1。定义进位产生信号g:

$$g = a \cdot b$$

另外,从进位输入c_i的角度看,只有输入a和b其中之一为1时,进位输入c_i才能够传播到进位输出,定义进位传播信号p:

$$p = a \oplus b$$

因此,进位输出又可以表示为:

$$c_o = g + pc_i$$

对于图4-44所示的4-bit加法器,利用上面的公式就可以计算出各位的进位输出:

$$c_1 = g_0 + p_0c_0$$
$$c_2 = g_1 + p_1c_1 = g_1 + g_0p_1 + p_1p_0c_0$$
$$c_3 = g_2 + p_2c_2 = g_2 + g_1p_2 + g_0p_1p_2 + p_2p_1p_0c_0$$
$$c_4 = g_3 + p_3c_3 = g_3 + g_2p_3 + g_1p_2p_3 + g_0p_1p_2p_3 + p_3p_2p_1p_0c_0$$

这样由最低位的进位输入c_0可以直接计算出各高位的进位输入,避免了高位等待正确的进位产生,从而提高加法运算的速度。提前进位产生的逻辑电路图如图4-45所示。

4-bit提前进位加法器的结构如图4-46所示。类似地,更高位的进位输入也可以计算出来。可以看出,随着数据宽度的增加,高位进位输入产生的逻辑函数式会更加复杂。因此,当数据宽度大于4时很少直接使用提前进位逻辑来产生进位,而是把数据分为每4-bit一组,产生每个4-bit组的进位。例如16-bit加法器可以分为4个4-bit组,如图4-47所示。

第二个4-bit组的进位输入c_4可以表示为:

$$c_4 = G_0 + P_0c_0$$

$$G_0 = g_3 + g_2 p_3 + g_1 p_2 p_3 + g_0 p_1 p_2 p_3$$
$$P_0 = p_3 p_2 p_1 p_0$$

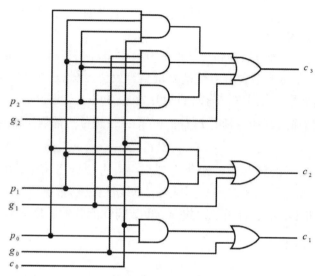

图 4-45　提前进位产生的逻辑电路图

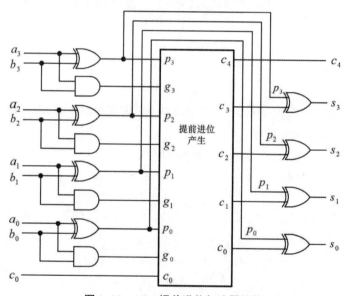

图 4-46　4-bit 提前进位加法器结构

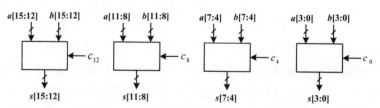

图 4-47　分为 4 个 4-bit 组的 16-bit 加法器

可以推出各 4-bit 组的"组进位产生"和"组进位传播"信号：

$$G_i = g_{i+3} + g_{i+2} p_{i+3} + g_{i+1} p_{i+2} p_{i+3} + g_i p_{i+1} p_{i+2} p_{i+3}$$

$$P_i = p_i p_{i+1} p_{i+2} p_{i+3}$$

进一步可以推出各个4-bit组的进位输出为：

$$c_4 = G_0 + P_0 c_0$$
$$c_8 = G_1 + G_0 P_1 + P_1 P_0 c_0$$
$$c_{12} = G_2 + G_1 P_2 + G_0 P_1 P_2 + P_2 P_1 P_0 c_0$$
$$c_{16} = G_3 + G_2 P_3 + G_1 P_3 P_2 + G_0 P_1 P_2 P_3 + P_3 P_2 P_1 P_0 c_0$$

可以看出,组提前进位产生的逻辑函数式和位提前进位产生的逻辑函数式是相同的,因此提前进位产生逻辑可以形成一个CLA模块,实现结构化的提前进位加法器。

图4-48所示是一个16-bit提前进位加法器的结构图。加法器分为4个4-bit组,4-bit组中每一位的进位产生和进位传播信号送入CLA_{0x}模块产生"组进位产生"和"组进位传播"信号;各4-bit组的"组进位产生"和"组进位传播"信号送入CLA_{10}模块产生各4-bit组的进位输出(下一4-bit组的进位输入),各4-bit组的进位输入再返送回CLA_{0x}模块计算出各位的进位,计算出和。

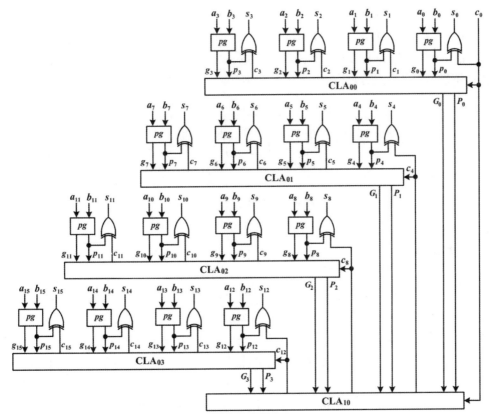

图4-48　16-bit提前进位加法器结构

16-bit提前进位加法器的延时包括:各bit位g和p的产生时间(1个门级延时),各4-bit组"组进位产生"G和"组进位传播"P产生的时间(2个门级延时),各4-bit组进位输入产生的时间(2个门级延时),每个4-bit组内部各进位产生的时间(2个门级延时),产生和位的时间(2个门级延时),总延时为9个门级延时。16-bit进位传播加法器的延时为32个门级延时。

类似地,64-bit加法器可以用4个16-bit加法器和一个4-bit提前进位产生逻辑实现,

64-bit提前进位加法器结构如图4-49所示。

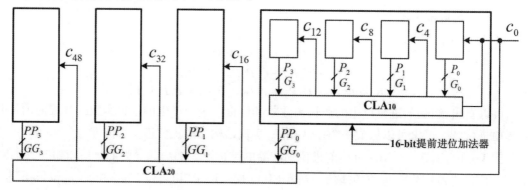

图4-49　64-bit提前进位加法器结构

4.7.5　加减法器

采用有符号的补码,减法$A - B = A + B' + 1$,减法可以用加法器实现,反码可以很容易地通过取反电路得到,而加1则可以通过把加法器的进位输入设置为1来实现。因此加减法器可以用一个加法器和MUX2-1选择器来实现,加减法器电路结构如图4-50所示。当执行加法时,不需要对B取反,进位输入为0;执行减法时,对B取反,进位输入为1。

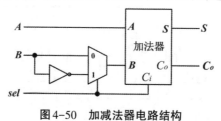

图4-50　加减法器电路结构

4.8　竞争和冒险

信号在经过门和连线时都会有延时,信号经过的路径不同,延时也会不同,因此各个信号到达汇合点的时刻会不同;另外,两个或两个以上输入信号同时变化时,其变化的快慢也会不同,上述这些现象都称为变量的"竞争"。冒险是由竞争引起的。各个信号到达汇合点的时刻不同或变化的快慢不同,造成输出信号在某个瞬间产生错误的输出(毛刺),这种现象称为"冒险"。

以图4-51所示的两个简单电路为例来说明这种情况。在图4-51(a)中,一个非门和一个或门实现逻辑$A + A'$,理想情况下这个电路的输出应该总是保持为1,但反相器的延时会造成竞争和冒险。假设A从0变为1,由于反相器有延时,会有一个小的时间段或门的两个输入都为0,使得输出为0,如图4-52(a)所示。类似地,图4-51(b)中的电路实现逻辑AA',理想情况下电路的输出应该总是保持为0,假设A从0变为1,由于反相器有延时,会有一个小的时间段与门的两个输入都为1,使得输出为1,如图4-52(b)所示。

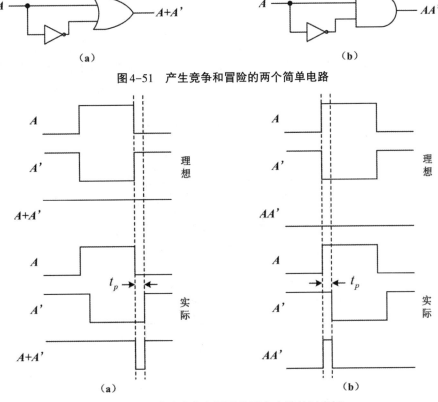

图4-51 产生竞争和冒险的两个简单电路

图4-52 产生竞争和冒险的两个电路的时序图

习题

4-1 设计一个三输入电路,输入为 A、B、C,如果输入1的个数超过输入0的个数,则输出 F 为1,否则输出 F 为0。要求:(1)列出真值表;(2)用卡诺图法求出输出 F 的逻辑函数式。

4-2 设计一个2421BCD码 $A_3 A_2 A_1 A_0$ 到8421BCD码 $D_3 D_2 D_1 D_0$ 的转换电路,当输入为无效组合时输出为1111。要求:(1)列出真值表;(2)用卡诺图法求出输出的逻辑函数式。

4-3 设计一个8421BCD码 $D_3 D_2 D_1 D_0$ 到余3码 $B_3 B_2 B_1 B_0$ 的转换电路,不考虑无效8421BCD码的输出。要求:(1)列出真值表;(2)用卡诺图法求出输出的逻辑函数式。

4-4 用一个MUX8-1选择器和反相器实现下面的逻辑函数,要求用 A、B、C 作为选择信号,画出电路结构图。

$$F(A,B,C,D) = \sum m(1,3,4,11,12,13,14,15)$$

4-5 用一个MUX4-1选择器和其他门实现下面的逻辑函数,要求用 A、B 作为选择信号,画出电路结构图。

$$F(A,B,C,D) = \sum m(1,3,4,11,12,13,14,15)$$

4-6 用2个3-8译码器和16个二输入与门实现一个4-16译码器,画出电路结构图。

4-7 用5个带使能的2-4译码实现一个带使能的4-16译码器,画出电路结构图。

4-8 用或非门和非门实现带使能的3-8译码器,并画出逻辑电路图。输入为:使能E,编码输入$D_3D_2D_1D_0$,输出为$Y_7Y_6Y_5Y_4Y_3Y_2Y_1Y_0$,输入和输出都是高有效。

4-9 设计一个四输入优先编码器,输入为$D_3D_2D_1D_0$,输出为A_1A_0,D_3的优先级最高,D_0的优先级最低。要求:(1)列出真值表;(2)写出输出的逻辑函数式;(3)画出逻辑电路图。

4-10 图题4-10是74HC138的逻辑电路图,要求:(1)写出每个输出的逻辑函数式;(2)分析电路的功能。

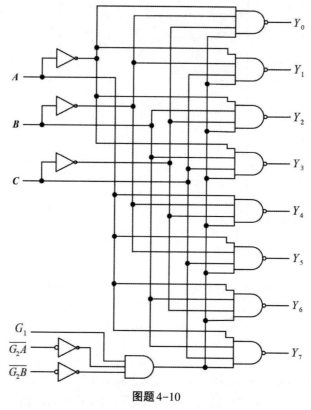

图题4-10

4-11 设计一个十一二进制编码器,输入为$I_9I_8\cdots I_1I_0$,输出为$A_3A_2A_1A_0$和标识输出是否有效的V,输入I_9的优先级最高,I_0的优先级最低。要求:(1)列出真值表;(2)写出输出的逻辑函数式;(3)画出逻辑电路图。

4-12 一个组合电路的功能由以下三个逻辑函数表示,要求用一个译码器和或门实现这个电路,画出电路结构图。

$$F_1 = (X + Z)' + XYZ$$
$$F_2 = (X + Z)' + X'YZ$$
$$F_3 = (X + Z)' + XY'Z$$

4-13 设计一个七段数码管显示译码器,数码管为共阳连接,输入为8421BCD码$D_3D_2D_1D_0$,输出为a、b、c、d、e、f、g,在出现非法码组时显示E,要求:(1)列出真值表;(2)写出输出的逻辑函数式;(3)画出逻辑电路图。

4-14 分析图题4-14所示的电路,要求:(1)写出输出的逻辑函数式;(2)分析电路的功能。

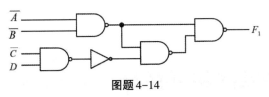

图题 4-14

4-15 设计一个组合电路,该电路有两个控制信号 S_1S_0:当 $S_1S_0 = 00$ 时,输出 $F = AB$;当 $S_1S_0 = 01$ 时,输出 $F = (AB)'$;当 $S_1S_0 = 10$ 时,输出 $F = (A + B)'$;当 $S_1S_0 = 11$ 时,输出 $F = A \oplus B$,要求:(1)写出输出的逻辑函数式;(2)画出逻辑电路图。

5 锁存器、触发器和寄存器

组合逻辑电路的输出仅和输入有关,当输入发生变化时,输出随之发生变化,不能够保存信号。实际上大多数数字系统还需要存储元件,需要把电路的状态或某一时刻的信息保存下来。数字电路中最基本的存储元件是锁存器,触发器由锁存器构成。数字系统通常直接使用触发器构成的寄存器作为存储单元。

5.1 SR 和 $\overline{S}\overline{R}$ 锁存器

5.1.1 SR 锁存器

图 5-1(a)所示是由两个交叉耦合的或非门组成的 SR 锁存器。锁存器有两个输入:S(Set)和 R(Reset),有两个输出:Q 和 $\overline{Q}$(或 Q')。其中 S 用于置位,R 用于复位,Q 和 $\overline{Q}$(或 Q')称为锁存器的状态。SR 锁存器的功能表如图 5-1(b)所示,Q^* 和 $\overline{Q}^*$ 分别表示 Q 和 $\overline{Q}$ 的新状态或次态。SR 锁存器的逻辑符号如图 5-1(c)所示。

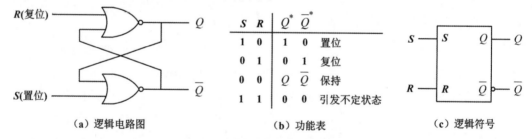

| | (a) 逻辑电路图 | | (b) 功能表 | | (c) 逻辑符号 |

图 5-1 或非门构成的 SR 锁存器

SR 锁存器的工作原理如下:

- ❖ 当 $S = 1, R = 0$ 时,$Q = 1, \overline{Q} = 0$,这种状态称为锁存器被置位为 1;
- ❖ 当 $S = 0, R = 1$ 时,$Q = 0, \overline{Q} = 1$,这种状态称为锁存器被复位为 0;
- ❖ 当 $S = 0, R = 0$ 时,Q 和 $\overline{Q}$ 保持原来的状态不变,原来是 1 状态就还是 1 状态,原来是 0 状态就还是 0 状态;
- ❖ 当 $S = 1, R = 1$ 时,Q 和 $\overline{Q}$ 都为 0。但在这种情况下,如果下一时刻输入同时变为 0,即 $S = 0, R = 0$,因为原来的 Q 和 $\overline{Q}$ 都为 0,Q 和 $\overline{Q}$ 就会变为 1,然后再反馈回或非门的输入端,使得输出 Q 和 $\overline{Q}$ 又变回 0。这样来回反复,无法达到一个稳定的状态。这种不定状态如图 5-2 所示。

因此,要使 SR 锁存器正常工作,应避免输入 S 和 R 同时为 1,即 SR 锁存器正常工作的约束条件为：$S \cdot R = 0$。

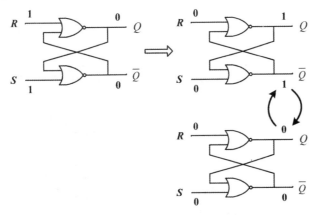

图 5-2　S 和 R 同是 1 时引发不定状态

5.1.2　$\overline{SR}$ 锁存器

图 5-3(a)所示是由两个与非门构成的 $\overline{SR}$ 锁存器，它的功能表和逻辑符号如图 5-3(b) 和图 5-3(c)所示。和 SR 锁存器类似，它也有一个置位端 $\overline{S}$ 和一个复位端 $\overline{R}$，有两个输出 Q 和 $\overline{Q}$（或 Q'）。

（a）逻辑电路图　　　　　（b）功能表　　　　　（c）逻辑符号

图 5-3　与非门构成的 $\overline{SR}$ 锁存器

$\overline{SR}$ 锁存器工作原理如下：

◇　当 $\overline{S} = 0$，$\overline{R} = 1$ 时，$Q = 1$，$\overline{Q} = 0$，锁存器被置位为 1；

◇　当 $\overline{S} = 1$，$\overline{R} = 0$ 时，$Q = 0$，$\overline{Q} = 1$，锁存器被复位为 0；

◇　当 $\overline{S} = 1$，$\overline{R} = 1$ 时，Q 和 $\overline{Q}$ 保持原来的状态不变，原来是 1 状态就还是 1 状态，原来是 0 状态就还是 0 状态；

◇　和或非门构成的 SR 锁存器类似，当 $\overline{S} = 0$，$\overline{R} = 0$ 时，Q 和 $\overline{Q}$ 都被强制为 1。但如果下一时刻 $\overline{S}$ 和 $\overline{R}$ 同时变为 1，即 $\overline{S} = 1$，$\overline{R} = 1$，因为原来 Q 和 $\overline{Q}$ 都是 1，经与非门就使得 Q 和 $\overline{Q}$ 变为 0，再反馈回与非门的输入端，使得 Q 和 $\overline{Q}$ 又变为 1，来回反复，无法达到一个稳定状态。这种不定状态如图 5-4 所示。

因此，要使 $\overline{SR}$ 锁存器正常工作，应避免输入 $\overline{S}$ 和 $\overline{R}$ 同时为 0，$\overline{S}$ 和 $\overline{R}$ 至少有一个为 1，即 $\overline{SR}$ 锁存器正常工作的约束条件为：$\overline{S} + \overline{R} = 1$。

比较上面或非门构成的 SR 锁存器和与非门构成的 $\overline{SR}$ 锁存器，可以看出 SR 锁存器和 $\overline{SR}$ 锁存器的输入信号互补。SR 锁存器的输入信号 S 和 R 是 1 有效改变状态，$\overline{SR}$ 锁存器的输入信号 $\overline{S}$ 和 $\overline{R}$ 是 0 有效改变状态，因此称为 $\overline{SR}$ 锁存器。字母上的横线表示要得到期望的状态，相应的输入信号必须为低(0)。

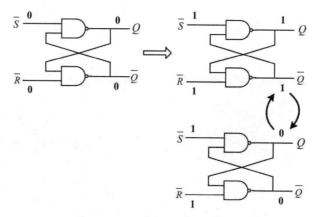

图5-4　$\bar{S}$和$\bar{R}$同为0引发不定状态

通过上面的分析可以看出,基本的SR和$\overline{\text{SR}}$锁存器可以用作存储单元。对于SR锁存器,当S和R同时为0时,锁存器可以记得它原来的状态;当输入改变时才会相应地改变状态。$\overline{\text{SR}}$锁存器的行为类似。

5.2　门控SR锁存器

基本的锁存器由于输入直接加在或非门或与非门的输入端,只要输入发生改变,输出状态就会改变。如果不能够确切知道或控制输入信号的变化,就无法确切知道锁存器的状态什么时间发生了变化。因此锁存器的一个问题就是输出状态对输入很敏感,另一个问题是输入信号必须满足约束条件,否则可能引发不定状态。

在实际应用中我们往往不希望锁存器的状态随输入信号的变化立即发生变化,而是希望锁存器的状态在控制信号的控制下发生变化,由控制信号来控制状态发生变化的时刻。

图5-5所示是一个门控的与非门构成的SR锁存器,它由基本的与非门构成的$\overline{\text{SR}}$锁存器和两个额外的与非门构成,输入信号C作为控制使能连接到两个与非门的输入。

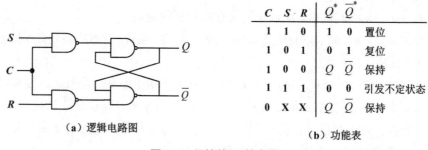

C	S	R	Q^*	$\bar{Q}^*$	
1	1	0	1	0	置位
1	0	1	0	1	复位
1	0	0	Q	$\bar{Q}$	保持
1	1	1	0	0	引发不定状态
0	X	X	Q	$\bar{Q}$	保持

（a）逻辑电路图　　　　　　　　　　　（b）功能表

图5-5　门控的SR锁存器

门控的SR锁存器工作原理如下:

◇　当C为0时,两个与非门的输出被强制为1,$\overline{\text{SR}}$锁存器的$\bar{S}$和$\bar{R}$都为1,这时$\overline{\text{SR}}$锁存器的状态保持不变;

◇　当C为1时,两个与非门打开,C对输入信号S和R没有影响,S和R才能影响到$\overline{\text{SR}}$

锁存器的状态。

即用控制信号 C 来控制锁存器,控制信号有效时锁存器能够正常工作,对输入信号敏感;控制信号 C 无效时,即使输入信号变化,锁存器也不改变原来的状态。

门控 SR 锁存器解决了基本 $\overline{SR}$ 锁存器对输入信号敏感的问题。但是当 C 为 1 时,如果输入 $S=1$,$R=1$,仍然可能会引发不定状态。锁存器要正常工作,输入信号 S 和 R 必须要满足约束条件 $S \cdot R = 0$。

5.3 D锁存器

消除锁存器不定状态的一种方法就是确保置位信号和复位信号永远不会同时有效,D锁存器就是按照这种方法构造的,D锁存器的逻辑电路如图 5-6(a) 所示。D锁存器只有两个输入信号,数据输入信号 D 和控制信号 C。和图 5-5 所示的门控 SR 锁存器相比,D锁存器的 D 信号直接加在了门控 SR 锁存器的 S 端,D' 加在了 R 端,这样门控 SR 锁存器的 S 端和 R 端的信号总是 10 或 01,不会出现 S 和 R 同时为 1 的情况,因此不会引发不定状态。

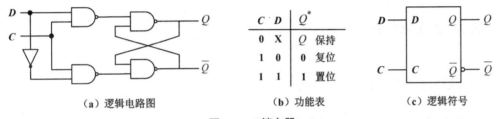

（a）逻辑电路图　　　　（b）功能表　　　　（c）逻辑符号

图 5-6　D锁存器

当 $C=1$ 时,如果 $D=1$,就相当于门控 SR 锁存器的 S 端和 R 端的输入为 10,输出 $Q=1$,锁存器处于置位状态;如果 $D=0$,就相当于门控 SR 锁存器的 S 端和 R 端的输入为 01,输出 $Q=0$,锁存器处于复位状态。当 $C=0$ 时,锁存器保持原来的状态不变。

D锁存器可以把数据输入信号 D 保存起来。当控制信号 C 有效(为1)时,数据输入信号 D 被传送到输出端 Q,Q 值随输入信号 D 的变化而变化。当控制信号 C 无效(为0)时,Q 保持原来的状态不变,即数据输入在 C 发生变化时(前一时刻)的信息会一直保持在输出端 Q 不变。

图 5-7 所示是一个 D锁存器的时序图。在 t_1 时刻之前,$C=0$,Q 的初始值为 0,虽然这一时间段内输入数据 D 发生变化,但输出 Q 不随 D 发生变化,保持为 0。在 t_1 和 t_2 之间,$C=1$,$D=1$,输出 Q 从 0 变为 1。在 t_2 和 t_3 之间,$C=0$,虽然 D 发生变化,从 1 变为 0,但输出 Q 一直保持 C 变为 0 之前那一时刻的值 1,直到 t_3 时刻。在 t_3 和 t_4 之间,$C=1$,$D=0$,输出 Q 从 1 变为 0。在 t_4 和 t_5 之间,$C=0$,在这段时间内虽然 D 发生变化,从 0 变为 1,但输出 Q 一直保持 C 变为 0 之前一刻的值 0,直到 t_5 时刻。在 t_5 和 t_6 之间,$C=1$,D 开始一段时间为 1,然后变为 0,输出 Q 随着 D 的变化而变化,也是先变为 1,然后变为 0。在 t_6 和 t_7 之间,$C=0$,输入先是 0,然后从 0 变为 1,再从 1 变为 0,但 Q 一直保持 C 变为 0 之前一刻的值 0。在 t_7 和 t_8 之间,输入 D 从 0 变为 1,输出 Q 随着 D 的变化而变化,也是先为 0,然后变为 1。在 t_8 时刻之后,C 变为 0,输入 D 先是 1,然后变为 0,输出 Q 保持 C 变为 0 前一刻的值 1。

可以看到,D锁存器的输出 Q 由控制信号 C 的电平控制,C 为高电平时,输出 Q 随输入 D

的变化而变化；C 为低电平时，输出 Q 保持 C 从高变为低时的数据输入 D 的值。因此 D 锁存器被称为是电平敏感的或电平触发的。

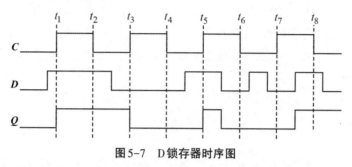

图 5-7   D 锁存器时序图

D 锁存器的一个问题是它的透明性。从上面的时序图可以看出，当控制信号为高电平时，如果数据输入 D 发生变化，输出就会立即做出响应，随之改变，进入新的状态。使用这样的锁存器作为存储元件，当锁存器的输入受其他锁存器的输出或自身输出的控制时，将会使得锁存器的状态不可预测。

5.4   主从边沿触发器

5.4.1   主从边沿 D 触发器

要消除 D 锁存器的透明性，一种方法是在输出信号改变之前，把输入信号和输出信号之间的通路断开，使得新状态只取决于前面某一个瞬间的状态，从而不会发生状态多次改变的情况。

一种常用的构造方法是把两个锁存器连接在一起，形成所谓主从式 D 触发器。主从式 D 触发器的电路结构和时序图如图 5-8 所示。

图 5-8(a)中左边的 D 锁存器称为主锁存器，右边的称为从锁存器，主从锁存器的控制输入前都加了反相器。当 $CLK = 0$ 时，主锁存器 $C = 1$，主锁存器透明，Q_m 跟随输入 D 的变化而变化；从锁存器 $C = 0$，锁存器关闭，状态 Q_s 不变。当时钟信号 CLK 从 0 变为 1 时，主锁存器 $C = 0$，主锁存器关闭，状态 Q_m 被锁定，不再跟随输入 D 的变化而变化；从锁存器 $C = 1$，锁存器打开，复制主锁存器的状态，把 Q_m 传送到 Q_s。所复制的主锁存器的状态是在时钟脉冲从 0 到 1 这一瞬间（前一时刻）主锁存器的状态，所以看起来是一种边沿触发行为。当时钟 $CLK = 1$ 时，主锁存器关闭不再变化，这时主锁存器和从锁存器的状态都不发生变化。当时钟信号 CLK 从 1 变为 0 时，主锁存器打开，Q_m 随输入 D 的变化而变化，但这时从锁存器关闭，因此从锁存器的状态 Q_s 保持不变。

时钟信号从 0 变到 1 的瞬间称为时钟的上升沿，从 1 变为 0 的瞬间称为时钟的下降沿。从电路的输入和输出端来看，在一个时钟周期内不管输入信号 D 发生了多少次变化，输出 Q 只会保存时钟上升沿到来时的输入信号 D，即触发器只在时钟沿到来时改变状态，因此这个电路被称为边沿触发的 D 触发器，边沿 D 触发器是目前使用最广泛的触发器。上面的边沿 D

触发器在上升沿触发,触发器也可以在下降沿触发,即输出Q只保存下降沿到来时的输入信号D,在下降沿到来时改变状态。

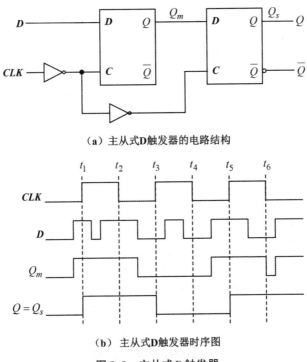

（a）主从式D触发器的电路结构

（b）主从式D触发器时序图

图5-8 主从式D触发器

图5-9所示是两种边沿触发的D触发器符号,符号中时钟信号输入端的">"标识表示是边沿触发的,有一个小圆圈表示是下降沿,没有小圆圈则表示是上升沿。

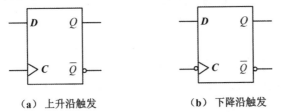

（a）上升沿触发　　　　　（b）下降沿触发

图5-9 边沿D触发器符号

通常一个电路中使用的所有触发器都是同一类型的,如都是上升沿触发或都是下降沿触发,这样在时钟沿到来时所有触发器的状态在同一时刻改变,使得电路的各部分同步工作。

在同样时钟和数据输入D驱动下,电平触发的D锁存器和边沿触发的D触发器的电路和时序如图5-10所示。

可以看出,只要时钟信号CLK为高电平,D锁存器的输出Q_a就跟随输入D的变化而变化;而D触发器的输出Q_b只在时钟上升沿到来时保存输入D的值,直到下一个时钟上升沿才会改变状态。即D触发器能够保存时钟上升沿时刻的数据输入D的值,且能够保存一个时钟周期。

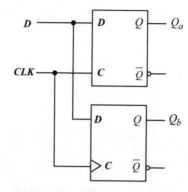

（a）同样时钟和数据驱动的D锁存器和D触发器电路

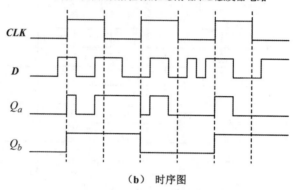

（b）时序图

图5-10　D锁存器和D触发器时序比较

5.4.2　带异步复位和置位的D触发器

D触发器通常用来保存电路的状态和数据,在很多情况下需要能够强制触发器的输出为0(清零)或为1(置位)。要给D触发器增加清零和置位功能,一个简单方法是在构成触发器的锁存器交叉耦合的两个与非门上各加一个输入:复位$\overline{RST}$和置位$\overline{SET}$,如图5-11所示。$\overline{RST}$为1时,对与非门的输出没有影响;$\overline{RST}$为0时,就会强制D触发器的输出Q为0。$\overline{SET}$为1时,对与非门的输出没有影响;$\overline{SET}$为0时,则会强制D触发器的输出Q为1。需要注意的是,$\overline{RST}$和$\overline{SET}$不能同时有效。

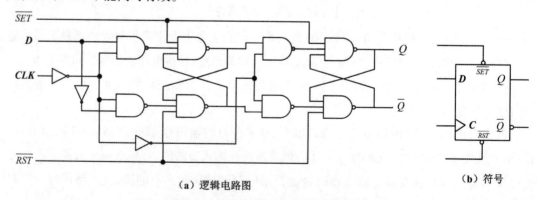

（a）逻辑电路图　　　　　　　　　　　　　　　（b）符号

图5-11　带异步复位和置位的D触发器

在这种电路中,只要$\overline{RST}$或$\overline{SET}$有效,不管时钟信号是怎样的,输出Q立即被复位为0或被置位为1,这种复位和置位信号被称为异步复位和异步置位信号。

另外一种情况是当时钟沿到来时,复位或置位信号有效才能使输出Q复位或置位,这种复位和置位信号被称为同步复位和同步置位信号。

5.5 寄存器

从前面对触发器的分析可以知道,一个触发器可以存储1-bit信息。如果用一组n个触发器就可以保存n-bit数据,这就是最基本的寄存器。

图5-12(a)所示是一个由四个D触发器组成的4-bit寄存器。四个触发器共用一个时钟信号,所有的触发器在时钟上升沿到来时保存各自输入端D的数据到触发器的Q端。四个触发器的复位端也共用一个清零$\overline{CLR}$信号,当$\overline{CLR}$信号有效时,寄存器清零。在实际电路中,是否提供清零功能由系统需求决定。寄存器的符号如图5-12(b)所示。

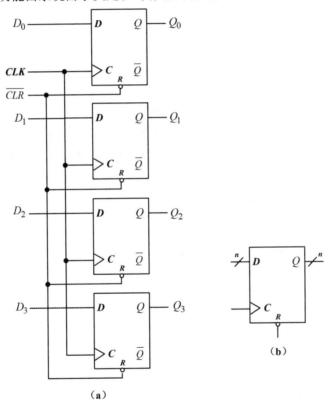

（a）

（b）

图5-12 4-bit寄存器

同步电路由一个时钟来驱动,这个时钟连接到所有的寄存器和触发器,像心脏跳动一样为所有的电路提供稳定的时钟脉冲,使得电路各个部分以时钟脉冲为基准来实现同步。

数据存入寄存器称为寄存器的加载(loading)操作,当时钟沿到来时把数据加载进寄存器。在数字系统中,很多时候我们希望能够控制寄存器数据的加载,在控制信号有效时数据能够加载入寄存器,控制信号无效时保持寄存器保存的内容不变。实现寄存器加载控制的一种方法是屏蔽时钟信号,这只需要把加载控制信号$load$和时钟信号$Clock$做一个逻辑运算就可以。例如使寄存器时钟输入$C = Clock \cdot load$,当$load$为1时,寄存器的时钟输入C就是

$Clock$;当 $load$ 为 0 时，C 就为 0,即寄存器的时钟输入被屏蔽,不会有时钟沿,因此寄存器的状态(保存的内容)不会发生变化。

这种方法在时钟路径上插入了额外的逻辑门,会使有门控的时钟信号和没有门控的时钟信号的延时不同,使得时钟信号到达不同触发器的时间不同,产生时钟扭曲(clock skew)。真正的同步系统必须保证时钟信号能够同时到达所有的触发器,时钟沿到来时所有的触发器同时改变状态。因此通常不使用这种门控时钟的方法来控制寄存器的数据加载。

控制寄存器数据加载的另一种方法是采用同步使能的方式。图 5-13(a)所示是带使能 EN 的 D 触发器逻辑电路图,由基本 D 触发器和一个 MUX2-1 选择器组成,当 $EN = 1$ 时,在时钟沿到来时选择数据输入 D 加载到触发器;当 $EN = 0$ 时,在时钟沿到来时选择输出信号 Q 反馈加载到触发器,就可以使输出保持不变。带使能端 EN 的 D 触发器符号如图 5-13(b)所示。

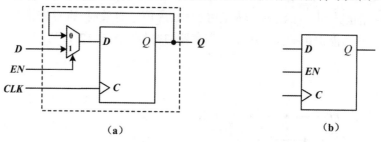

图 5-13　带使能的 D 触发器

图 5-14(a)所示是一个由 4 个带使能的 D 触发器构成的带加载控制的 4-bit 寄存器逻辑电路图。所有的触发器共用一个时钟,所有触发器的 EN 端和 $load$ 相连接,带使能的寄存器符号如图 5-14(b)所示。

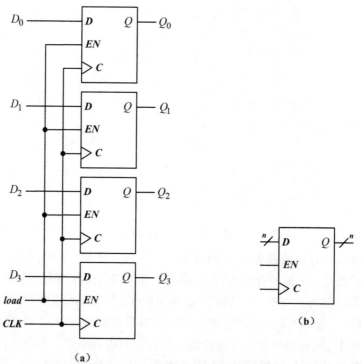

图 5-14　带加载控制的 4-bit 寄存器

当 $load = 1$ 时,4-bit 输入数据在时钟沿到来时加载到寄存器中;当 $load = 0$ 时,寄存器中的数据在时钟沿到来时保持不变。$load$ 信号决定了在时钟沿到来时是接收外部输入数据还是触发器的输出反馈来的数据,所有的触发器都在同一时钟沿到来时实现数据从输入到寄存器输出的传输。这种方法避免了时钟扭曲和电路中的潜在错误,优于门控时钟的方法,因此在实际中得到了广泛的应用。

5.6 移位寄存器

5.6.1 基本移位寄存器

具有单向或双向移位存储数据功能的寄存器称为移位寄存器。移位寄存器由多个 D 触发器构成,每个 D 触发器的输出连接下一个 D 触发器的输入,所有的 D 触发器使用同一个时钟来触发移位操作。

图 5-15 所示是仅由 D 触发器构成的基本的 4-bit 移位寄存器,每一个触发器的输出 Q 都直接连接到下一个触发器的输入 D,串行输入 SI 连接到最左端触发器的输入 D 上,串行输出 SO 从最右端触发器的输出端 Q 引出。

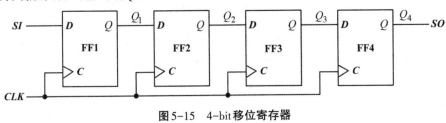

图 5-15 4-bit 移位寄存器

4-bit 移位寄存器的时序图如图 5-16 所示。

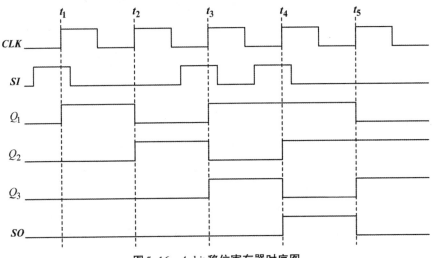

图 5-16 4-bit 移位寄存器时序图

假设触发器的初始状态均为 0,输入数据 bit 以串行的方式输入到移位寄存器的输入 SI,前一个触发器中保存的数据是下一个触发器的输入。当时钟沿到来时,前一个触发器保存的数据就传送到下一个触发器。可以看出,数据每经过一个触发器向后延时一个时钟周期,串行输入数据SI经过4个时钟周期传送到输出SO。

5.6.2 具有并行访问功能的移位寄存器

在数字系统中传送n-bit数据可以用n条线一次传送过去,这种方式称为并行传送。n-bit数据也可以用一条线传送,一次传送一个bit,这种方式称为串行传送。串行传送时,可以把n-bit数据并行加载到移位寄存器中,然后在下面的n个时钟周期逐bit移出,从而实现串行传送,这个过程称为并—串转换。同样,在数字系统中也需要把串行数据转换为并行数据,这也可以用移位寄存器实现。用n个时钟周期把n-bit数据移入移位寄存器中,然后把n个寄存器中的数据并行输出,这个过程称为串—并转换。

例如设计一个具有并行访问功能的4-bit移位寄存器,输入为时钟信号CLK、模式控制信号$\overline{shift}/load$、串行输入数据SI、并行输入数据$D_4D_3D_2D_1$,输出为串行输出SO、并行触发器输出$Q_4Q_3Q_2Q_1$,它的功能表如表5-1所示。

表5-1　具有并行访问功能的4-bit移位寄存器功能表

控制信号	工作模式	触发器输出			
$\overline{shift}/load$		Q_1^*	Q_2^*	Q_3^*	Q_4^*
0	向右移位	SI	Q_1	Q_2	Q_3
1	并行加载	D_1	D_2	D_3	D_4

图5-17所示是具有并行访问功能的4-bit移位寄存器的逻辑电路图。和基本移位寄存器不同,每个触发器的输入都有两个不同的数据源,一个是前一个触发器的输出,另一个是并行加载的外部输入。控制信号$\overline{shift}/load$控制工作模式,控制二选一选择器来选择送给触发器的输入信号,当$\overline{shift}/load = 0$时,各触发器的输入选择前一个触发器的输出和外部串行输入,当时钟沿到来时进行移位操作;当$\overline{shift}/load = 1$时,各触发器的输入选择并行的输入数据,时钟沿到来时并行输入的数据加载入各触发器。各触发器保存的数据$Q_4Q_3Q_2Q_1$也可以并行输出。

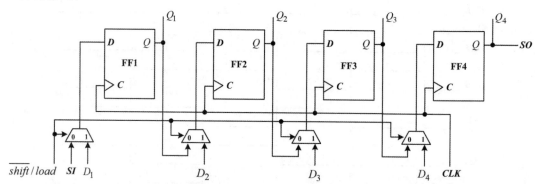

图5-17　具有并行访问功能的4-bit移位寄存器逻辑电路图

5.6.3 双向移位寄存器

移位寄存器也可以双向移位。例如设计一个4-bit双向移位寄存器,用模式控制信号S_1S_0控制移位寄存器的工作模式,向右的串行输入为SR,向左的串行输入为SL,并行输入数

据为 $D_4D_3D_2D_1$。表 5-2 所示是 4-bit 双向移位寄存器的功能表。

表 5-2　4-bit 双向移位寄存器功能表

控制信号		工作模式	触发器输出			
S_1	S_0		Q_1^*	Q_2^*	Q_3^*	Q_4^*
0	0	保持不变	Q_1	Q_2	Q_3	Q_4
0	1	向右移动	SR	Q_1	Q_2	Q_3
1	0	向左移动	Q_2	Q_3	Q_4	SL
1	1	并行加载	D_1	D_2	D_3	D_4

　　在基本 4-bit 移位寄存器每个触发器的输入端前加入多路选择器,用模式控制信号 S_1S_0 控制给触发器输入的信号,就可以控制移位寄存器的工作模式,4-bit 双向移位寄存器的逻辑电路图如图 5-18 所示。对于每一个 D 触发器,模式控制信号 S_1S_0 控制从多路选择器的输入中选择一个作为 D 触发器的输入。当 $S_1S_0 = 00$ 时,多路选择器选择加在 00 端的输入,把 D 触发器的输出反馈回来作为 D 触发器的输入,当时钟沿到来时,触发器加载当前保存的值,寄存器的状态保持不变;当 $S_1S_0 = 01$ 时,多路选择器选择加在 01 端的输入,其中触发器 FF1 把向右串行输入 SR 作为输入,触发器 FF2 把触发器 FF1 的输出 Q_1 作为输入,触发器 FF3 把触发器 FF2 的输出 Q_2 作为输入,触发器 FF4 把触发器 FF3 的输出 Q_3 作为输入,在时钟沿到来时,形成从 Q_1 到 Q_4 的向右移位;类似地,当 $S_1S_0 = 10$ 时,多路选择器选择加在 10 端的输入,触发器 FF4 把向左串行输入 SL 作为输入,形成从 Q_4 到 Q_1 的向左移位;当 $S_1S_0 = 11$ 时,多路选择器选择 11 端的输入,把并行输入的数据 $D_4D_3D_2D_1$ 作为各触发器的输入,当时钟沿到来时,数据并行加载到各触发器。

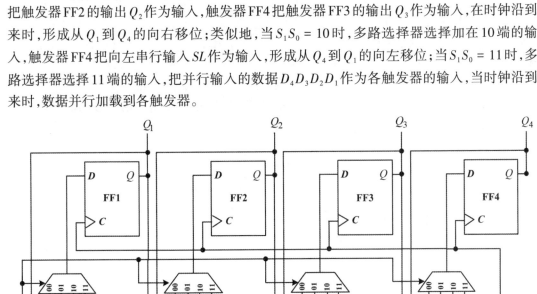

图 5-18　4-bit 双向移位寄存器逻辑电路图

习题

5-1　$\overline{SR}$ 锁存器如图题 5-1(a)所示,输入信号 $\overline{S}$ 和 $\overline{R}$ 的波形如图题 5-1(b)所示,试画出输出 Q 的波形(Q 的初始状态为 1)。

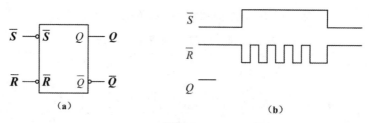

图题 5-1

5-2　D锁存器（D-LATCH）和D触发器（DFF）电路如图题5-2(a)所示,时钟信号 CLK 和数据输入信号 D 的波形如图题5-2(b)所示,假设D锁存器和D触发器的初始状态都为0,试画出D锁存器的输出 Q_1 和D触发器的输出 Q_2 的波形。

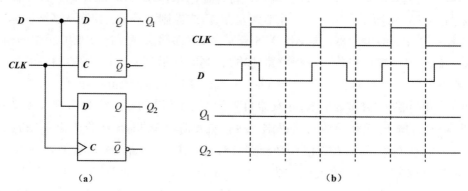

图题 5-2

5-3　DFF构成的移位寄存器如图题5-3(a)所示,时钟 CLK 和输入信号 D 的波形如图题5-3(b)所示,试画出 Q_0、Q_1、Q_2、Q_3 的波形。

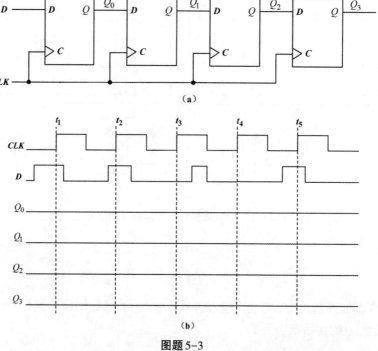

图题 5-3

5-4 用 4 个 DFF 和 4 个 MUX4-1 选择器设计一个 4-bit 可控双向移位寄存器，CLK 是时钟输入信号，$A_0A_1A_2A_3$ 是外部数据输入信号，S_1 和 S_0 是功能控制信号，D_a 是左串行输入信号，D_b 是右串行输入信号，功能如表题 5-4 所示。要求：(1)画出用 DFF 和 MUX4-1 构成的 4-bit 可控双向移位寄存器电路结构图；(2)根据图题 5-4 中给出的 S_1S_0、$A_0A_1A_2A_3$、D_a 和 D_b 的波形，填写图题 5-4(b)中双向移位器的输出 $Q_0Q_1Q_2Q_3$ 的波形(4位二进制数)。

表题5-4 可控双向移位寄存器功能表

输入	输出				功能说明
S_1S_0	Q_0^*	Q_1^*	Q_2^*	Q_3^*	
00	Q_0	Q_1	Q_2	Q_3	保持：$Q_0^*Q_1^*Q_2^*Q_3^* = Q_0Q_1Q_2Q_3$
01	Q_1	Q_2	Q_3	D_b	左移：$Q_0 \leftarrow Q_1 \leftarrow Q_2 \leftarrow Q_3 \leftarrow D_b$
10	D_a	Q_0	Q_1	Q_2	右移：$D_a \rightarrow Q_0 \rightarrow Q_1 \rightarrow Q_2 \rightarrow Q_3$
11	A_0	A_1	A_2	A_3	置位：$Q_0^*Q_1^*Q_2^*Q_3^* = A_0A_1A_2A_3$

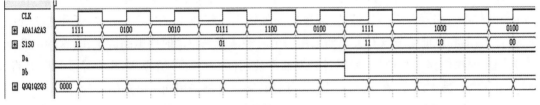

图题 5-4

99

6 同步时序电路

6.1 概述

数字系统主要由组合逻辑电路和时序逻辑电路组成。组合电路中没有存储单元,任何时刻输出仅和当时的输入有关,和以前各时刻的输入无关。

时序电路中不仅包含组合电路,还包含存储单元(触发器)。组合电路是前向电路,没有反馈,而时序电路通常是有反馈的;时序电路的输出不仅和当前的输入有关,还和它所处的状态有关,即和以前的输入有关。如果用一个时钟信号来驱动时序电路的工作,这种电路就称为同步时序电路。相应地,如果各触发器不使用同一个时钟信号,则称为异步时序电路。同步时序电路易于设计,在实际应用中大部分数字系统都采用同步电路的设计。

图6-1所示是使用D触发器构成的同步时序电路的一般结构。同步时序电路由组合逻辑电路和一个或多个触发器(寄存器)构成,通常有一组输入X,一组输出Z。触发器(寄存器)的输出Q能够保持数据至少一个时钟周期稳定,因此把Q称为电路的**当前状态(当前态)**。当有效时钟沿到来时,寄存器的输出Q(当前态)发生变化,变为寄存器的输入值。由于寄存器的输入值是下一个时钟沿到来时当前态要变为的状态,因此称寄存器输入信号为电路的**次态**,相应地,称产生寄存器输入信号的组合逻辑为次态逻辑。

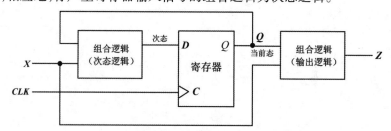

图6-1 D触发器构成的同步时序电路的一般结构

产生寄存器输入信号(次态)的组合逻辑有两种输入,一种是外部输入X,另一种是寄存器的输出Q(当前态)反馈回来作为次态逻辑的输入,因此时序电路的状态取决于当前态和外部输入。

时序电路的输出由另一个组合电路产生,这个组合电路称为输出逻辑。输出是寄存器的输出Q(当前态)和外部输入X的函数。输出通常都和当前态有关,但不一定都和外部输入有关。如果输出仅仅和当前态有关,这种电路称为摩尔(Moore)机;如果输出不仅仅和当前态有关,还和外部输入有关,这种电路就称为米粒(Mealy)机。

6.2 同步时序电路分析

时序电路的行为由电路的输入、输出以及当前状态决定,输出和次态是当前态和输入的函数。对时序电路的分析就是分析输入、输出和状态之间的关系,对它们之间的关系进行合理的描述。

时序电路中包含触发器,可以包含也可以不包含组合逻辑,第5章中的基本寄存器和移位寄存器等都是时序电路。其中,触发器可以是任何类型的触发器,由于D触发器在实际中应用最广泛,本书中的时序电路都采用D触发器,因此时序电路的次态就是D触发器的输入信号值。

时序电路分析的一般步骤如下:

(1) 根据给出的时序逻辑电路图,写出各触发器输入的逻辑函数式(输入方程)和输出的逻辑函数式(输出方程);

(2) 根据输入逻辑函数式(输入方程)和触发器的状态方程,写出各触发器次态的逻辑函数式(次态方程);

(3) 根据次态逻辑函数式(次态方程)和输出逻辑函数式(输出方程),建立状态转换表;

(4) 根据状态转换表画出状态转换图,也可以画出时序图;

(5) 分析归纳时序电路的逻辑功能。

【例6-1】时序电路如图6-2所示,电路包含两个D触发器,有一个输入端X和一个输出端Y,试分析这个电路的逻辑功能。

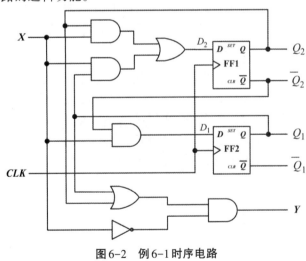

图6-2 例6-1时序电路

6.2.1 输入方程(次态方程)和输出方程

在图6-2所示的电路中,各触发器的输入信号都由外部输入信号X和触发器的输出经组合逻辑运算得到,可以用逻辑函数式来表示,这些逻辑函数式就称为触发器的**输入逻辑函数式(输入方程)**。由于D触发器的输入信号就是下一个时钟沿到来时触发器的状态,即触发器的次态,标识为Q^*,因此这些逻辑函数式也被称为**次态逻辑函数式(次态方程)**。这个电

路包含两个触发器FF1和FF2,它们输入的逻辑函数式(输入方程)和次态的逻辑函数式(次态方程)为:

$$D_2 = Q_2^* = Q_1 X + Q_2 X$$
$$D_1 = Q_1^* = Q_2' X$$

时序电路输出的逻辑函数式(输出方程)为:

$$Y = (Q_1 + Q_2) X'$$

6.2.2 状态转换表

由触发器的输入(次态)和输出逻辑函数式,可以把时序电路的输入、输出和状态之间的关系用一个真值表表示出来,这个表就称为状态转换表。表6-1所示是图6-2所示电路的状态转换表。状态转换表中有四栏,分别为输入、当前态、次态和输出。输入栏表示当前状态下输入X的可能的值;当前态栏是触发器FF2和FF1在任意给定时刻的状态,即Q_2和Q_1;次态栏表示下一个有效时钟沿到来之后触发器的状态,记为Q_2^*和Q_1^*,也即次态逻辑的输出,或触发器FF2和FF1的输入D_2和D_1;输出栏是由输入和当前状态进行逻辑运算得到的输出Y。

表6-1 例6-1状态转换表

输入	当前态		次态		输出
X	Q_2	Q_1	Q_2^*	Q_1^*	Y
0	0	0	0	0	0
0	0	1	0	0	1
0	1	0	0	0	1
0	1	1	0	0	1
1	0	0	0	1	0
1	0	1	1	1	0
1	1	0	1	0	0
1	1	1	1	0	0

在状态转换表中可以把次态与相应的当前态和输入对应。如果输出也和输入有关,也可以把输出与相应的当前态和输入对应。例6-1电路状态转换表的另一种写法如表6-2所示。

表6-2 例6-1状态转换表的另一种写法

当前态		次态				输出	
		$X = 0$		$X = 1$		$X = 0$	$X = 1$
Q_2	Q_1	Q_2^*	Q_1^*	Q_2^*	Q_1^*	Y	Y
0	0	0	0	0	1	0	0
0	1	0	0	1	1	1	0
1	0	0	0	1	0	1	0
1	1	0	0	1	0	1	0

6.2.3 状态转换图

状态转换表中的信息可以用图的形式表示出来,这就是状态转换图。状态转换图和状态转换表所表达的信息相同,可以由状态转换表得到状态转换图。在状态转换图中,状态用圆圈表示,状态之间的转换用连接这些圆圈的有向弧线表示。

表6-1和表6-2所示的状态转换表可以表示为如图6-3所示的状态转换图。在这个例子中,输出不仅和当前态有关,还和外部输入X有关,因此这个电路是Mealy机。表6-2中共有4种状态:00、01、10、11,只要输入X为0,不论当前状态是哪个状态,次态均为00;当X连续为1时,次态会从00依次变为01、11、10。在状态为01、11、10时,当输入X为0时,输出Y即为1,当输入X为1时,输出Y为0。根据状态转换表,画出状态到状态之间的有向弧线,例如当前态为00,次态为01,就画从状态00到状态01的有向弧线,线段箭头指向状态01。在Mealy机的状态转换图上,在有向弧线上标记两个二进制数,中间用斜杠隔开,前面的数值表示当前态下的输入,斜杠后面的数值表示由当前状态和输入所决定的输出值。例如,从状态00到状态00的有向弧线上标记0/0,从状态00到状态01的有向弧线上标记1/0,表示在状态00时,如果输入$X = 0$,则输出$Y = 0$,次态为00;如果输入$X = 1$,则输出$Y = 0$,次态为01。其他状态的转换和标记类似,根据状态转换表画出即可。

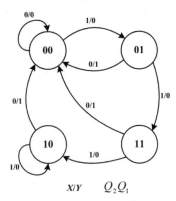

图6-3 例6-1电路的状态转换图(Mealy机)

除表示形式不同,状态转换图和状态转换表表示的信息完全一样。从给定的逻辑电路图可以得到输入逻辑函数式和输出逻辑函数式,由输入、输出逻辑函数式很容易得到状态转换表,由状态转换表就可以直接画出状态转换图。状态转换图可以使我们更容易理解电路的行为。例如从图6-3所示的状态转换图可以看出,这个电路在检测到一串1(包括一个1)后面跟一个0时,输出$Y = 1$。这种检测输入模式的电路称为序列检测器。这个电路也可以看作在检测到一个下降沿时输出$Y = 1$。

由状态转换表或状态转图就可以画出如图6-4所示的时序图。

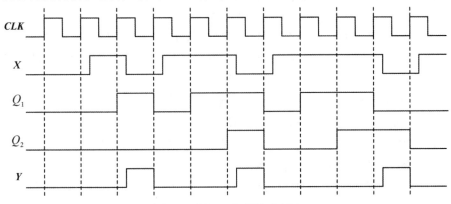

图6-4 例6-1电路的时序图

6.3 同步时序电路设计

6.3.1 同步时序电路设计方法

同步时序电路设计是同步时序电路分析的逆过程。在时序电路分析时,由逻辑电路图可以写出触发器输入(次态)和输出的逻辑函数式;由次态和输出逻辑函数式可以得到状态转换表,画出状态转换图;根据状态转换表和状态转换图可以分析电路的功能。

同步时序电路设计过程如图6-5所示,具体步骤如下:

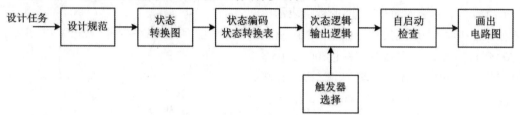

图6-5 同步时序电路设计过程

(1)根据设计任务要求,建立设计规范,即确定电路的输入、输出和要完成的功能。

(2)确定需要多少个状态和各个状态之间可能的转换。确定状态数时需要仔细考虑电路要完成的功能,一种方法是先选定一个状态作为起始状态,然后考虑输入所有可能的值,产生新的状态作为对输入的响应。对新的状态依然按照前面状态的方法,考虑输入可能的值,决定状态转换的方向,如果需要新的状态就产生一个新的状态。重复上面的步骤,直到画出完整的状态转换图。有了完整的状态转换图就可以知道所有的状态,以及从一个状态转换到另一个状态的条件。

(3)状态编码,写出状态转换表。在数字电路中,状态必须用二进制编码表示。设状态数为N,则需要的二进制编码的位数n应满足:

$$2^n \geqslant N$$

对于上式中大于的情况,可以有多种方案给状态分配编码,编码方案对电路的复杂度有一定的影响。状态编码后,状态转换图可以表示为用二进制编码表示状态的状态转换图。二进制编码的每一位需要一个触发器保存,因此用n-bit编码就需要n个触发器。

(4)选择触发器类型。根据选定的触发器类型和状态转换表,通过代数化简或卡诺图化简,计算出次态和输出的逻辑函数式。本书中只使用了D触发器。

(5)检查电路自启动。当二进制编码状态位数n满足$2^n > N$时,存在无效状态。当电路处于无效状态时,如果能在有限个时钟周期内进入有效状态,就说明电路能自启动;如果不能,就意味着电路存在无效循环,不能自启动。对不能自启动的电路,需要修改状态转换表,使得无效状态能跳转到有效状态,修正次态和输出的逻辑函数式。

(6)根据次态(输入)和输出逻辑函数式,画出逻辑电路图,实现要求的时序电路。

6.3.2 设计举例:Moore机

【例6-2】设计一个满足如下设计规范的电路:

（1）电路有一个输入 X，一个输出 Y；

（2）电路状态在时钟信号的上升沿改变；

（3）如果在两个或两个以上时钟上升沿都检测到输入 X 为 1，则输出 Y 为 1，否则 Y 为 0。

从设计规范可以看出，这个电路是检测 11 或 11…1，是一个序列检测器。

- **状态转换图**

设计一个同步时序电路，首先需要确定需要有多少个状态和状态之间的转换。在这个设计中，假定起始状态为 S0，如果输入 $X = 0$，当有效时钟沿到来时仍然保持为状态 S0，输出 $Y = 0$；当 X 为 1 时，状态机应该能识别输入变为了 1，在有效时钟沿到来时跳转到另一个状态，称为 S1。和在状态 S0 时一样，在状态 S1 时，输出 Y 仍然为 0，因为还没有在连续两个时钟上升沿检测到 X 为 1。在状态 S1 时，如果在下一个有效时钟沿到来时输入 $X = 0$，电路应跳转回状态 S0；如果输入 $X = 1$，则电路应该进入第三个状态 S2，电路输出 Y 应该为 1。在状态 S2 时，只要在时钟上升沿检测到输入 X 为 1，因为已经连续检测到 2 个 1 了，电路可以始终保持为状态 S2，输出 Y 保持为 1；当输入 X 为 0 时，这时输入不再是连续的 1 了，电路应跳转回状态 S0，重新进行检测。

在分析了在不同的状态下输入 X 的各种可能性以及状态的跳转后，可以看出这个电路需要 3 种状态，可以把这 3 种状态之间的转换用状态转换图表示出来，如图 6-6 所示。

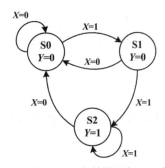

图 6-6 例 6-2 状态转换图（Moore 机）

在图 6-6 所示的状态转换图中，状态 S0、S1 和 S2 都用圆圈表示。由于输出仅和当前状态有关，因此这个电路是 Moore 机。S0 是初始状态，当输入 $X = 0$ 时，下一个状态依然是 S0，从状态 S0 到状态 S0 的有向线段上仅标识状态转换条件 $X = 0$，输出 $Y = 0$ 标识在表示状态 S0 的圆圈内。其他状态的标识类似。

- **状态编码和状态转换表**

虽然状态转换图可以清楚地描述出时序电路的行为，但要实现电路还需要把信息表示成二进制形式。从上面的状态转换图可以看出，电路共有 3 种状态，至少需要 2-bit 来表示状态，每个 bit 需要一个触发器来实现，这里把 2-bit 状态表示为 Q_1Q_0。可以把状态 S0 编码为 $Q_1Q_0 = 00$，S1 编码为 $Q_1Q_0 = 01$，S2 编码为 $Q_1Q_0 = 10$。由于 2-bit 可以表示出 4 种状态，$Q_1Q_0 = 11$ 是一个无效状态。根据上面的状态转换图，可以写出如表 6-3 所示的状态转换表。

表 6-3 例 6-2 状态转换表

输入	当前态		次态		输出
X	Q_1	Q_0	Q_1^*	Q_0^*	Y
0	0	0	0	0	0
0	0	1	0	0	0
0	1	0	0	0	1
0	1	1	d	d	d
1	0	0	0	1	0

续表

输入	当前态		次态		输出
X	Q_1	Q_0	Q_1^*	Q_0^*	Y
1	0	1	1	0	0
1	1	0	1	0	1
1	1	1	d	d	d

- **触发器选择以及次态和输出逻辑函数式的计算**

触发器的选择决定了次态的逻辑函数式。本书中的电路都采用数字系统中使用最广泛的D触发器,因此触发器的输入就是触发器的次态。表6-3所示的状态转换表就是次态逻辑和输出逻辑的真值表。

次态和输出的逻辑函数式可以通过卡诺图得到,如图6-7所示。在卡诺图中,11状态是无效状态,它所对应的位置是无关项d。

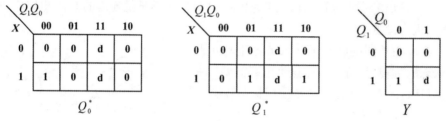

图6-7　次态和输出的卡诺图

由卡诺图可以得到次态和输出的逻辑函数式:

$$Q_0^* = D_0 = XQ_1'Q_0'$$
$$Q_1^* = D_1 = XQ_0 + XQ_1$$
$$Y = Q_1$$

- **检查电路自启动**

把无效状态11代入上面得到的次态逻辑函数式,可以得到,$Q_0^* = 0$,$Q_1^* = X$。即当前态为11时,当$X = 0$时,次态为00,当$X = 1$时,次态为10。即当电路进入无效状态时,电路可以跳转到有效状态,因此可以自启动。

- **画出逻辑电路图**

由次态和输出逻辑函数式就可以画出逻辑电路图,如图6-8所示。

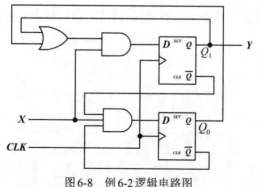

图6-8　例6-2逻辑电路图

6.3.3 设计举例：Mealy机

例6-2的序列检测器也可以设计为一个Mealy机。

Moore机序列检测器设计中，当在连续两个时钟沿检测到输入为1时，就使输出 $Y = 1$；要求在检测到第二个1后的那个时钟周期 $Y = 1$。如果不要求在检测到第二个1的同一个时钟周期使输出 $Y = 1$，而是在检测到一个1后，只要输入为1就使输出 Y 为1，这样输出就不仅和当前状态有关，还和输入有关。

依然设起始状态为S0。在S0状态，如果输入 $X = 0$，输出 $Y = 0$，如果输入 $X = 1$，输出 $Y = 0$；当时钟沿到来时，如果输入 $X = 0$，电路就保持S0状态，如果输入 $X = 1$，则进入S1状态，表示检测到了一个1。在S1状态下，如果输入 $X = 1$，就表明在连续两个时钟周期输入 X 为1，输出 $Y = 1$，如果 $X = 0$，输出 $Y = 0$；当时钟沿到来时，如果 $X = 1$，则继续保持在S1状态，如果 $X = 0$，则跳转回S0状态。电路的行为可以用如图6-9所示的状态转换图来描述。

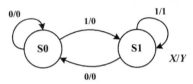

图6-9　例6-2Mealy机状态转换图

和图6-6所示的Moore机实现的状态转换图相比，Mealy机实现的状态转换图中只有两个状态；输出并不标识在表示状态的圆圈中，而是以输入/输出这种形式标识在表示状态转换的有向弧线上。

把状态S0和S1分别编码为0和1，由图6-9所示的状态转换图，可以得到如表6-4所示的状态转换表。

表6-4　例6-2 Mealy机状态转换表

当前态	次态 Q_0^*		输出 Y	
Q_0	$X=0$	$X=1$	$X=0$	$X=1$
0	0	1	0	0
1	0	1	0	1

仍然使用D触发器，触发器的输入就是触发器的次态。由状态转换表就可以得到次态（输入）和输出的逻辑函数式：

$$Q_0^* = D_0 = X \qquad\qquad Y = Q_0 X$$

Mealy机实现的例6-2序列检测器逻辑电路图如图6-10所示。可以看出，相比Moore机实现，Mealy机实现的电路更简单。

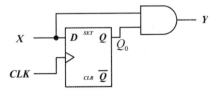

图6-10　Mealy机实现的例6-2逻辑电路图

图6-11(a)所示是Mealy机实现的序列检测器的时序图，图6-11(b)所示是Moore机实现

107

的序列检测器的时序图。可以看出,两种设计的输出是不同的。当在连续两个时钟沿都检测到 X 为 1 时,Mealy 机实现的 Y 输出比 Moore 机实现的 Y 输出早一个时钟周期出现,而且 Mealy 机输出的持续时间不是稳定的一个时钟周期,而是随输入 X 的变化而变化;而 Moore 机输出的持续时间是一个稳定的时钟周期。当在一个时钟沿检测到输入 X 为 1 后,如果 X 为 1,Mealy 机输出 $Y=1$,而 Moore 机检测不到。

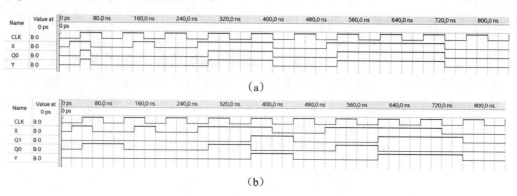

图 6-11　Mealy 机和 Moore 机实现的例 6-2 序列检测器的时序图

6.3.4　状态的编码

● 不同状态编码的影响

在例 6-2 的 Moore 机设计中,3 种状态编码为自然二进制码,状态 S0 为 00,状态 S1 为 01,状态 S2 为 10。实际上状态的编码可以有多种形式,不同的编码产生的电路不同,有些编码形式可能会使电路更简单。

还是以例 6-2 的 Moore 机设计为例,状态也可以编码为另一种形式,状态 S0 为 00,状态 S1 为 01,状态 S2 为 11,则状态转换表如表 6-5 所示。

依然选择 D 触发器实现,触发器的输入就是触发器的次态。由状态转换表即可以得到次态(输入)和输出的逻辑函数式:

$$Q_1^* = D_1 = XQ_0 \qquad Q_0^* = D_0 = X \qquad Y = Q_1$$

表 6-5　例 6-2 Moore 机设计中使用另一种形式编码的状态转换表

输入	当前态		次态		输出
X	Q_1	Q_0	Q_1^*	Q_0^*	Y
0	0	0	0	0	0
0	0	1	0	0	0
0	1	1	0	0	1
0	1	0	d	d	d
1	0	0	0	1	0
1	0	1	1	1	0
1	1	1	1	1	1
1	1	0	d	d	d

由此可以画出如图 6-12 所示的逻辑电路图。可以看出,改变状态编码后,电路所需的

逻辑门更少,电路更简单。

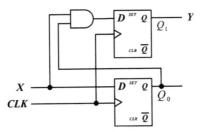

图6-12 改进状态编码后例6-2的逻辑电路图

在实际应用中,电路的规模往往比上面例子中的电路大得多,不同的状态编码会对电路的开销有很大影响。因为编码形式很多,要找到最佳的编码并不容易,也不现实,因此在实际设计中,并不去寻找最佳的编码,状态的编码通常由EDA工具来实现。

● 一热位编码(One-Hot Encoding)

在时序电路设计中,还可以有多少种状态就用多少位来编码,每一个编码中只有一位是1,其他位都是0,这种编码就称为一热位编码。

仍然以例6-2的Moore机设计为例,状态用一热位编码。有3种状态,因此用3-bit编码,状态S0编码为001,状态S1为010,状态S2为100。3-bit可以表示8种状态,其余的5种状态没有使用,是无关项。状态转换表如表6-6所示。

表6-6 例6-2 Moore机设计中使用一热位编码的状态转换表

当前态	次态		输出
$Q_2Q_1Q_0$	$X=0$	$X=1$	Y
	$Q_2^*Q_1^*Q_0^*$	$Q_2^*Q_1^*Q_0^*$	
001	001	010	0
010	001	100	0
100	001	100	1
其他	ddd	ddd	d

由状态转换表可以得到次态(输入)和输出的逻辑函数式:

$$Q_0^* = D_0 = X' \qquad\qquad Q_1^* = D_1 = XQ_0$$

$$Q_2^* = D_2 = XQ_0' \qquad\qquad Y = Q_2$$

可以看出,用一热位编码得到的电路并不比用改进的自然二进制编码得到的电路更简单,而且次态和输出逻辑函数式中没有用到Q_1,这意味着Q_1触发器是冗余的,可以去掉。

虽然在这个电路中一热位编码并没有优势,但在有些电路中一热位编码可以使电路大大简化。

【例6-3】设计一个电路控制寄存器R1、R2之间的数据交换,使用中间寄存器R3来暂存数据,要求设计满足如下设计规范:

(1)电路有一个外部请求输入X,七个输出:$R1_{out}$、$R1_{in}$、$R2_{out}$、$R2_{in}$、$R3_{out}$、$R3_{in}$、$Done$;

(2)电路状态在时钟信号的上升沿改变;

(3)在起始状态,如果$X=0$,所有输出都为0,没有数据传输;当外部请求X从0变为1,把寄存器R2中的数据送入寄存器R3中,$R2_{out}=1$,$R3_{in}=1$;然后在下一个时钟周期,把寄存器 R1 中的数据送入寄存器 R2,$R1_{out} = 1$,$R2_{in} = 1$;再把寄存器 R3 中的数据送入寄存器 R1,$R1_{in} = 1$,$R3_{out} = 1$,这时已经完成了寄存器 R1 和 R2 之间的数据交换,给出交换完成的指示信号 $Done = 1$;在下一个时钟周期返回初始状态,等待下一次交换请求。

由上面的设计规范可以看出,在起始状态 S0,没有外部请求时,电路一直保持初始状态,不进行数据传送。当接收到外部请求 $X = 1$ 时,电路将进行数据传送,在有效时钟沿到来时进入状态 S1,把寄存器 R2 中的数据送到 R3 中;在下一个时钟周期,进入另一个传送状态 S2,把 R1 中的数据传送到 R2 中;然后在下一个时钟周期,进入第三个传送状态 S3,把 R3 中的数据传送到 R1 中,完成寄存器 R1 和 R2 之间的数据交换。因此可以得到图 6-13 所示的状态转换图。

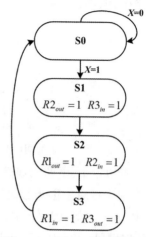

图 6-13　例 6-3 状态转换图

对 4 种状态进行一热位编码,S0 编码为 0001,S1 为 0010,S2 为 0100,S3 为 1000,可以得到如表 6-7 所示的状态转换表。

表 6-7　例 6-3 状态转换表

当前态	次态		输出						
$Q_3Q_2Q_1Q_0$	$X = 0$ $Q_3^*Q_2^*Q_1^*Q_0^*$	$X = 1$ $Q_3^*Q_2^*Q_1^*Q_0^*$	$R1_{out}$	$R1_{in}$	$R2_{out}$	$R2_{in}$	$R3_{out}$	$R3_{in}$	$Done$
0001	0001	0010	0	0	0	0	0	0	0
0010	0100	0100	0	0	1	0	0	1	0
0100	1000	1000	1	0	0	1	0	0	0
1000	0001	0001	0	1	0	0	1	0	1
其他	dddd	dddd	d	d	d	d	d	d	d

由状态转换表可以得到次态(输入)和输出的逻辑函数式:

$$Q_0^* = D_0 = X'Q_0 + Q_3 \qquad\qquad Q_1^* = D_1 = XQ_0$$

$$Q_2^* = D_2 = Q_1 \qquad\qquad Q_3^* = D_3 = Q_2$$

$$R1_{out} = R2_{in} = Q_2 \qquad\qquad R2_{out} = R3_{in} = Q_1$$

$$R3_{out} = R1_{in} = Done = Q_3$$

可以看出,采用一热位编码得到的逻辑函数式比较简单,输出就是触发器的输出,这意味着电路可以达到更快的速度。但这种编码方式需要 4 个 D 触发器来保存状态。

6.4　计数器

计数器是最常见的一种时序电路模块,基本功能是对时钟脉冲计数。除此之外,计数器还可以用于事件计数、产生序列信号、时钟分频和控制等。

计数器能输出的状态个数称为计数器的模,如计数输出的状态数为 N,则称计数器为模 N 计数器。和通常理解的计数不同,计数器每个时钟周期转换一个状态,当计到最大数(状态)时会返回第一个数(状态),是一个不断重复的过程。

如果所有触发器共用一个时钟信号,这个时钟信号也是被计数的时钟脉冲,则称为同步计数器。如果时钟信号只是驱动一部分触发器,另一部分触发器的时钟信号是其他触发器的输出信号,则称为异步计数器。由于不是同一个时钟信号驱动,异步计数器各触发器状态的更新不是同时发生的。

根据进制,计数器可以分为二进制、十进制和任意进制计数;根据逻辑功能,计数器可以分为递增计数器、递减计数器和双向计数器。

6.4.1 同步模 2^n 递增计数器

【例6-4】设计一个模8计数器,设计规范如下:

(1) 每当时钟上升沿到来时计数值增1,计数值从0计到7,达到7时返回0,重新计数;

(2) 每当计数器计到7时,输出 Y 为1,其他时候输出 Y 为0。

由上面的设计规范可知,模8计数器有一个时钟输入 CLK,一个输出 Y;计数值为0~7,计数输出至少需要3-bit表示。

● **状态转换图**

模8计数器从0计到7。设0为起始状态,在时钟上升沿到来时,计数器状态加1,变为1状态;在下一个时钟沿到来时,计数器状态再加1,变为2状态;这样每到来一个时钟脉冲,计数器状态加1,直到状态7。在状态7时,输出 Y 为1,其他时候输出 Y 为0;当时钟上升沿到来时,计数器回到0状态。由此可以画出如图6-14所示的状态转换图。

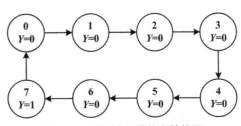

图6-14 模8计数器状态转换图

● **状态编码和状态转换表**

根据状态转换图,模8计数器共有8个状态,至少需要3-bit表示,即需要3个触发器来保存3-bit的状态。对于状态0~7,最直接的编码就是用自然二进制码表示,即000表示状态0,001表示状态1,……,111表示状态7。由状态转换图可以列出状态转换表,如表6-8所示。

表6-8 模8计数器状态转换表

状态	当前态			次态			输出
	Q_2	Q_1	Q_0	Q_2^*	Q_1^*	Q_0^*	Y
0	0	0	0	0	0	1	0
1	0	0	1	0	1	0	0
2	0	1	0	0	1	1	0
3	0	1	1	1	0	0	0
4	1	0	0	1	0	1	0
5	1	0	1	1	1	0	0
6	1	1	0	1	1	1	0
7	1	1	1	0	0	0	1

● **触发器选择以及次态和输出逻辑函数式的计算**

仍然选择使用D触发器,触发器的输入就是触发器的次态。由上面的状态转换表可以画出次态和输出的卡诺图,如图6-15所示。

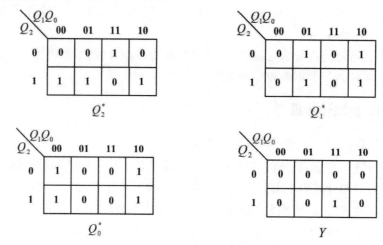

图6-15　次态和输出的卡诺图

由卡诺图可以得到次态(输入)和输出的逻辑函数式:

$$Q_2^* = D_2 = Q_2Q_1' + Q_2Q_0' + Q_2'Q_1Q_0 = Q_2 \oplus (Q_1Q_0)$$
$$Q_1^* = D_1 = Q_1'Q_0 + Q_1Q_0' = Q_1 \oplus Q_0$$
$$Q_0^* = D_0 = Q_0' = Q_0 \oplus 1$$
$$Y = Q_2Q_1Q_0$$

● **画出逻辑电路图**

根据次态(输入)和输出逻辑函数式,可以画出如图6-16所示的逻辑电路图。

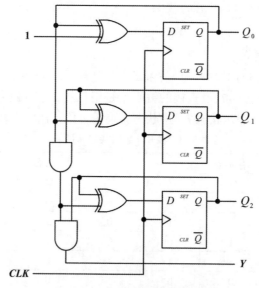

图6-16　模8计数器逻辑电路图

模8计数器的时序图如图6-17所示。

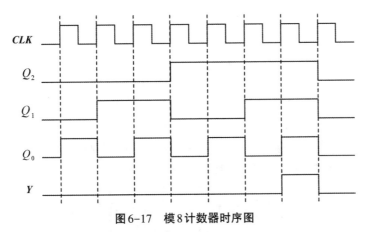

图6-17 模8计数器时序图

可以看出,模8计数器在每个有效时钟沿到来时改变计数值,计数值每次增加1,即计数器的次态值总是当前态值加1,上面模8计数器的次态逻辑函数式实际上就是3-bit数加1的逻辑函数式,因此模2^n计数器可以用图6-18所示的电路结构表示。

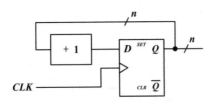

图6-18 模2^n计数器电路结构图

由此可以得到模16计数器各触发器次态(输入)的逻辑函数式:

$$Q_0^* = D_0 = Q_0 \oplus 1$$
$$Q_1^* = D_1 = Q_1 \oplus Q_0$$
$$Q_2^* = D_2 = Q_2 \oplus (Q_1 Q_0)$$
$$Q_3^* = D_3 = Q_3 \oplus (Q_2 Q_1 Q_0)$$

进一步可以推出,对于模2^n计数器,第i级触发器的次态(输入)的逻辑函数式:

$$Q_i^* = D_i = Q_i \oplus (Q_{i-1} Q_{i-2} \cdots Q_0)$$

● **带使能EN的模2^n计数器**

在计数器上可以增加使能功能来控制计数器的工作。当使能信号$EN = 1$时,计数器可以正常工作,当时钟沿到来时计数值增加1;当$EN = 0$时,计数器停止计数,当时钟沿到来时计数值保持不变。根据使能信号的工作方式,可以在寄存器输入前加入多路选择器,多路选择器的一个输入是当前计数值加1的结果,用于计数操作;另一个输入是当前计数值,用于保持计数值不变。带使能的模2^n计数器的电路结构如图6-19所示。

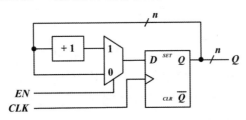

图6-19 带使能的模2^n计数器电路结构图

由电路结构和基本计数器的次态逻辑函数式,可以得到带使能的模2^n计数器各触发器次态(输入)的逻辑函数式:

$$Q_0^* = D_0 = Q_0 \oplus EN$$
$$Q_1^* = D_1 = Q_1 \oplus (Q_0 \cdot EN)$$
$$Q_2^* = D_2 = Q_2 \oplus (Q_1 Q_0 \cdot EN)$$
$$Q_3^* = D_3 = Q_3 \oplus (Q_2 Q_1 Q_0 \cdot EN)$$
$$Q_i^* = D_i = Q_i \oplus (Q_{i-1} Q_{i-2} \cdots Q_0 \cdot EN)$$

带使能的模8计数器逻辑电路图如图6-20所示。

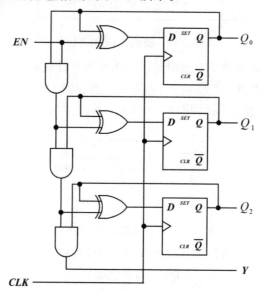

图6-20　带使能的模8计数器逻辑电路图

● **带并行加载LOAD的计数器**

在很多情况下计数器需要从某一个特定的数值开始计数,这个特定的数值通常通过输入加载到计数器的寄存器中,用一个并行加载控制信号$LOAD$来控制数据的加载。当$LOAD = 0$时,计数器正常计数;当$LOAD = 1$时,数值D加载入计数器中。和带使能的计数器结构类似,可以在寄存器的输入前加入多路选择器,多路选择器的一个输入是计数值加1的结果,用于正常计数。另一个输入是外部输入的数据,用于数据的加载。带并行加载的模2^n计数器电路结构如图6-21所示。

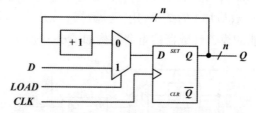

图6-21　带并行加载的模2^n计数器电路结构图

对图6-20所示的带使能的模8计数器稍加修改,就可以得到带使能和并行加载的模8计数器逻辑电路图,如图6-22所示。

带使能和并行加载的模8计数器的时序如图6-23所示。

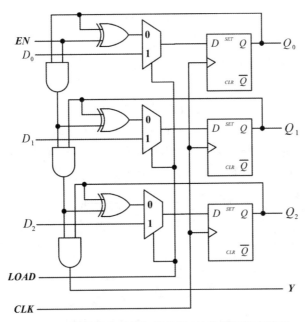

图 6-22　带使能和并行加载的模 8 计数器逻辑电路图

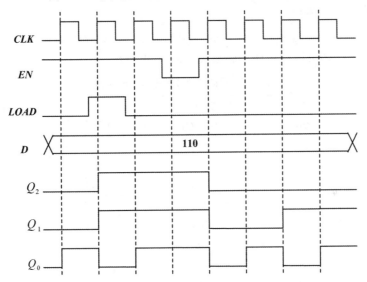

图 6-23　带使能和并行加载的模 8 计数器时序图

上面所述的使能和加载控制都是同步控制,即控制信号必须在时钟沿到来时有效才可以控制。也可以对计数器做异步加载,即当异步控制信号有效时,不管时钟沿是否到来,都会对计数器产生控制。异步加载通常通过控制寄存器中触发器的异步控制端置位 SET 和清零 CLR 来实现。

6.4.2　同步模 2^n 双向计数器

【例 6-5】设计一个模 8 双向计数器,设计规范如下:

（1）控制信号 DIR 控制计数方向,DIR = 0 时,计数器从 0 至 7 递增计数,当计数到 7 时,输出 $Y = 1$；

（2）$DIR = 1$时,计数器从7至0递减计数,当计数到0时,输出$Y = 1$。

模8计数器从0至7计数,计数输出至少需要3-bit来表示。因此双向模8计数器的输入为:时钟CLK,控制信号DIR;输出为:计数输出$Q_2Q_1Q_0$,Y输出。

● **状态转换图**

设0为起始状态,当DIR为0时,在有效时钟沿到来时,计数值加1,依次由0变为1、2、……、7;在计数值为7时,输出Y为1,当下一个有效时钟沿到来时,计数值回到0。当DIR为1时,在有效时钟沿到来时,计数值减1,依次由0变为7、6、……、1,在计数值为0时,输出Y为1,当下一个有效时钟沿到来时,计数值回到7。由此可以画出状态转换图,如图6-24所示。

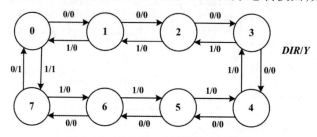

图6-24 双向模8计数器状态转换图

● **状态编码和状态转换表**

对状态0~7用自然二进制码编码表示,即000表示状态0,001表示状态1,……,111表示状态7。由状态转换图可以列出状态转换表,如表6-9所示。

表6-9 双向模8计数器状态转换表

状态	输入 DIR	当前态 $Q_2Q_1Q_0$	次态 $Q_2^*Q_1^*Q_0^*$	输出 Y
0	0	000	001	0
1	0	001	010	0
2	0	010	011	0
3	0	011	100	0
4	0	100	101	0
5	0	101	110	0
6	0	110	111	0
7	0	111	000	1
0	1	000	111	1
1	1	001	000	0
2	1	010	001	0
3	1	011	010	0
4	1	100	011	0
5	1	101	100	0
6	1	110	101	0
7	1	111	110	0

● **触发器选择以及次态和输出逻辑函数式的计算**

仍然选择D触发器,由上面的状态转换表,可以画出次态和输出的卡诺图,如图6-25所示。

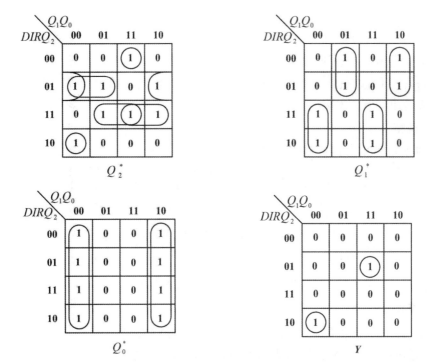

图6-25　双向模8计数器次态和输出的卡诺图

由卡诺图可以得到次态(输入)和输出的逻辑函数式：

$$Q_2^* = D_2 = DIR' \cdot \left(Q_2 \oplus \left(Q_1 Q_0\right)\right) + DIR \cdot \left(Q_2 \odot \left(Q_1 + Q_0\right)\right)$$

$$Q_1^* = D_1 = DIR' \cdot \left(Q_1 \oplus Q_0\right) + DIR \cdot \left(Q_1 \odot Q_0\right)$$

$$Q_0^* = D_1 = DIR' \cdot \left(Q_0 \oplus 1\right) + DIR \cdot \left(Q_0 \odot 0\right)$$

$$Y = DIR' \cdot Q_2 Q_1 Q_0 + DIR \cdot Q_2' Q_1' Q_0'$$

由次态(输入)和输出逻辑函数式可以看出,当 $DIR = 0$ 时,次态和输出逻辑函数式就是模8递增计数器的次态和输出逻辑函数式,即3-bit数加1的逻辑函数式;当 $DIR = 1$ 时,次态和输出逻辑函数式就是模8递减计数器的次态和输出逻辑函数式,即3-bit数减1的逻辑函数式。因此双向模8计数器可以用如图6-26所示的电路结构来表示。

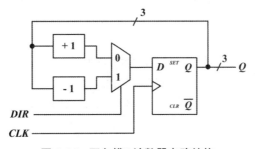

图6-26　双向模8计数器电路结构

6.4.3　同步BCD计数器

同步BCD计数器就是模10计数器,它的设计和二进制计数器类似,只不过计到9时返回0。实用中有8421BCD计数器和2421BCD计数器等,最常见的是8421BCD计数器。

【例6-6】设计一个8421BCD计数器,设计规范如下:

(1) 每当有效时钟沿到来时,计数值加1,当计数值达到9时,返回0重新开始计数;

(2) 当计到9时,产生进位输出 $Y=1$。

BCD码共10种状态,需要4个触发器来保存状态。因此,8421BCD码计数器的输入为时钟信号 CLK;输出为计数输出 $Q_3Q_2Q_1Q_0$,Y输出。

● **状态转换图**

图6-27所示是BCD计数器的状态转换图。

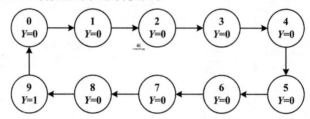

图6-27　BCD计数器状态转换图

● **状态转换表**

BCD计数器的状态编码就使用BCD编码,即从0000至1001。4-bit可以表示16种状态,还有6种状态没有使用。状态转换表如表6-10所示。

表6-10　BCD计数器状态转换表

当前态				次态				输出
Q_3	Q_2	Q_1	Q_0	Q_3^*	Q_2^*	Q_1^*	Q_0^*	Y
0	0	0	0	0	0	0	1	0
0	0	0	1	0	0	1	0	0
0	0	1	0	0	0	1	1	0
0	0	1	1	0	1	0	0	0
0	1	0	0	0	1	0	1	0
0	1	0	1	0	1	1	0	0
0	1	1	0	0	1	1	1	0
0	1	1	1	1	0	0	0	0
1	0	0	0	1	0	0	1	0
1	0	0	1	0	0	0	0	1
其他				d	d	d	d	d

● **触发器选择以及次态和输出逻辑函数式的计算**

选择D触发器,由上面的状态转换表,可以画出次态和输出的卡诺图,如图6-28所示。

由卡诺图可以得到次态和输出的逻辑函数式:

$$Q_3^* = D_3 = Q_3Q_0' + Q_2Q_1Q_0$$
$$Q_2^* = D_2 = Q_2Q_1' + Q_2Q_0' + Q_2'Q_1Q_0$$
$$Q_1^* = D_1 = Q_3'Q_1'Q_0 + Q_1Q_0'$$
$$Q_0^* = D_0 = Q_0'$$
$$Y = Q_3Q_2'Q_1'Q_0$$

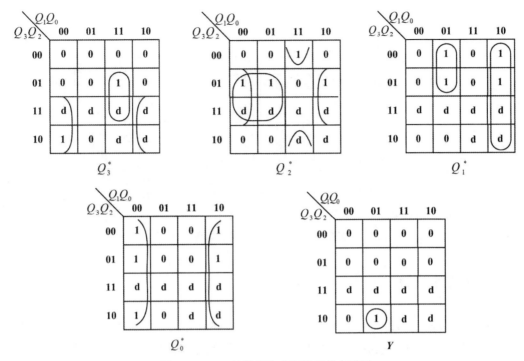

图6-28　BCD计数器次态和输出的卡诺图

● **检查电路自启动**

　　把无效状态1010~1111代入上面的次态逻辑函数式,可以得到如图6-29所示的完整状态转换图。可以看出,电路可以自启动。

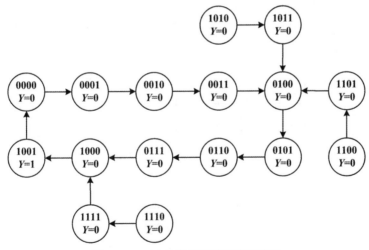

图6-29　BCD计数器完整状态转换图

● **画逻辑电路图**

　　根据输入和输出逻辑函数式可以画出BCD计数器的逻辑电路图,如图6-30所示。

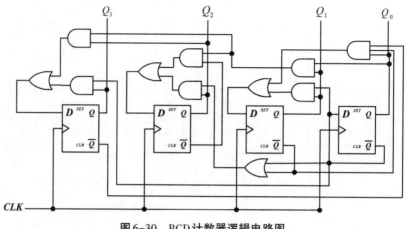

图6-30　BCD计数器逻辑电路图

6.5　移存型计数器

移存型计数器由移位寄存器加反馈电路(组合电路)构成,结构如图6-31所示。和二进制计数器不同,移存型计数器的计数顺序既不是升序,也不是降序。常见的移存型计数器有环形计数器和扭环计数器。

移位寄存器通常由D触发器构成,前一个触发器的输出接到后一个触发器的输入,因此后一个触发器的次态就是前一个触发器的当前态。如果移位寄存器由K个触发器构成,则第i个触发器的次态为:

$$Q_i^* = D_i = Q_{i-1} \qquad (i = 1 \sim (K-1))$$

因此移存型计数器只需要设计第0级触发器的输入D_0的逻辑函数式就可以,其他各级触发器输入的逻辑函数式无须再设计。

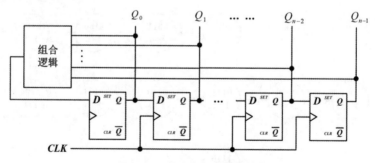

图6-31　移存型计数器结构

由于移存型计数器由移位寄存器构成,因此各触发器的输出信号波形相同,只是后一个触发器的输出相比前一个触发器有一个时钟周期的延时,相位不同。

6.5.1　环形计数器

把n位移位寄存器的首尾连接起来,就构成了n位环形计数器。图6-32所示是4个D触发器构成的4位环形计数器。

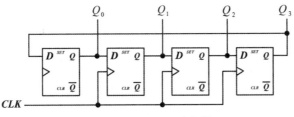

图6-32　4位环形计数器

各触发器输入和次态的逻辑函数式为：

$$Q_0^* = D_0 = Q_3 \qquad\qquad Q_1^* = D_1 = Q_0$$
$$Q_2^* = D_2 = Q_1 \qquad\qquad Q_3^* = D_3 = Q_2$$

每当有效时钟沿到来时,各触发器中保存的值(当前态)就向前循环移一位。如果环形计数器的初始状态置为 $Q_3Q_2Q_1Q_0 = 0001$,随着时钟脉冲,状态依次为 0010、0100、1000、0001、……,计数器会重复经历这4种状态。4位环形计数器完整的状态转换图如图6-33所示。

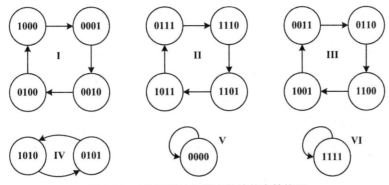

图6-33　4位环形计数器完整的状态转换图

通常 n 位环形计数器最多会依次经历 n 种状态,因此可以作为一个模 n 计数器。模 n 计数器可以按照不同的循环工作,例如上面的模4环形计数器,可以按照环I进行循环,也可以按照环II进行循环。按照环I进行循环实际上就是对计数值做一热位(one-hot)编码,即每一个状态只有一位为1。

环形计数器的一个主要缺点是状态利用率低。n 个触发器可以保存 n-bit,表示 2^n 种状态,但只能构成模 n 的环形计数器,即有效状态只有 n 个,而无效状态为 $2^n - n$ 个,且 n 越大,状态的利用率越低。

环形计数器的一个主要问题是自启动问题。例如按环I循环的模4计数器,如果1由于硬件故障丢失的话,计数器就会进入0000状态,并永远停留在这个状态。如果按其他环循环,某个1丢失,计数器就可能进入其他的环,并停留在这个环中。

要使环形计数器自启动,就要使所有的无效状态在经过一定的状态转换后能够重新回到有效状态。即要修正状态转换图,破开无效循环,强制无效状态转换到某个有效状态,使所有的无效状态最终都进入有效循环。

破无效循环的原则是要简单,无效状态转入有效状态要符合移位的规律,即只修改 Q_0 的次态逻辑,其他触发器的次态逻辑依然要符合移位规律。图6-34所示是4位环形计数器修正的状态转换图。例如如果把状态1111转入有效状态,则各触发器的次态逻辑都需要修改,不符合移位规律,但如果转入状态1110,则只需要修改Q_0的次态逻辑;使孤立循环0000转入0001,也只需要修改Q_0的次态逻辑,其他位符合移位规律。其他无效状态转换的修改类似。

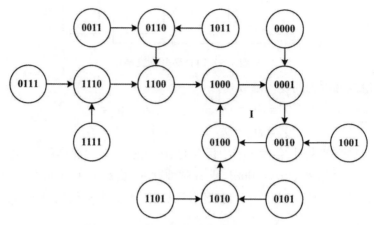

图6-34　4位环形计数器修正的状态转换图

由修正的状态转换图可以得到如表6-11所示的状态转换表。

表6-11　4位环形计数器修正的状态转换表

当前态				次态			
Q_3	Q_2	Q_1	Q_0	Q_3^*	Q_2^*	Q_1^*	Q_0^*
0	0	0	0	0	0	0	1
0	0	0	1	0	0	1	0
0	0	1	0	0	1	0	0
0	0	1	1	0	1	1	0
0	1	0	0	1	0	0	0
0	1	0	1	1	0	1	0
0	1	1	0	1	1	0	0
0	1	1	1	1	1	1	0
1	0	0	0	0	0	0	1
1	0	0	1	1	0	1	0
1	0	1	0	0	1	0	0
1	0	1	1	0	1	1	0
1	1	0	0	1	0	0	0
1	1	0	1	1	0	1	0
1	1	1	0	1	1	0	0
1	1	1	1	1	1	1	0

由真值表可以画出Q_0^*的卡诺图,如图6-35所示。

由卡诺图可以得到Q_0^*的逻辑函数式:

$$Q_0^* = D_0 = Q_2' Q_1' Q_0'$$

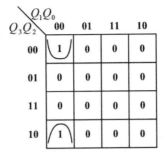

图 6-35 Q_0^* 的卡诺图

根据修正的 Q_0^* 的逻辑函数式即可画出 4 位环形计数器的逻辑电路图,如图 6-36 所示。

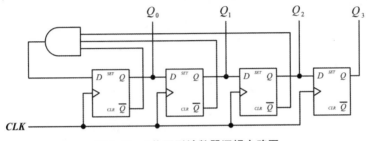

图 6-36 4 位环形计数器逻辑电路图

6.5.2 扭环计数器

扭环计数器和环形计数器结构很相似,不同的是把移位寄存器中最后一级触发器的 Q' 反馈到第一级触发器的输入,如图 6-37 所示。n 位扭环计数器可以产生 $2n$ 长度的计数序列。

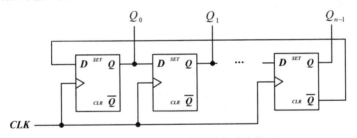

图 6-37 n 位扭环计数器电路结构

3 位扭环计数器的状态转换图如图 6-38 所示,可以看到,它的计数序列是 000、001、011、111、110、100,计数序列的长度为 6,计数序列中每两个相邻的计数值只有一个 bit 不同。

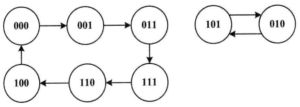

图 6-38 3 位扭环计数器状态转换图

各触发器输入和次态的逻辑函数式为:

$$Q_0^* = D_0 = Q_2'$$
$$Q_1^* = D_1 = Q_0$$

$$Q_2^* = D_2 = Q_1$$

扭环计数器同样也有自启动的问题。修改图6-38所示的状态转换图,使101转入011,这样只需要修改D_0的逻辑即可。修改后的状态转换图如图6-39所示。

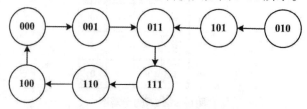

图6-39 3-bit扭环计数器修正的状态转换图

由状态转换图可以列出如表6-12所示的状态转换表。

表6-12 3位扭环计数器状态转换表

当前态			次态		
Q_2	Q_1	Q_0	Q_2^*	Q_1^*	Q_0^*
0	0	0	0	0	1
0	0	1	0	1	1
0	1	0	1	0	1
0	1	1	1	1	1
1	0	0	0	0	0
1	0	1	0	1	1
1	1	0	1	0	0
1	1	1	1	1	0

由状态转换表可以得到D_0的逻辑函数式为:

$$Q_0^* = D_0 = Q_2' + Q_1'Q_0$$

3位扭环计数器逻辑电路图如图6-40所示。

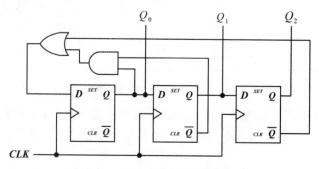

图6-40 3位扭环计数器逻辑电路图

6.6 计数器的应用

6.6.1 分频器

计数器可以实现分频。例如模8计数器,从图6-41所示的时序图可以看出,计数输出Q_0

的频率是时钟 CLK 频率的 $1/2$，Q_1 的频率是时钟 CLK 频率的 $1/4$，Q_2 的频率是时钟 CLK 频率的 $1/8$，它们的占空比都是 50%。Y 输出的频率也是时钟频率的 $1/8$，Y 输出在 8 个时钟周期中只有一个时钟周期为 1，其他时间都为 0，它的占空比是 12.5%。因此模 8 计数器可以实现 2 分频、4 分频和 8 分频分频器。一般通过输出 Y 得到分频信号，输出 Y 的占空比和相位都可以通过调整 Y 的逻辑来改变。

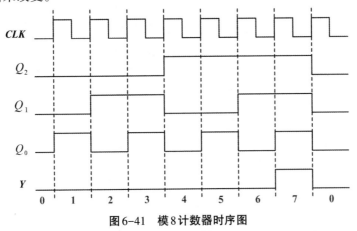

图 6-41　模 8 计数器时序图

更一般地，模 N 计数器就可以实现 N 分频器，计数器从 0 到 N-1 反复计数，每当计到 N-1 时就输出一个 1，这个信号相对于时钟信号就是一个分频比为 1/N、占空比也是 1/N 的分频输出。如果每次计数循环中在不同的计数值时使输出为 1，即改变计数器译码输出的逻辑，分频信号的占空比和相位也就不同。

【例 6-7】设计一个对时钟信号 5 分频的电路，输出两个 5 分频信号 Y0 和 Y1，信号的时序图如图 6-42 所示。

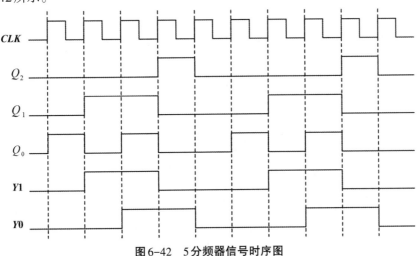

图 6-42　5 分频器信号时序图

5 分频电路可以用模 5 计数器实现，计数序列可以是 0、1、2、3、4、0、1、2、3、4、0、…。可以看出，两个分频输出的占空比都是 40%，但两个分频输出的相位不同。根据信号时序图，可以画出如图 6-43 的状态转换图

由状态转换图可以得到如表 6-13 所示的状态转换表。

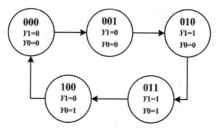

图6-43　5分频器状态转换图

表6-13　5分频器状态转换表

当前态			次态			输出	
Q_2	Q_1	Q_0	Q_2^*	Q_1^*	Q_0^*	$Y1$	$Y0$
0	0	0	0	0	1	0	0
0	0	1	0	1	0	0	0
0	1	0	0	1	1	1	0
0	1	1	1	0	0	1	1
1	0	0	0	0	0	0	1
1	0	1	d	d	d	d	d
1	1	0	d	d	d	d	d
1	1	1	d	d	d	d	d

由状态转换表可以得到次态和输出的逻辑函数式：

$$Q_2^* = D_2 = Q_1 Q_0$$
$$Q_1^* = D_1 = Q_1' Q_0 + Q_1 Q_0'$$
$$Q_0^* = D_0 = Q_2' Q_0'$$
$$Y_1 = Q_1$$
$$Y_0 = Q_1 Q_0 + Q_2$$

由次态和输出的逻辑函数式可以画出5分频器的逻辑电路图,如图6-44所示。

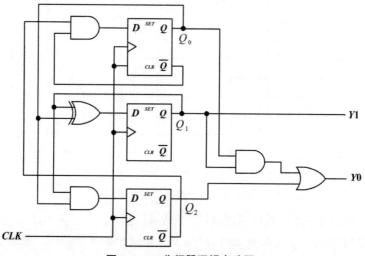

图6-44　5分频器逻辑电路图

其他占空比和相位的分频,都可以通过调整输出逻辑来实现。

在这个例子中,分频输出 $Y0$ 和 $Y1$ 的占空比相同,但相位不同,$Y0$ 比 $Y1$ 滞后一个时钟周期。由于触发器具有延时特性,$Y0$也可以不用译码逻辑实现,可以使$Y1$通过一个触发器后得到$Y0$输出。改进的5分频器逻辑电路如图6-45所示。

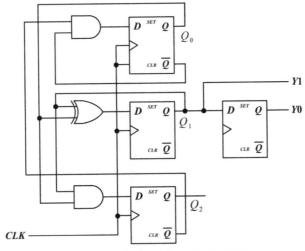

图6-45　改进的5分频器逻辑电路图

6.6.2　序列信号发生器

在数字系统中经常会需要用到某一组特定的串行数字信号,称为序列信号,产生特定序列信号的电路称为序列信号发生器。

序列信号发生器的构成有多种方法,一种方法是用计数器+译码器或计数器+多路选择器实现,另一种方法是用带反馈逻辑的移位寄存器实现。

● **基于计数器的序列信号发生器**

采用计数器构成序列信号发生器时,序列的长度就是计数序列的长度,通过对计数器的计数输出进行译码,产生序列信号。

【例6-8】产生一个10001110(时间顺序为自左至右)的序列Y。

序列的长度为8,就可以用模8计数器来实现。当计数器在时钟的作用下从0计到7时,在8个时钟周期依次输出序列10001110,计数器的状态(计数值)和输出Y之间的关系如表6-14所示,Y相当于计数值的译码输出。

表6-14　计数值和输出之间的关系

CLK	计数值			输出
	Q_2	Q_1	Q_0	Y
0	0	0	0	1
1	0	0	1	0
2	0	1	0	0
3	0	1	1	0
4	1	0	0	1
5	1	0	1	1
6	1	1	0	1
7	1	1	1	0

由此可以画出输出 Y 的卡诺图，如图6-46所示。

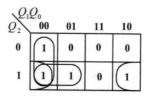

图6-46　输出 Y 的卡诺图

由卡诺图可以得到 Y 的逻辑函数式：

$$Y = Q_1'Q_0' + Q_2Q_1' + Q_2Q_0'$$

10001110序列信号发生器的电路结构如图6-47所示。

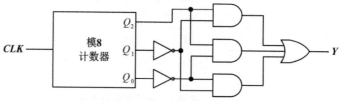

图6-47　计数器+译码器的10001110序列信号发生器电路结构图

也可以把计数值作为选择控制信号，用多路选择器来实现 Y 逻辑，电路结构如图6-48所示。

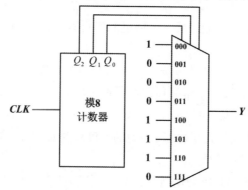

图6-48　计数器+多路选择器的10001110序列信号发生器电路结构图

● **基于移位寄存器的序列信号发生器**

基于移位寄存器的序列信号发生器由移位寄存器和反馈逻辑电路构成，这种电路也可以看作移存型计数器。

使用移位寄存器构成序列信号发生器时，首先需要确定移位寄存器的级数。当序列的长度为N时，寄存器的级数 n 应满足 $2^n \geq N$。然后把序列从头开始取 n 位为一组，逐次向后移一位，这样依次向后取，直到得到N个独立的编码。这样后一个编码就是前一个编码的次态，由此可以得到移存型序列信号发生器的状态转换表。和移存型计数器设计类似，只需要求出第一级触发器输入的逻辑函数式即可。序列可以从各触发器的输出得到，从不同触发器的输出取得的序列相位不同。

【例6-9】基于移位寄存器设计一个10001110（时间顺序为自左至右）的序列信号发生器。

序列的长度为8，移位寄存器的级数可以取 $n = 3$。从序列1000111010001110⋯的开始取3位为一组,然后每次向右移一位,依次获得100、000、001、011、111、110、101、010、100,共8个独立的编码,后面的编码是前一编码的次态,可以得到如表6-15所示的状态转换表。

表6-15   产生序列10001110序列信号发生器的状态转换表

当前态			次态		
Q_2	Q_1	Q_0	Q_2^*	Q_1^*	Q_0^*
1	0	0	0	0	0
0	0	0	0	0	1
0	0	1	0	1	1
0	1	1	1	1	1
1	1	1	1	1	0
1	1	0	1	0	1
1	0	1	0	1	0
0	1	0	1	0	0

由此可以画出 Q_0^* 的卡诺图,如图6-49所示。

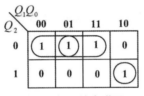

图6-49 Q_0^* 的卡诺图

由卡诺图可以得到 Q_0^* 的逻辑函数式:

$$Q_0^* = D_0 = Q_2'Q_1' + Q_2'Q_0 + Q_2Q_1Q_0'$$

移存型10001110序列信号发生器逻辑电路图如图6-50所示。

产生10001110序列的移位寄存器级数也可以大3,例如4级,这时就取4位为一组,逐次向后移一位,直到得到8个独立的编码。但用4级寄存器就意味着有8个冗余状态,电路也会更复杂。

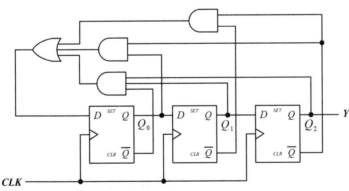

图6-50   移存型10001110序列信号发生器逻辑电路图

6.7   有限状态机FSM

同步时序电路可以分为三类:规则时序电路、随机时序电路和联合时序电路。计数器和移位寄存器等都是规则时序电路,它们的状态表示和状态转换都比较简单,而且有规则的模式;相应地,次态逻辑也可以用规则的或结构化的模块来实现。随机时序电路的状态转换更复杂,次态逻辑通常是随机逻辑,需要从头构建,这类时序电路也称为有限状态机(Finite State Machine,FSM)。联合时序电路中既有规则时序电路也有随机时序电路状态机FSM,状态机通常用于对规则时序电路的控制,这类电路的设计通常使用寄存器传输级设计方法(Register Transfer Level Methodology),联合时序电路的设计将在后面的章节中介绍。

状态机是最重要的一类时序电路。状态机称为有限状态机是因为实现状态机的电路只有有限个可能的状态。计数器也可以看作一个简单的状态机,计数输出就是各个状态,状态的转换也不需要进行选择,当有效时钟沿到来时就进行状态转换。

状态机的输出和次态受输入和当前状态的影响,可以进行一系列按一定时间顺序来完成的操作,由此会产生复杂的行为。状态机在数字系统中主要作为控制电路控制各个操作按照一定的顺序来完成。我们在生活中经常会看到这种按一定顺序,或在特定控制操作下按时间顺序完成的一系列任务。例如十字路口的交通灯,一个路口的绿灯要持续一段时间后才会变为红灯,在变为红灯后也要持续一段时间才能变为绿灯,控制交通灯变化的电路就是一个状态机。还有日常生活中用到的洗衣机、微波炉、各种视音频设备,都可以用状态机来控制。

6.7.1　状态机图

状态机可以描述系统的顺序行为,状态机的主要组成部分就是一组表示系统"模式"的状态。状态机在任一时间只能处于一种状态,这也就是前面提到的当前状态。

一个状态机通常包含以下几个元素:

　　◇　一组状态;

　　◇　一组输入和输出;

　　◇　一个初始状态,即系统上电时状态机的状态;

　　◇　一组状态之间的转换,表示根据当前状态和输入要转入的下一个状态;

　　◇　对各个状态下输出的描述。

状态机的工作通常用状态转换图来表述。用圆圈表示状态,用带箭头的弧线表示状态之间的转换,状态转换图可以精确地描述系统按时间顺序的行为。另一种描述状态机的方法是状态机图——SM图(State Machine Chart),和用状态转换图相比,用SM图更易于表述系统的行为。

SM图也称为算法状态机图——ASM图(Algorithm State Machine Chart),类似于软件设计中的流程图。流程图在软件设计中非常有用,同样SM图在硬件设计中也非常有用,特别是在行为级设计时。

SM图由状态框、决定框和条件输出框三种基本单元构成,如图6-51所示。状态框是一个矩形框,表示状态机中的一个状态。状态框中包含状态名,可以把输出列在状态框中,这里的输出信号只和当前状态有关,称为Moore输出。决定框是一个菱形,框中是表示条件的布尔函数式,另外还有表示条件为"真"和"假"时的分支。条件输出框是一个圆角的矩形,里面是根据输入或状态条件的输出列表。由于这里的输出和外部输入有关,条件输出框里的输出信号称为Mealy输出。决定框必须跟在状态框后,条件输出框必须跟在决定框后。

图6-51 构成SM图的基本单元

SM图由多个SM块构成。每个SM块以一个状态框开始,可以再加上和这个状态相关的决定框和条件输出框,有一个入口,可以有多个出口。每个SM块表示一个状态,描述在这个状态期间的操作。当系统进入这个状态时,状态框输出列表中列出的输出都有效,决定框中的条件决定转入哪条路径,即当前状态的转换方向;如果选中的路径上有条件输出框,条件输出框输出列表中列出的输出有效。SM块的出口必须连接到一个状态框的入口,这个状态框可以是当前SM块的状态框,也可以是其他SM块的状态框。

图6-52所示是一个SM块例子。在状态S1时,输出$Y0 = 1$;当条件$X1 = 1$为真时,输出$Y1 = 1$,否则判断条件$X2 = 1$是否为真,决定转出的方向。这个SM块有一个入口和三个出口,输出$Y0$只和当前状态有关,是一个Moore输出,而$Y1$在外部输入$X1 = 1$时为1,因此$Y1$是一个Mealy输出。

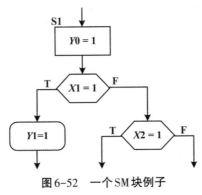

图6-52 一个SM块例子

SM图可以转化为状态转换图,反过来状态转换图也可以转化为SM图。

设计状态机首先需要分析系统的行为,用SM图描述系统行为。这可以按照以下步骤进行:

（1）列出状态:列出系统中所有可能的状态,并给每个状态一个有意义的名字,指定初始状态;

（2）产生状态转换:分析系统行为,对每一个状态找出所有可能的离开这个状态的转换;

（3）根据系统行为画出SM图;

（4）把SM图转化为状态转换图;

（5）检查状态机的行为是否符合系统行为。

确定了基本的设计规范和状态转换图之后,就可以按照6.3.1节给出的时序电路设计方法和步骤设计状态机电路。

6.7.2 设计举例:序列检测

序列检测器是从串行数据流中识别出某一个特定序列的电路,是很多数字系统中非常常见的一个模块。

【例6-10】设计一个检测"0011"的序列检测器。串行输入X,检测输入中是否包含序列"0011",如果检测到这个序列,则输出Z为1,否则输出Z为0。

- 列出状态

首先列出序列检测器可能的状态。一个状态为起始状态S0,表示检测器准备开始检测序列;如果输入X为0,就应该进入第二个状态S1,表示接收到序列的第一个序列位"0"。在状态S1;如果接着检测到输入X为0,就应该进入第三个状态S2,表示接收到两个序列位"00";如果接着检测到输入X为1,就应该进入第四个状态S3,表示接收到三个序列位"001";如果接着检测到输入X为1,就应进入第五个状态S4,表示接收到四个序列位"0011"。到状态S4就意味着已经接收到了一个完整的"0011"序列,输出Z为1,接下来就应该再重新开始判断输入是否是另一个"0011"序列了,因此这个序列检测器可以用五个状态来描述。

- 找出状态的转换

  > 状态S0:起始状态

如果输入$X = 1$,不可能是一个"0011"序列的开始,只能还是在起始状态S0;如果输入$X = 0$,则有可能是序列的第一位,转入S1状态。

  > 状态S1:表示检测到了"0"

如果输入$X = 1$,和前面的输入连起来是"01",不可能是序列"0011",因此应该返回S0,重新开始检测;如果输入$X = 0$,和前面的输入连起来就是"00",因此转入S2状态。

  > 状态S2:表示检测到了"00"

如果输入$X = 1$,和前面的输入连起来就是"001",转入状态S3;如果输入$X = 0$,和前面的输入连起来是"000",这可以看作检测到了两个0,转入S2状态,表示检测到了两个序列位。

  > 状态S3:表示检测到了"001"

如果输入$X = 1$时,和前面的输入连起来就是"0011",进入S4状态;如果输入$X = 0$,和前面的输入连起来是"0010",这不是要检测的序列,但也可以看作下一个"0011"序列的第一位,因此转入状态S1。

  > 状态S4:表示检测到了一个完整的"0011"序列。

如果输入$X = 1$时,不可能是一个"0011"序列的开始,转入S0状态;如果输入$X = 0$,转入S1状态。

- 画出SM图和状态转换图

根据对序列检测器行为的分析,可以画出如图6-53(a)所示的SM图。SM图中的每个状态框和与它相连的决定框构成一个SM块,每个SM块代表一个状态,决定框决定当前状态的转换方向。根据SM图可以得到如图6-53(b)所示的状态转换图。

- 逻辑电路实现

"0011"序列检测器共有五个状态,至少需要3-bit对状态编码。采用自然二进制数对状态进行编码,S0~S4依次编码为000、001、010、011和100,无用的状态都转入初始状态000。状态转换表如表6-16所示。

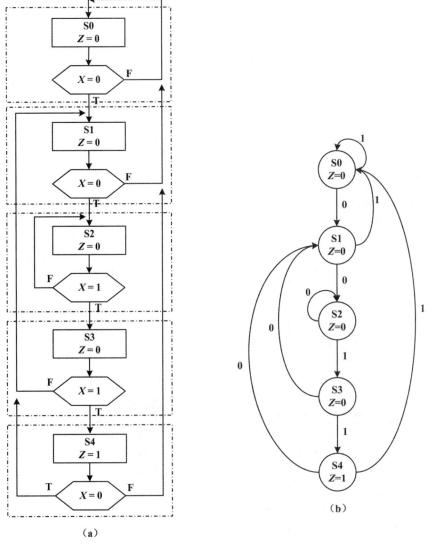

（a）

（b）

图6-53 "0011"序列检测器SM图和状态转换图

表6-16 "0011"序列检测器状态转换表

输入	当前态			次态			输出
X	Q_2	Q_1	Q_0	Q_2^*	Q_1^*	Q_0^*	Z
0	0	0	0	0	0	1	0
0	0	0	1	0	1	0	0
0	0	1	0	0	1	0	0
0	0	1	1	0	0	1	0
0	1	0	0	0	0	1	1
0	1	0	1	0	0	0	0
0	1	1	0	0	0	0	0
0	1	1	1	0	0	0	0
1	0	0	0	0	0	0	0

输入	当前态			次态			输出
X	Q_2	Q_1	Q_0	Q_2^*	Q_1^*	Q_0^*	Z
1	0	0	1	0	0	0	0
1	0	1	0	0	1	1	0
1	0	1	1	1	0	0	0
1	1	0	0	0	0	0	1
1	1	0	1	0	0	0	0
1	1	1	0	0	0	0	0
1	1	1	1	0	0	0	0

由状态转换表可以画出次态和输出的卡诺图,如图6-54所示。

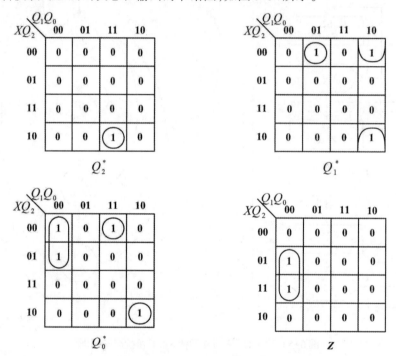

图6-54 序列检测器次态和输出逻辑卡诺图

由卡诺图得到次态和输出的逻辑函数式为:

$$Q_2^* = D_2 = XQ_2'Q_1Q_0$$
$$Q_1^* = D_1 = X'Q_2'Q_1'Q_0 + Q_2'Q_1Q_0'$$
$$Q_0^* = D_0 = X'Q_1'Q_0' + X'Q_2'Q_1Q_0 + XQ_2'Q_1Q_0'$$
$$Z = Q_2Q_1'Q_0'$$

由次态和输出逻辑函数式就可以得到0011序列检测器的逻辑电路图。

6.7.3 设计举例:边沿检测

【例6-11】设计一个边沿检测电路,当输入信号X从0变为1时,输出一个持续一个时钟周期的短脉冲Z,信号时序示意图如图6-55所示。

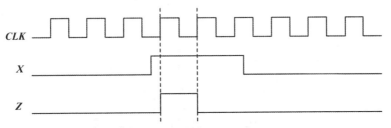

图6-55 边沿检测时序示意图

边沿检测的过程可以描述为:在初始状态,当输入X为0时,输出Z为0;当输入X变为1时,输出为1且保持一个时钟周期;之后如果输入X仍然为1,输出变为0;如果输入X为0,输出也变为0,返回初始状态,等待下一次输入变为1。

因此检测的过程可以分为三个状态:初始状态S0、边沿状态S1和后续状态S2。在S0状态时,输出为0,如果输入$X=0$,下一个时钟周期应仍处于初始状态,等待输入变为1;如果输入$X=1$,即输入从0变为1,应转入边沿状态S1。在S1状态时,输出为1保持一个时钟周期,如果输入$X=1$,则下一个时钟周期转入S2状态;如果输入$X=0$,输入脉冲结束,转入S0状态。在S2状态,输出为0,如果输入$X=1$,下一个时钟周期仍然保持在S2状态,使输出持续为0;如果输入$X=0$,说明输入脉冲结束,应该返回初始状态S0,等待下一个输入脉冲到来。描述边沿检测行为的SM图如图6-56(a)所示。

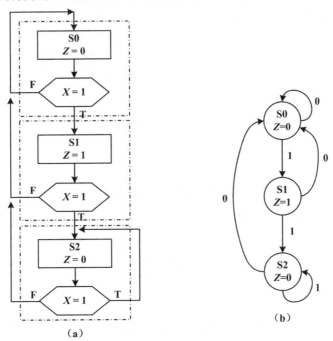

图6-56 边沿检测SM图和状态转换图

由SM图可以画出如图6-56(b)所示的状态转换图,按照6.3.1节介绍的时序电路设计方法和步骤就可以得到边沿检测电路的逻辑电路图,如图6-57所示。

可以看出,上面设计的边沿检测电路是一个摩尔机,输出脉冲会稳定地保持一个时钟周期,输出脉冲相对输入有一定的延时。

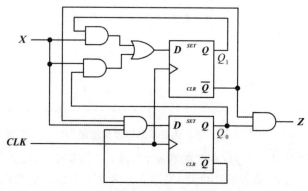

图6-57 边沿检测电路逻辑电路图

这个边沿检测电路也可以设计为米粒机,把输出为1放在决定框后的条件输出框中,这样检测电路只需要两个状态即可。相应的SM图和状态转换图如图6-58所示。

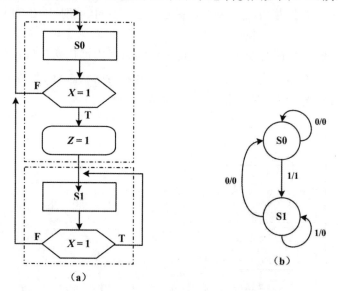

图6-58 米粒型边沿检测器SM图和状态转换图

由状态转换图可以设计得到如图6-59所示的米粒型边沿检测器逻辑电路图。

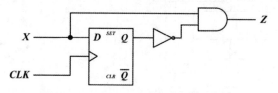

图6-59 米粒型边沿检测器逻辑电路图

米粒型边沿检测器的时序图如图6-60所示。可以看出,摩尔型边沿检测器和米粒型边沿检测器都可以检测到输入信号的上升沿,产生一个窄脉冲。和摩尔型边沿检测器相比,米粒型边沿检测器的状态更少,电路也更简单;米粒型边沿检测器对输入的响应更快,但因为输出和输入有关,输出脉冲的宽度会变化,而且输入中的毛刺也会传到输出。

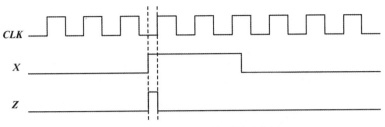

图 6-60   米粒型边沿检测器时序图

6.8   同步时序电路的时序分析

对于输入激励,逻辑门和触发器的输出都有一个响应时间,从输入发生变化到相应的输出产生都有一定的延时。

组合电路的主要时序参数是传播延时,是从输入发生变化到产生稳定的输出响应所需要的时间。串联在一起的门越多,构成的逻辑越复杂,从输入端到输出端的传播延时越长。

同步时序电路和组合电路不同,它的主要时序参数是电路可以工作的最大时钟频率,这是因为时序电路中存储单元(触发器)对时序有一定的约束。在时序电路中,触发器由有效的时钟沿(如上升沿)触发加载次态,要求触发器的输入在时钟上升沿到来之前就是稳定的;类似地,触发器的输出在时钟上升沿的一段时间之后才能稳定下来。而时序电路中触发器的输出和输入之间是各种逻辑门构成的组合电路,因此同步时序电路的时序分析就是分析电路中各种不同延时如何限制电路的工作速度,时钟能工作到多快。

6.8.1   触发器基本时序参数

同步时序电路的时序分析都是围绕触发器的基本时序参数展开的。D 触发器的基本时序参数包括建立时间 t_{su}(setup time)、保持时间 t_h(hold time)和时钟到寄存器输出 Q 的时间 t_{cq}(clock-to-q time)。这些参数都很小,通常都在纳秒数量级。D 触发器的时序参数如图 6-61 所示。

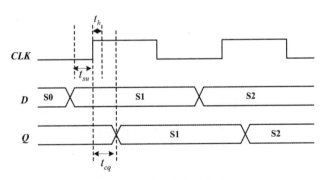

图 6-61   D 触发器的时序参数

● **建立时间 t_{su}**

触发器的输入在时钟上升沿之前必须保持稳定一段时间,这段时间称为建立时间。如果输入在时钟上升沿之前建立时间内发生变化,称为建立时间违例(setup time violation),触发器内部的电路没有足够的时间正确识别输入的状态,D触发器可能会进入"亚稳态"。

● **保持时间 t_h**

触发器的输入在时钟上升沿之后必须保持稳定一段时间,这段时间称为保持时间。如果输入在时钟上升沿之后保持时间内发生变化,称为保持时间违例(hold time violation),触发器内部电路可能无法正确检测到输入的状态,D触发器也可能会进入"亚稳态"。

● **时钟到寄存器输出的时间 t_{cq}**

时钟上升沿之后触发器输出达到稳定状态所需要的时间,称为时钟到寄存器输出的时间。

● **时钟到输出的时间 t_{co}**

时钟上升沿之后输出达到稳定状态所需要的时间,称为时钟到输出的时间。

6.8.2 时序分析

基本同步时序电路的结构如图6-62所示。状态寄存器由D触发器构成,寄存器的输出代表系统的内部状态(当前状态),寄存器由一个全局时钟驱动。次态逻辑是组合电路,次态由状态寄存器保存的当前状态和外部输入共同决定。输出逻辑也是组合电路,由外部输入和当前状态决定的是Mealy输出,仅由当前状态决定的是Moore输出。

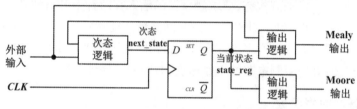

图6-62 基本同步时序电路结构

同步时序电路按如下方式工作:

◇ 当时钟上升沿到来时,对次态值next_state采样保存入寄存器的Q端,当前状态state_reg更新,这个保存的值会保持一个时钟周期稳定;

◇ 由当前状态和外部输入,次态逻辑可以计算出新的次态值,输出逻辑也可以计算出输出值;

◇ 在下一个时钟上升沿到来时,对新的次态值采样,当前状态再次更新。

可以看出,状态寄存器的输入是次态逻辑的输出,而次态逻辑的输入又是状态寄存器的输出,状态寄存器和次态逻辑构成了一个环路。为了分析这个环路的时序,需要分析时序电路工作时当前状态state_reg信号和次态next_state信号的变化情况。

图6-63所示是在一个时钟周期内当前状态state_reg信号和次态next_state信号的时序图。假定当前状态state_reg信号的初始值为S0,当时钟上升沿到来时次态next_state是稳定的,且在建立时间和保持时间内不变,次态next_state为S1,时钟沿对next_state信号采样,经过 t_{cq} 后状态寄存器的输出(当前状态)state_reg信号变为S1。

由于当前状态state_reg信号是次态逻辑的输入,当前状态发生变化时,次态逻辑的输出next_state信号也相应地发生变化。这里定义次态逻辑的最大和最小延时分别为 $t_{next(\max)}$ 和 $t_{next(\min)}$,经过 $t_{next(\max)}$ 后,next_state信号得到稳定值S2。在新的时钟上升沿到来时,一个时钟周期结束,时钟沿再次对 next_state 信号采样。

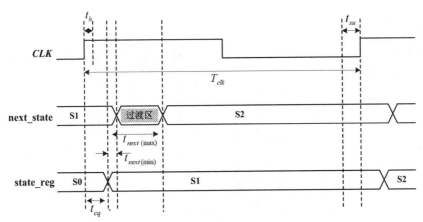

图 6-63　基本同步时序电路时序图

考虑触发器的建立时间约束,next_state 信号至少应该在下一个上升沿之前的建立时间 t_{su} 期间是稳定的,即应满足下式:

$$t_{cq} + t_{next(max)} \leqslant T_{clk} - t_{su}$$

上面的不等式也可以写为:

$$t_{cq} + t_{next(max)} + t_{su} \leqslant T_{clk}$$

这个不等式表明,为了满足建立时间约束,基本同步时序电路的最小时钟周期为:

$$T_{clk(min)} = t_{cq} + t_{next(max)} + t_{su}$$

对时钟周期求倒数即可得到同步时序电路能达到的最大工作频率。t_{cq} 和 t_{su} 是 D 触发器本身的参数,当制造工艺确定时,触发器的这些参数是确定的,时序电路所能达到的最大工作频率主要受次态逻辑延时的影响。要想提高时序电路的性能,需要优化次态逻辑电路,减小次态逻辑的延时。

例如一个 4-bit 二进制计数器(模 16 计数器),所用 D 触发器的 t_{cq} 为 1ns,t_{su} 为 0.5ns,它的次态逻辑就是一个加 1 加法器,加法器的延时为 2.5ns,忽略连线的延时,则计数器所能达到的最大工作频率是:

$$f_{max} = \frac{1}{t_{cq} + t_{adder} + t_{su}} = \frac{1}{1ns + 2.5ns + 0.5ns} = 250\text{MHz}$$

用上面参数的 D 触发器设计基本串行移位寄存器,触发器的次态逻辑就是连线,如果忽略连线的延时,基本串行移位寄存器所能达到的最大工作频率是:

$$f_{max} = \frac{1}{t_{cq} + t_{su}} = \frac{1}{1ns + 0.5ns} = 666.67\text{MHz}$$

对于 Moore 型输出,同步时序电路输出的时序参数是时钟到输出的时间 t_{co},t_{co} 就是 t_{cq} 和输出逻辑传播延时 t_{output} 的和。

$$t_{co} = t_{cq} + t_{output}$$

对于 Mealy 型输出,输出和外部输入有关,外部输入可以直接影响输出,从输入到输出的延时就是输出逻辑的传播延时。

习题

6-1 分析图题6-1所示的时序电路,要求:(1)写出触发器次态、输入和输出的逻辑函数式;(2)写出状态转换表;(3)画出状态转换图并分析电路的功能。

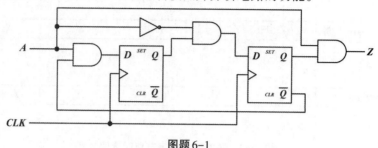

图题 6-1

6-2 分析图题6-2所示的时序电路,要求:(1)写出触发器次态、输入和输出的逻辑函数式;(2)写出状态转换表;(3)画出状态转换图并分析电路的功能。

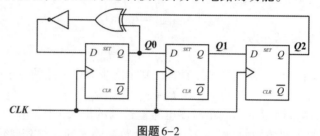

图题 6-2

6-3 分析图题6-3所示的时序电路,要求:(1)写出触发器次态、输入和输出的逻辑函数式;(2)写出状态转换表;(3)画出状态转换图并分析电路的功能。

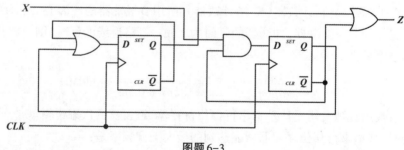

图题 6-3

6-4 用D触发器和逻辑门设计一个同步模10计数器。输入信号为:时钟信号 CLK;输出信号为:计数输出信号 $Q_3Q_2Q_1Q_0$,进位输出指示信号 $COUT$。计数按照 0000、0001、0011、0010、0110、0111、0101、0100、1100、1000 的顺序循环计数,每当计到1000时,$COUT$ 输出一个1,表示已经计数一轮了。要求:(1)画出状态转换图;(2)写出状态转换表;(3)写出触发器次态、输入和输出的逻辑函数式;(4)检查自启动,如不能自启动,对电路做最少的修改,使电路能够自启动;(5)画出逻辑电路图。

6-5 用D触发器和逻辑门设计一个模5双向计数器。输入信号为:时钟信号 CLK,方向控制信号 DIR;输出信号为:计数输出信号 $Q_2Q_1Q_0$,进位输出指示信号 $COUT$。当 $DIR = 1$

时,计数器正向计数,计数顺序为 001、010、011、100、101,从 1 ~ 5 循环计数,每当计到 5,$COUT$ 输出一个 1,表示已经计数一轮了;当 $DIR = 0$ 时,计数器反向计数,计数顺序为 101、100、011、010、001,从 5 ~ 1 循环计数,每当倒计到 1 时,$COUT$ 就输出一个 1,表示已经计数一轮了。要求:(1)画出状态转换图,标注清楚输入输出信号 $DIR/COUT$;(2)写出状态转换表;(3)写出触发器次态、输入和输出的逻辑函数式;(4)检查自启动,如不能自启动,对电路做最少的修改,使电路能够自启动;(5)画出逻辑电路图。

6-6 用 D 触发器和基本逻辑门设计一个序列信号发生器,波形如图题 6-6 所示。CLK 为输入时钟信号,该序列信号发生器循环输出两个序列信号 $Y1$ 和 $Y0$。要求:(1)说明 $Y1$ 和 $Y0$ 序列长度是多少,序列内容是什么;(2)用计数器设计该序列信号发生器,约定计数器输出信号是 $Q_2Q_1Q_0$,计数器以自然顺序计数,写出触发器输入的逻辑函数式和输出 $Y1$、$Y0$ 的逻辑函数式;(3)画出逻辑电路图。

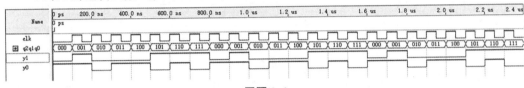

图题 6-6

6-7 假设【例 6-3】中的计数器已经设计好,请用这个计数器,加上基本逻辑门,设计一个 8 分频器,该分频器有 3 个输出:$f0$、$f1$ 和 $f2$,波形如图题 6-7 所示。要求:(1)写出 $f0$、$f1$ 和 $f2$ 的逻辑函数式;(2)画出分频器电路结构图。

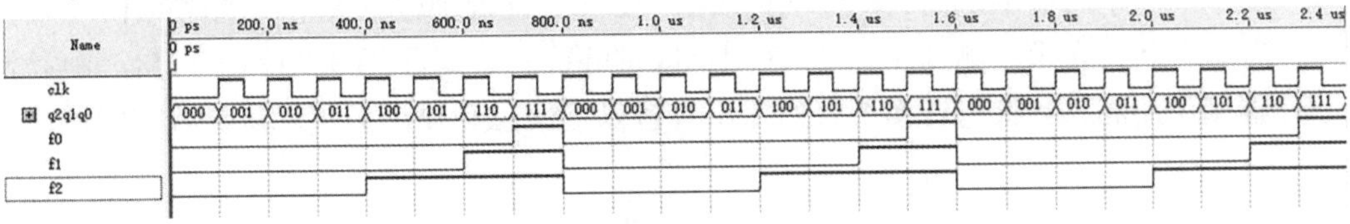

图题 6-7

6-8 设计一个计数器型的 11110010 序列信号发生器,序列发生器的输入信号为时钟信号 CLK,输出为 Z。要求:(1)写出输出的逻辑函数式;(2)画出电路结构图。

6-9 设计一个移存型的 11110010 序列信号发生器,序列发生器的输入信号为时钟信号 CLK,输出为 Z。要求:(1)写出状态转换表;(2)写出第一级触发器输入的逻辑函数式;(3)画出逻辑电路图。

6-10 用 D 触发器和基本逻辑门设计一个 3-bit 环形计数器,计数器的输入为:时钟信号 CLK;输出为:计数输出信号是 $Q_2Q_1Q_0$,寄存器的初始状态为 001,要求:(1)计数器能够自启动,写出各触发器输入和次态的逻辑函数式;(2)画出逻辑电路图。

6-11 设计一个模 8 多功能计数器,计数器按照 000、001、010、011、100、101、110、111 的顺序循环计数(即 0-1-2-3-4-5-6-7 的递增顺序计数)。输入为:时钟信号 CLK,数据加载控制信号 $load$,使能控制信号 en,输入数据 $D_2D_1D_0$;输出为:计数输出 $Q_2Q_1Q_0$,进位输出 $Cout$。计数器功能如表题 6-11 所示,每当计数器计到 111 时,$Cout$ 就输出一个指示信号 $Cout = 1$,表示计数器已经计数一轮了。要求:(1)用 D 触发器和若干 MUX2-1 选择器来设计此多功能计数,画出电路结构图(在电路图中,对于由逻辑门构成的复杂电路,可以用逻辑函数式代替);(2)在图题6-11所示的多功能计数器仿真波形中填写$Q_2Q_1Q_0$的值。

表题6-11

CLK	load	en	$Q_2^*Q_1^*Q_0^*$	功能说明
↑	0	X	$D_2D_1D_0$	置数功能
↑	1	0	$Q_2Q_1Q_0$	保持功能
↑	1	1	$Q_2Q_1Q_0 + 1$	递增计数功能

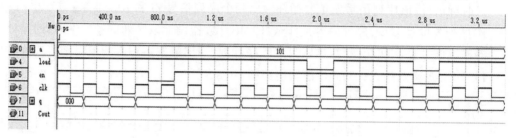

图题6-11

6-12 设计一个序列检测电路,输入为X,输出为Z。当检测到输入X中出现序列1011时,Z输出一个1,表示检测到序列了,不允许重叠检测。要求:(1)设计一个Moore机检测器,画出SM图和状态转换图;(2)写出各触发器次态和输出的逻辑函数式;(3)画出逻辑电路图。

6-13 设计一个序列检测电路,输入为X,输出为Z。当检测到输入X中出现序列1011时,Z输出一个1,表示检测到序列了,序列可以重叠检测。要求:(1)设计一个Mealy机检测器,画出SM图和状态转换图;(2)写出各触发器次态和输出的逻辑函数式;(3)画出逻辑电路图。

6-14 电路如图题6-14所示,已知每个异或门的传播延时为0.5ns,触发器的建立时间为0.5ns,保持时间为0.3ns,时钟到Q的延时为0.6ns,试计算电路的最大工作频率。

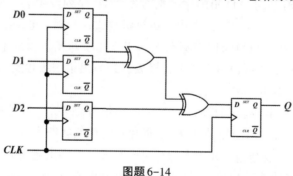

图题6-14

7 半导体存储器和可编程逻辑器件

7.1 概述

7.1.1 存储器基本概念

存储器是电子系统中非常重要的一部分。在进行数据处理时,处理的中间数据和最终计算结果都需要保存在存储器中,当需要时还可以从存储器中取出。最简单的存储器就是触发器和寄存器,一个 D 触发器可以保存 1-bit 数据,8 个 D 触发器可以保存 8-bit 数据。

在存储器中存储的信息称为数据(data),数据都是由 0 和 1 组成的序列。二进制数据的最小单位是 bit,通常一个 8-bit 数据称为一个字节 Byte(简写为 B),一个 16-bit 数据称为半字(half-word),一个 32-bit 数据称为一个字(word)。在计算机中,数据的字长通常都是 8 的倍数,16-bit 数据是 2 个字节,32-bit 数据是 4 个字节,存储数据的大小通常也都表示为总的字节数。"字"在很多时候也可以表示多个 bit 的数据,例如 4-bit 数据也可以表述为 4-bit 字。

数据在存储器中保存的位置称为地址(address),一个数据在存储器中的地址是唯一的。可以通过地址访问(读/写)某一个数据,从存储器中取出数据称为读数据(read),把数据保存入存储器称为写数据(write)。

存储器通常由存储阵列、地址译码器、读写控制电路和输入/输出电路构成,存储器的基本结构如图 7-1 所示。

一个基本存储单元保存 1-bit 的信息,存储器由很多存储单元组成,这些存储单元构成了一个存储阵列。每个存储单元都有一个地址,对存储器进行读写时,给存储器一个 n 位地址,经地址译码器译码,使得 2^n 个字使能信号中的一个有效,和这个有效的字使能对应的存储单元被选中,对这个单元进行读写。

存储器的容量指存储器中基本存储单元的数量。存储器容量由地址数量和数据宽度来决定,通常表示为 N ×

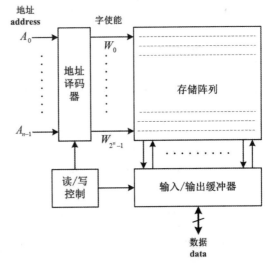

图 7-1　存储器基本结构

M-bit,M 表示数据的宽度,N 表示保存数据的数量,N 的大小和地址线的宽度有关,$N = 2^n$,n

为地址的宽度(或地址线的数量)。

对于大容量存储器,存储容量通常以 Kilo(K)、Mega(M)、Giga(G)来表示,例如:2K×8-bit、16M×8-bit 或 4G×32-bit 等。其中:

$$1K = 2^{10} = 1024,地址宽度为 10$$

$$1M = 2^{20} = 1,048,576,地址宽度为 20$$

$$1G = 2^{30} = 1,073,741,824,地址宽度为 30$$

1K 的范围为 0~1023,即 10-bit 二进制数所能表示的范围,二进制数表示是 0000000000~1111111111,用 16 进制表示就是 000H~3FFH。1M 的范围为 0~1,048,575,用 16 进制数表示就是 00000H~FFFFFH。

例如存储容量为 8K×8-bit 的存储器,8K 需要 13-bit 来表示 ($8K = 8 \times 1K = 2^3 \times 2^{10} = 2^{13}$),地址线有 13 根 A12~A0,地址范围 0000H~1FFFH,数据线有 8 根,D7~D0。在存储器中每个地址保存一个 8-bit 数据,地址按二进制数递增,保存的数据是最后一次存入的数据。8K×8-bit 存储器的示意图如图 7-2 所示。

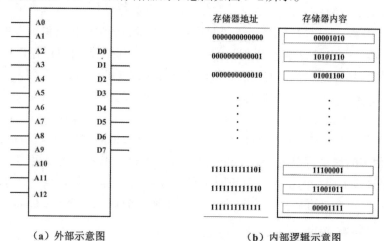

（a）外部示意图　　　　（b）内部逻辑示意图

图 7-2　8K×8-bit 存储器示意图

除数据线和地址线外,大部分存储器还包括以下控制信号(控制线):

◇ 使能(EN)或片选(CS):只有使能或片选信号有效时才能对存储器进行读写操作;

◇ 读写($R/\overline{W}$):读写信号用来决定是对存储器进行读操作还是写操作;

◇ 输出使能(OE):有些存储器由输出使能信号控制输出三态缓冲器,只有输出使能有效时才能从存储器读出数据。

【例 7-1】64K×4-bit 的存储器有多少根数据线,多少根地址线?

64K×4-bit 存储器中可寻址的位置数量为:

$$64K = 2^6 \times 2^{10} = 2^{16}$$

因此,需要 16 根地址线;数据为 4-bit 宽,需要 4 根数据线。

7.1.2　存储器的分类

按照掉电后保存的数据是否丢失,半导体存储器可以分为两大类:非易失性存储器和易失性存储器。非易失性存储器中的数据可以永久保存,即使在电源关闭后数据也不丢失;而易失性存储器中的数据在电源关闭后就丢失了。

按照存取方式分,半导体存储器可以分为只读存储器(Read Only Memory,ROM)和随机访问存储器(Random Access Memory,RAM)。

ROM在工作时能读出数据,但不能随意修改或重新写入。ROM可以分为两类,一类是在出厂时就已编程好、保存固定数据的存储器,这类存储器只能读出数据,不能擦除原来的数据,也不能向存储器写入新的数据,称为掩膜ROM;另一类是包含特殊的电路,可以擦除原来的数据,并向存储器写入新的数据,称为可编程的只读存储器(Programmable Read Only Memory,PROM)。可编程只读存储器中又有可擦除可编程的(Erasable Programmable Read Only Memory, EPROM)、电可擦除可编程的(Electrical Erasable Programmable Read Only Memory,EEPROM)和FLASH存储器等。ROM是非易失性存储器,即使电源关闭,数据也不会丢失。

RAM也可以分为两类。一类是在电源打开正常工作时可以随机读写数据,保存的数据不会丢失,这类存储器称为静态随机访问存储器(Static Random Access Memory,SRAM)。另一类是动态随机访问存储器(Dynamic Random Access Memory,DRAM),这类存储器在正常工作时需要定期刷新以免数据丢失。RAM是易失性存储器,当电源关闭时,RAM中的数据就会丢失。存储器的分类如图7-3所示。

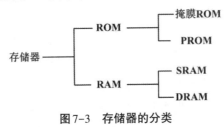

图7-3　存储器的分类

7.2　只读存储器

只读存储器(ROM)就是系统只能读出它保存的数据,而不能写入数据。随着技术的发展,ROM也可以写入,只是相比读出的速度,写入的速度比较慢。ROM是非易失性存储器,既使系统掉电,数据也不会丢失,能够永久保存下来。因此ROM常用于保存固定不变的数据。

7.2.1　ROM结构

图7-4所示是一个4×4-bit的ROM结构示意图,它由地址译码器、存储阵列和输出缓冲器组成。

地址A1~A0输入到地址译码器,译码器的每个输出称为字线(word line),因为每个信号选择存储阵列的一行或一个字。

存储阵列中每一条垂直线称为位线(bit line),因为它对应于存储器的一个位输出。如果在字线和位线的交叉点处有一个MOS管,当字线有效时,这个管子就会导通,从而把位线下拉为低电平。由于译码输出只有一个输出有效,因此其他字线上接的管子都是关断的。同一字线上,如果交叉点处没有接MOS管,相应的位线都会保持高电平。经过输出缓冲器后,位线为0则输出为1,位线为1则输出为0。因此,ROM中字线和位线的每一个交叉点对应一个存储位,交叉点处接一个MOS管相当于存储1,交叉点不接MOS管相当于存储0。

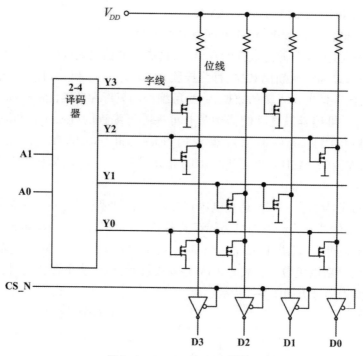

图7-4　4×4-bit的ROM结构

当存储器容量比较大时,译码器的输出会非常多,字线的数量会很巨大,这会使电路布线困难,也会给IC制造带来一系列问题。因此现代存储阵列往往都设计成三维结构,使阵列尽可能接近于正方形,译码也采用行列译码的二维译码结构。图7-5所示是一个16×4-bit的ROM存储器的三维存储结构。

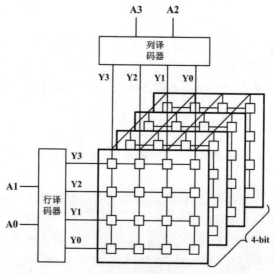

图7-5　16×4-bit的ROM存储器的三维存储结构

二维译码结构是把地址分为两段,用于行和列译码。在图7-5中,地址为4-bit,其中

A3~A2用于列译码,A1~A0用于行译码,行和列译码各输出4条选择线,16个存储单元就位于行列选择线的交点。存储器由4个存储体构成,每个存储体的选择信号是相同的,当一个地址被译码时,各存储体同一位置的存储单元同时被选中,组成一个4-bit字。

7.2.2 各种类型ROM

● **掩膜型ROM**

早期的ROM都是掩膜型ROM,掩膜型ROM是在IC制造过程中把"连接/不连接"(或0/1)模式写进去。用户向制造厂商提供所需的ROM信息,厂商使用该信息创建掩膜,生产出所需的ROM。掩膜型ROM通常用于需求量特别大的应用。

● **可编程ROM(Programmable ROM,PROM)**

PROM和掩膜型ROM非常类似,出厂时所有的晶体管都是相连的,即所有的存储单元都保存了一个特定的值(通常为1)。和掩膜型ROM不同的是,用户可以用PROM编程器来对PROM编程,例如把所需位对应的熔丝链熔断,编程为0。

● **可擦除可编程ROM(Erasable Programmable ROM,EPROM)**

EPROM也是可编程的。EPROM采用浮栅工艺,在每个存储位置上都有一个浮栅MOS管,EPROM存储单元如图7-6所示。当给EPROM编程时,编程器把一个高电压加在需要存储0的每个位的非浮栅上,使得绝缘材料被暂时击穿,使负电荷累积在浮栅上。当去除高电压后,负电荷仍然可以保留下来。在以后的读操作中,这种负电荷能防止MOS管被选中时变为导通状态。

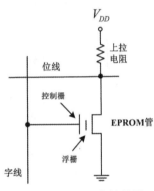

图7-6　EPROM存储单元

EPROM属于非易失性存储器,但EPROM中的内容也能被擦除。用特定波长的紫外线照射绝缘材料,包围浮栅的绝缘材料就会变得有导电性,释放掉负电荷,从而擦除其中的内容。

● **电可擦除可编程ROM(Electrically Erasable Programmable ROM,EEPROM)**

EEPROM和EPROM十分类似,只是EEPROM的单个存储位可以用电的方式擦除。大型EEPROM仅允许对固定大小的块进行擦除。由于擦除发生在瞬间,所以这种存储器也被称为闪存(flash memory)。

EEPROM的写入时间远大于读取时间。另外,由于绝缘层太薄,反复读写会对它造成损耗,EEPROM能重复编写的次数是有限的,因此EEPROM无法代替RAM使用。

7.3 随机访问存储器

7.3.1 静态随机访问存储器

在静态随机访问存储器(Static RAM,SRAM)中,一个位置一旦被写入了内容,只要电源不被切断,存储的内容就可以保持不变,除非这个存储位置被写入了新的数据。

SRAM的存储单元和D锁存器类似。因此,当写使能WR_L有效时,锁存器是打开的,输入数据流入并通过存储单元;当WR_L变为无效时,锁存器的值保持不变,即存储单元保存的值是在锁存器关闭时的值。SRAM存储单元结构如图7-7所示。

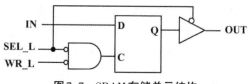

图7-7　SRAM存储单元结构

SRAM可以分为异步SRAM和同步SRAM。

● 异步SRAM

异步SRAM的操作不和时钟同步,逻辑符号如图7-8所示。和ROM类似,SRAM有地址输入、控制输入和数据输入/输出。控制输入包括片选CS、写使能WE和输出使能OE,当写使能WE有效时,数据可以写入。

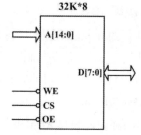

图7-8　异步SRAM逻辑符号

图7-9所示是一个4×4-bit的异步SRAM结构图。

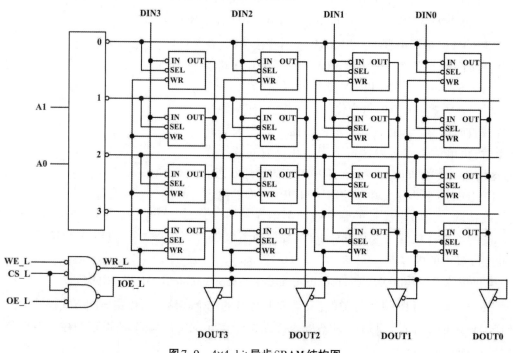

图7-9　4×4-bit异步SRAM结构图

和简单ROM结构类似,地址译码器的输出选择存储阵列的某一行,进行读写操作。

　✧　读操作:当CS和OE有效时,地址信号放在地址输入端,所选存储单元的输出传送到SRAM的输出;

　✧　写操作:地址信号放在地址输入端,数据信号放在数据输入端,接着使CS和WE有效,所选存储单元被打开,数据被写入。

大容量SRAM和大容量ROM结构类似,也采用存储阵列和二维行列译码。

由于存储单元是类似于锁存器的结构,不和时钟同步,对存储器进行读写时对信号时序的要求比较严格。因此,当用于电子系统时,需要仔细协调异步SRAM和其他同步电路的时序。

● 同步SRAM

同步SRAM(Synchronous SRAM,SSRAM)的存储单元也是D锁存器结构,但SSRAM有用于控制信号、地址信号和数据信号的时钟控制接口,关键的时序通路都是由SSRAM芯片内部处理的。

SSRAM的结构如图7-10所示。SSRAM把数据输入、地址输入和控制输入都用数据寄存器、地址寄存器和控制信号寄存器寄存,这样当SSRAM用于电子系统时,很容易和其他部分同步。

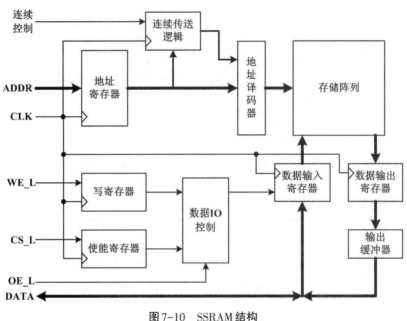

图7-10　SSRAM结构

● 高速缓冲存储器

SRAM的速度比较快,它的一个主要应用是用作计算机的高速缓冲存储器CACHE。高速缓冲存储器是一种可以高速访问的存储器,用来存储最近使用或反复使用的指令和数据,这样可以避免频繁访问速度较慢的主存储器(DRAM内存)。高速缓存是一种比较经济的改进系统性能的方法。

一级缓存常集成在处理器中,存储容量有限。二级缓存通常容量比一级缓存大,集成在处理器中或在处理器外。

7.3.2　动态随机访问存储器

● DRAM组成结构

SRAM的基本存储单元是锁存器,需要4-6个晶体管来实现,因此SRAM存储器的容量都不会很大。为了构建密度更高、容量更大的RAM存储器,设计人员设计了每位只用一个晶体管的存储单元,即DRAM(Dynamic RAM)存储单元。

DRAM存储单元如图7-11所示。向存储单元写入时,将字线置为高电平,使管子导通。如果写入1,则在位线上加高电平,位线通过管子向电容充电;如果写入0,则在位线上加低电平,电容通过管子放电。

当读取DRAM存储单元时,位线首先被充电到高电平和低电平之间的一个中间电压,然后将字线置为高电平。电容电压是高电平还是低电平,决定了预充电位线的电压是被推高了一点还降低了一点。用一个读出放大器检测这一微小变化,并把这一信号恢复成1或0。需要注意的是,读一个存储单元的数据会改变电容上的电压,因此在读数据之后需要把原来的数据重新写入存储单元。

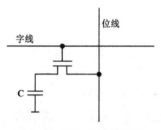

图7-11　DRAM存储单元

这种结构相比SRAM单元简单得多,因此DRAM的存储密度更高,存储容量也更大,但访问速度低了很多。

DRAM存储单元依靠存储在电容中的电量来存储信息,随着时间推移,即使管子是截至的,电荷也会泄放掉,导致电容上的电压变化,使得保存的信息发生变化。因此DRAM存储器需要每隔一段时间就刷新一次,给电容充电。

图7-12所示是一个同步DRAM(Synchronous DRAM)结构图。SDRAM容量较大,地址线较多,通常采用地址复用的方式来节省芯片引脚。一个完整的地址分别在两个时钟沿输入,锁存在行寄存器和列寄存器中。和前面介绍的存储器阵列结构类似,DRAM存储阵列也采用三维存储结构和二维译码方式。

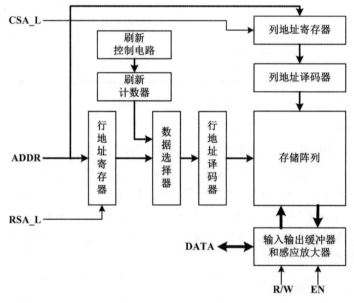

图7-12　SDRAM结构

● DRAM的类型

  ◇ SDRAM:和前面的同步SRAM类似,SDRAM和系统时钟同步。SDRAM可以进行连续(burst)访问。

  ◇ DDR SDRAM:DDR表示双数据速率,即DDR SDRAM在时钟的上升沿和下降沿都工作,而SDRAM仅在一个时钟沿工作。由于双时钟沿工作,从理论上来说,DDR SDRAM的存取速度是SDRAM的两倍。

SDRAM在计算机中用作主存储器(内存),通常把SDRAM做在一小块PCB板上(内存条),插在计算机的主板上。

7.4 存储器容量的扩展

在数字系统中,单片存储器的容量有限,当需要的存储器容量比较大时,往往需要把多片存储器组合在一起使用。把多片存储器组合在一起扩展存储容量的方法有位扩展和字扩展,也可以把这两种方法结合使用,既做字扩展也做位扩展。

7.4.1 位扩展

当单片存储器数据宽度较小,需要增加存储器数据宽度时,可以进行位扩展。进行位扩展时,把地址线、控制线连接到小数据宽度存储器上,小数据宽度存储器的数据分别作为扩展后存储器数据的低位和高位。

【例7-2】用4K×4-bit的ROM存储器组合实现4K×8-bit的ROM存储器。

计算存储器的容量可知,实现4K×8-bit的ROM需要用两片4K×4-bit的ROM。

存储器的扩展连接如图7-13所示。把12位地址线连接到两个ROM上,把控制信号也连接到两个ROM上,两个小容量ROM存储器具有相同的地址和相同的控制信号;两个存储器的4-bit数据分别作为扩展后存储器数据的高4-bit和低4-bit,形成8-bit数据。这样,当选中一个地址时,就会在数据总线上得到一个8-bit数据。

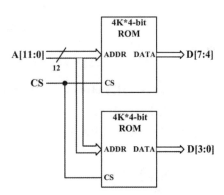

图7-13 用两片4K×4-bit的ROM扩展为4K×8-bit的ROM

7.4.2 字扩展

当单片存储器容量较小时,可以进行字扩展,用多片小容量存储器构成大容量存储器。进行字扩展时,存储器地址线个数需要增加,把读写控制线、数据线以及低位地址线连接到小容量存储器的控制、数据和地址端,对增加的高位地址线用译码器译码,译码输出分别接在各小容量存储器的片选控制端,控制各小容量存储器的工作。

【例7-3】用8K×8-bit的ROM实现32K×8-bit的ROM。

计算存储器的容量可知,实现32K×8-bit的ROM需要四片8K×8-bit的ROM。

存储器的扩展连接如图7-14所示。8K×8-bit的ROM有13根地址线,32K×8-bit的ROM需要15根地址线。把15根地址线中的低13位连接到四片小容量存储器的地址端,对15根地址线中的高两位用译码器译码,四个译码输出分别连接在四片小容量存储器的片选端。由于每片ROM的数据都经由三态缓冲器输出,各小容量ROM的片选信号任何时候都只有一个有效,把它们的数据线并接在输出总线上,扩展后存储器的数据仍然是8-bit。

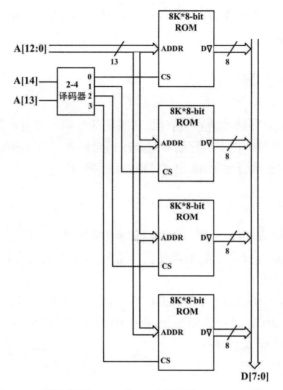

图 7-14　用四片 8K×8-bit 的 ROM 扩展为 32K×8-bit 的 ROM

这样,当地址 A[14:13]为 00 时,第一片 RAM 被选中,低位地址 A[12:0]可以访问第一片 ROM 中的数据。类似地,当 A[14:13]为 01 时,可以访问第二片 ROM;当 A[14:13]为 10 时,可以访问第三片 ROM;当 A[14:13]为 11 时,可以访问第四片 ROM。

7.5　可编程逻辑器件

7.5.1　可编程逻辑器件概念

可编程逻辑器件是一种通用芯片,可以由用户根据特定应用的要求来定义和设置芯片的逻辑功能。

可编程逻辑器件在 20 世纪 70 年代后期出现,逐渐从比较简单的可编程逻辑阵列变为复杂可编程逻辑器件(Complex Programmable Logic Device,CPLD)和现场可编程门阵列(Field Programmable Gate Array,FPGA)。随着技术的发展,可编程逻辑器件的集成度不断提高,现在用一片可编程逻辑器件可以容纳以往多个芯片完成的功能,可以实现板级甚至系统级的功能;同时由于减少了外部连线,大大提高了系统的可靠性,而且设计周期短,易于编程改变芯片的设计功能,因此广泛应用于各种电子系统中。

可编程逻辑器件可以分为工厂可编程逻辑器件和现场可编程逻辑器件。工厂可编程逻辑器件是指在出厂时就按照用户的要求对器件进行了编程,这种编程通常是一次性、不可逆的,例如早期的掩膜 ROM 和掩膜可编程门阵列 MPGA。现场可编程逻辑器件是指用户在使用现场就可以对器件进行编程。

早期的用户可编程逻辑器件都以与或阵列来实现逻辑电路,如 PLA、GAL和 PAL,这些都可以称为简单可编程逻辑器件(Simple Programmable Logic Device, SPLD)。复杂可编程逻辑器件由逻辑块构成,每个逻辑块包含与或阵列、多路选择器、触发器等,集成度远

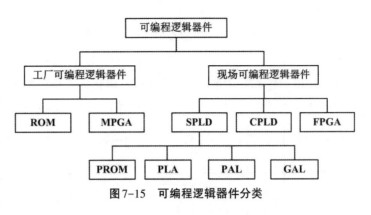

图7-15　可编程逻辑器件分类

高于简单可编程逻辑器件。现场可编程门阵列也是高集成度的可编程逻辑器件,它的基本模块更大也更复杂,其中还集成了 RAM 存储器块等,基本模块以阵列的形式排列。FPGA通常比 CPLD 更大、更复杂。可编程器件的分类如图7-15所示。

7.5.2　简单可编程逻辑器件

简单可编程逻辑器件包括可编程逻辑阵列(Programmable Logic Array, PLA)、可编程阵列逻辑(Programmable Array Logic, PAL)和通用阵列逻辑(Generic Array Logic, GAL)。

PLA 由与或阵列构成,与阵列和或阵列都可以编程。任何逻辑函数都可以写成与或形式,因此与或阵列可以实现任何组合逻辑。PLA 的结构如图7-16所示,图中的小菱形表示可编程的连接点。一个 n 输入、m 输出的 PLA 可以实现 m 个 n 变量的逻辑函数,对不同连接点编程就可以实现不同的逻辑函数。

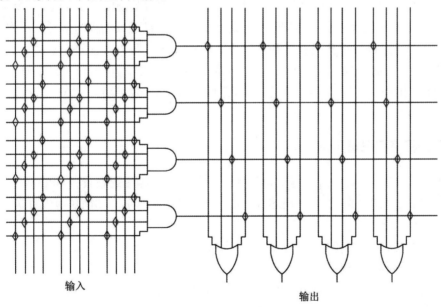

输入

输出

图7-16　PLA 结构

例如要实现如下逻辑函数:

$$F_1(A,B,C) = \sum m(0,1,4,6) = A'B' + AC'$$

$$F_2(A,B,C) = \sum m(2,3,4,6,7) = B + AC'$$

$$F_3(A,B,C) = \sum m(0,1,2,6) = A'B' + BC'$$

$$F_4(A,B,C) = \sum m(2,3,5,6,7) = AC + B$$

这些逻辑函数都是积的和（与或）形式，用 PLA 实现时先做与运算，再做或运算，图 7-17 所示是 PLA 实现的示意图。这种阵列结构使得与项可以在多个逻辑式中共享。

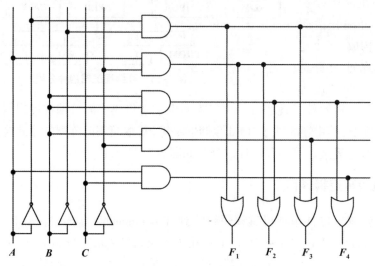

图 7-17　PLA 实现逻辑函数

PAL 的结构和图 7-16 所示的 PLA 结构相同，只不过 PAL 中只有与阵列可以编程，而或阵列是固定的。

GAL 继承了 PAL 的与或阵列结构，在此基础上又增加了 OLMC（Output Logic Macrocell）。宏单元 Macrocell 中包含触发器、异或门和多路选择器，并且可以编程为多种工作模式，同时宏单元的信号还可以反馈到与或阵列。这样利用 GAL 不仅可以实现组合电路，也可以实现时序电路，大大增加了数字设计的灵活性。GAL 不再使用熔丝/反熔丝工艺来对器件编程，而是采用 EEPROM 工艺来对器件编程，使得器件可以反复多次编程。GAL 也被称为可编程逻辑器件 PLD。

7.5.3　复杂可编程逻辑器件

随着技术的发展，简单可编程逻辑器件逐渐被复杂可编程逻辑器件 CPLD 取代。CPLD 最初就是把多个简单 PLD 放在一块芯片上，并把它们互连起来。和简单可编程逻辑器件相比，CPLD 具有以下特点：

◇　高密度、高速度和高可靠性；

◇　可进行多次编程；

◇　包含大量逻辑单元和用户可编程引脚，能够进行复杂的数字系统设计；

◇　在各模块之间提供了具有固定延时的互连通道，延时可预测；

◇　通常采用 EEPROM 工艺编程，不需要安装配置存储器，断电后配置数据不丢失；

◇　有多位加密位，可以避免编程数据被抄袭。

目前主要的可编程逻辑器件厂商包括 Intel（Altera）、Xilinx、Atmel 和 Lattice 等。图 7-18

所示是Xilinx公司的XCR3064XL CPLD的基本结构,其中包含4个功能块,每个功能块和16个宏单元MC(Macrocell)相连。每个功能块是一个和PLA结构相同的可编程与或阵列。每个宏单元包含一个触发器和多个多路选择器,多路选择器把信号连接到I/O块或可编程互联阵列。互联阵列选择宏单元的输出信号或I/O块的信号,再把它们连接到功能块的输入,这样功能块产生的信号就可以用作其他功能块的输入。I/O块给外部双向I/O引脚和CPLD内部电路提供接口。

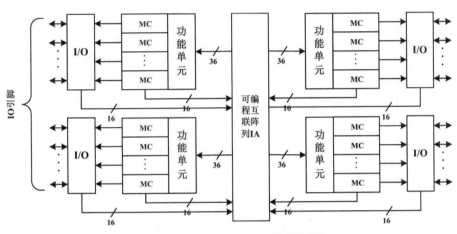

图7-18   XCR3064XL CPLD的基本结构

图7-19所示是XCR3064XL的宏单元及相连的与或阵列(功能单元)。可以看出,与或阵列产生的信号可以经过宏单元送到IO引脚;来自互连阵列IA(Interconnect Array)的信号可以连接到与门的输入,每个或门可以接收来自与阵列的乘积项。宏单元中第一个多路选择器可以编程选择或门输出或或门的反相输出;第二个多路选择器可以编程选择组合逻辑输出或触发器输出,这个输出可以送到可编程的互联阵列,也可以送到IO引脚。触发器可以编程配置控制信号,输出缓冲器的使能信号也可以编程控制。不同的控制连接可以实现不同的数字电路和系统。

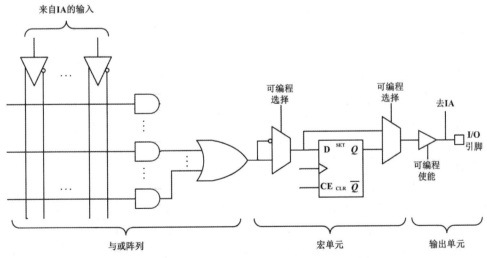

图7-19   XCR3064XL功能单元及相连的宏单元结构

CPLD包含丰富的逻辑门资源,寄存器资源相对较少,通常用来实现小到中等复杂度的控制器。虽然大规模的 CPLD 或多片 CPLD 也可以实现复杂的设计,但在这种情况下,更多地还是使用寄存器资源丰富的 FPGA。

7.5.4 现场可编程门阵列

现场可编程门阵列 FPGA 中不仅集成了基本的逻辑单元块,还集成了处理器和用于数字信号处理的 DSP 模块等。FPGA 可以实现复杂的数字系统,甚至实现片上系统(System on Chip,SOC)。

FPGA 的结构、工艺、内置的各种模块、大小和性能等都和 CPLD 不同。FPGA 中包含逻辑块、输入输出块 IOB、块存储器(Block RAM,BRAM)、DSP 块和连线资源。不同的厂商对逻辑块称呼不同,Xilinx 公司的基本逻辑块称为可配置逻辑块(Configurable Logic Block,CLB);Altera 公司的基本逻辑块称为逻辑单元(Logic Element,LE),一组逻辑单元称为逻辑阵列块(Logic Array Block,LAB)。FPGA 中的模块以对称阵列的方式排列,阵列之间是连线资源,FPGA 的基本结构如图 7-20 所示。

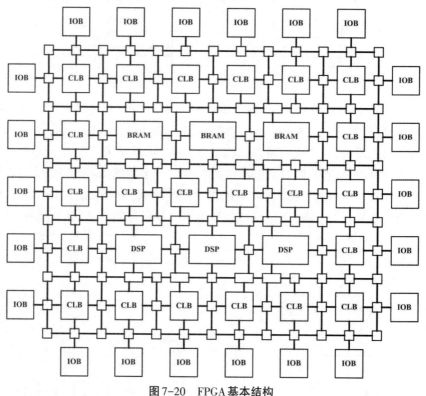

图 7-20　FPGA 基本结构

● 基于查询表的基本逻辑单元

基本逻辑单元可以用来实现组合逻辑和时序逻辑。基本逻辑单元中包含多个查询表和寄存器,组合逻辑用查询表(Lookup Table,LUT)实现。如果电路不能在单个基本逻辑单元实现,可以把多个基本逻辑单元结合在一起使用。基本逻辑单元的基本结构如图 7-21 所示。其中带 M 的小方框表示存储单元,存储单元中保存的配置信息可以用来对基本逻辑块进行编程,选择输出是组合逻辑输出还是触发器输出等。

和用多路选择器实现组合逻辑类似,可以用查询表实现组合电路。例如四输入逻辑函数 $F = (AB)' + CD$,可以计算出它的真值表,输出保存入输入对应的存储器地址中,把输入当作地址,读出的数据就是这个逻辑函数的输出。用查询表实现组合电路的好处是不管输入个数是多少,它的延时都是一样的。

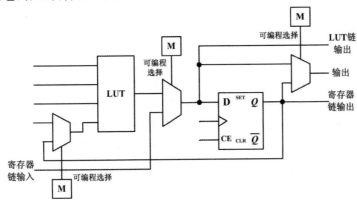

图7-21 基本逻辑单元的基本结构

- **块存储器BRAM**

  BRAM是FPGA中集成的存储器块。不同型号FPGA中集成的存储器单元数量不同。BRAM通常用作片上的数据存储,可以根据需要编程配置为不同尺寸和不同类型的存储器。

  每一块BRAM都是同步存储器,都有时钟、时钟使能、数据、地址和控制信号等。存储器的数据、地址和控制信号都可以根据需要进行编程配置。

- **DSP模块**

  DSP模块是已设计好嵌入在FPGA中、专用于DSP应用的模块,如DSP中常用的乘法器、乘加单元和加法单元等。这种嵌入的专用DSP模块可以达到较高的工作速度,使用这些模块可以高效地在FPGA上实现数字信号处理算法。例如Xilinx和Altera公司的许多FPGA中都嵌入了18×18的硬件乘法器等。

  用户可以根据设计要求对DSP模块进行编程配置,如配置字长、数据类型等,实现所要求的模块。例如乘法器可以配置为有符号数乘法器、无符号数乘法器和浮点乘法器,为了提高性能,还可以配置为流水线乘法器。

- **嵌入式处理器**

  很多FPGA中嵌入了处理器核,这对于复杂系统的设计非常方便。例如有些FPGA中嵌入IBM的PowerPC处理器核,有些嵌入ARM处理器核。FPGA厂商还提供了一些处理器软核,用户可以对处理器软核进行配置,在FPGA中实现,如Xilinx公司提供的MicroBlaze软核和Altera公司提供的Nios II软核。

- **输入输出块IOB**

  IOB用于内部逻辑块和外部的接口。IOB中包含带寄存器的双向缓冲器,可以编程配置为寄存的输入或输出,也可以直接输入或输出。

  FPGA的通用可编程引脚可以配置为输入,也可以配置为输出或双向。IOB可以把信号转换为多种IO标准,如LVTTL(Low Voltage TTL)、LVCMOS(Low Voltage CMOS)、PCI等。

● **其他模块**

除以上模块外,FPGA中还包含有时钟模块。Xilinx的FPGA中包含带有延时锁定环(Delay Locked Loop,DLL)的数字时钟管理模块(Digital Clock Management,DCM)。Altera的FPGA中包含锁相环(Phase Locked Loop,PLL),用来产生有特定需求的时钟。

另外,FPGA中包含多个连线资源,用来连接不同的模块。

● **FPGA的编程工艺**

FPGA编程常见的有SRAM和EEPROM编程工艺。

SRAM编程是用存储在SRAM中的bit位来配置FPGA中的模块。组合逻辑用查询表实现,例如16个SRAM单元作为查询表可以实现任何4输入的逻辑函数,只需要把16个逻辑函数输出写入SRAM单元中。可编程互连也可以用SRAM实现控制,可以用SRAM中存储的内容作为传输门的控制信号,实现可控的开关,也可以用SRAM中的内容来控制连接信号通路的多路选择器。保存在SRAM中用来对FPGA进行编程的信息称为配置bit(Configuration bit)。

使用SRAM编程工艺的好处是SRAM写入很方便,可以多次写入,为FPGA的开发提供了很大的灵活性,同时在制造工艺上也和其他逻辑电路没有什么不同。但是,这也增加了大量额外的电路开销。

SRAM是易失性存储器,电源关闭后编程FPGA的SRAM中的信息就丢失了。因此当FPGA用在最终产品电路板上时,通常都会带一个非易失性的配置存储器(如EEPROM)来保存配置bit。每当电源打开时,配置数据先从配置存储器中读出来对FPGA编程,然后FPGA才能正常工作。由于SRAM编程具有灵活性和可反复编程性,使得SRAM编程的FPGA非常受欢迎,被广泛用于系统设计和原型开发等。

EEPROM编程工艺是使用EEPROM单元来保存编程配置信息。相比SRAM,EEPROM的速度慢。EEPROM是非易失性存储器,当电源关闭后EEPROM中保存的信息不会丢失。因此EEPROM编程的可编程逻辑器件用在最终产品电路板时不需要带配置存储器。大部分CPLD都采用EEPROM编程工艺。

习题

7-1 一个32-bit数据由几个字节组成?

7-2 具有16K个地址的ROM存储器的地址线有多少根?

7-3 以字节组织的存储器的数据线有多少根?

7-4 设计一个ROM用来把BCD码转换为余3码。

7-5 某个ROM有15根地址线,8根数据线,那么ROM的存储容量是多少?

7-6 要得到一个容量为16K×8-bit的RAM存储器,需要多少块4K×1-bit的RAM芯片?

7-7 用4K×4-bit的ROM构成4K×8-bit的ROM。要求:(1)计算需要多少块4K×4-bit的ROM;(2)画出电路结构。

7-8 用4K×8-bit的ROM构成8K×8-bit的ROM。要求:(1)计算需要多少块4K×8-bit的ROM;(2)画出电路结构。

7-9 用16K×4-bit的SRAM来构成64K×8-bit的SRAM。要求:(1)计算需要多少块16K×4-bit的SRAM;(2)画出电路结构。

7-10 有12条地址线和8条数据线的DRAM,其容量是多少?

7-11 简述SRAM存储器和DRAM存储器的特点。

8 可编程逻辑器件开发工具 Quartus Prime

可编程逻辑器件的设计开发离不开电子设计自动化(Electronic Design Automation, EDA)工具。可编程逻辑器件厂商通常都会为自己推出的器件提供EDA工具,例如Xilinx公司的 Foundation、ISE 和 Vivado, Altera(Intel)公司的 MaxPlus II、Quartus II 和 Quartus Prime。除厂商自己提供的工具外,还有一些第三方工具,如一些EDA厂商提供的综合器和仿真器等。可编程逻辑器件厂商提供的工具通常也可以和这些第三方工具结合在一起使用。

和大多数商业 EDA 软件一样,Quartus 也经历了很多版本。本章以 Quartus Prime Lite 18.1 版本为例介绍 Quartus Prime 的使用。其他厂商的可编程逻辑器件开发工具的流程也基本相似,不同的只是界面和一些使用细节。为简单起见,后面提到 Quartus Prime 都只简化为 Quartus。

本章假设 Quartus 安装在运行windows 10系统的计算机上,且已完成安装,可以正常使用。

8.1 可编程逻辑器件设计流程

可编程逻辑器件的设计流程主要包括设计输入(Design Entry)、综合(Synthesis)、适配(Fitting)、仿真(Simulation)、时序分析(Timing Analysis)以及编程和配置(Programming and Configuration)等步骤。设计流程如图8-1所示。

● 设计输入(Design Entry)

设计输入有图形和文本两种方式。当电路结构和电路模块确定后,可以采用图形方式,编辑电路原理图作为设计文件;也可以采用文本方式,用硬件描述语言编写代码作为设计文件。

● 综合(Synthesis)

综合是把设计描述转化为网表的过程。设计人员只要表达清楚设计描述,定义好电路的逻辑功能,综合工具就可以生成一组用可编程逻辑器件中的逻辑单元构成的电路网表。

● 适配(Fitting)

适配是把通过综合得到的逻辑放到可编程逻

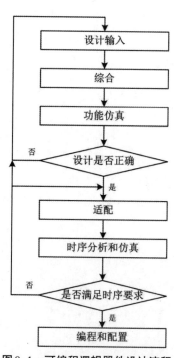

图8-1 可编程逻辑器件设计流程

辑器件中逻辑单元的过程。在这个过程中还需要选择连线,将各逻辑单元放到相应优化的位置,并根据信号传输的要求,在逻辑单元之间、逻辑单元和I/O端口之间进行布线,把各逻辑单元连接起来形成所设计的电路。

- 仿真(Simulation)

仿真验证模型是否能正确工作,是设计过程中的重要环节。仿真的基本方法如图8-2所示,在电路模型的输入端加入测试矢量,在输出端检查模型产生的输出是否是期待的输出,如果是就表明模型工作正确,否则表明模型工作不正确。

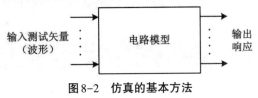

图8-2 仿真的基本方法

仿真分为功能仿真和时序仿真。在对设计输入进行综合之后,就可以对设计进行功能仿真。对设计的功能仿真可以节省时间,可以在设计的早期阶段检测到设计中的错误,进行修改。

在布局布线后可以得到设计的延时信息,这时进行的仿真称为时序仿真或后仿真。时序仿真不仅能使设计人员再一次检验设计的功能,而且能够检验设计的时序。如果后仿真的结果不能满足设计的要求,就需要修改设计或修改设计约束重新综合,对设计重新进行适配,以满足时序的要求。

- 时序分析(Timing Analysis)

分析适配后电路不同路径的传播延时,得到电路的性能参数。

- 编程和配置(Programming and Configuration)

在完成设计输入、综合、适配之后,EDA工具会生成一个器件编程所用的数据文件。连接开发板,就可以对可编程逻辑器件进行编程下载,得到设计的FPGA实现。

8.2 Quartus 使用

8.2.1 Quartus 简介

Quartus是一个完整的可编程逻辑器件设计环境,集成了Intel(Altera)的FPGA/CPLD开发流程中所涉及的所有工具和第三方软件接口。设计者可以使用Quartus软件完成可编程逻辑器件开发流程的所有阶段。

启动Quartus后其界面如图8-3所示,由标题栏、菜单栏、工具栏、工程浏览器窗、工程处理任务窗、消息显示窗和工程文件工作区组成。

Quartus提供的大部分命令都可以通过菜单来启动,有些命令的执行可能需要不止一级菜单,当遇到这种情况时,本书采用menu1>menu2这种形式来表示菜单的层次。

一些常用的命令可以用菜单下的快捷工具按钮来启动。当把鼠标移到某个工具按钮时就会出现一个小方框显示这个按钮的功能。

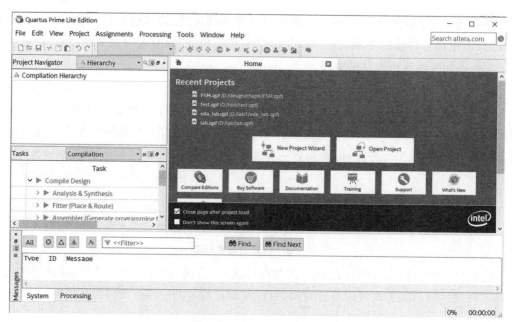

图 8-3　Quartus 用户界面

界面的左上方是工程浏览器 Project Navigator，管理工程中的各种文件。

工程浏览器的下方是工程处理任务 Task 窗口，可以双击鼠标启动综合、适配和编程等任务或其中的子任务，同时会显示任务完成的进度。

最下方是消息 Message 窗口，会显示工具运行的情况，运行得到的消息（包括警告和错误等）也会在这个窗口显示，可以通过消息窗口信息来分析设计中的问题。

界面右边是工作区。工具刚启动时提供一些工程相关的快捷方式，后续的各种编辑器都在这个区域显示。

使用 Quartus 进行可编程逻辑器件开发的基本流程如下：

　◇　建立一个新工程 project；

　◇　使用 Text Editor（文本编辑器）输入 Verilog HDL、VHDL 或 AHDL 设计代码，或使用 Block Diagram/Schematic Editor（原理图编辑器）输入设计的电路原理图；

　◇　设计综合；

　◇　把设计在可编程逻辑器件中适配；

　◇　给设计的输入输出端分配引脚；

　◇　对设计进行仿真；

　◇　把设计编程下载到开发板上的可编程逻辑器件中。

8.2.2　新建一个工程

在 Quartus 中，任何一个电路设计都必须在一个工程中。Quartus 同一时间只处理一个工程，并且把一个工程的所有信息都保存在一个目录（文件夹）里。因此在开始一个新的设计之前，首先需要新建一个目录来保存工程中的文件。需要注意的是，目录的路径上不能有中文字符。这里用一个设计例子来介绍 Quartus 的使用，新建目录 D:\design 来保存设计文件，后面的工程也命名为 design。

打开Quartus后,首先需要建立设计工程。Quartus提供了一个建立工程的向导*wizard*,方便建立新工程。新建工程的步骤如下:

(1)在File菜单下选择File>New Project Wizard,启动新建工程向导,出现如图8-4所示的界面,介绍新建工程需要完成的任务步骤。点击Next,进入图8-5所示的界面,要求规定工程的工作目录和工程名。

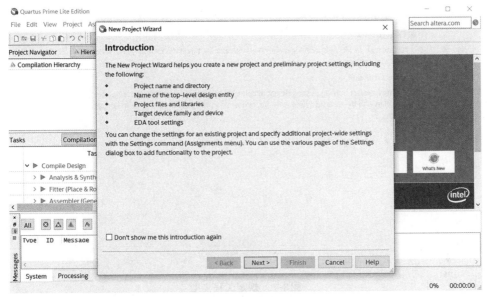

图8-4 新建工程向导简介

(2)规定工程目录和工程名。把工程目录设置为D:\design,工程名可以和工程目录名相同,也可以不同。顶层设计名自动默认和工程名一致,顶层设计名也可以和工程名不同。设计人员可以根据设计定义工程名,定义工程名可以用字母、数字和下划线,不要用其他字符,不能有中文字符。完成后点击Next,进入如图8-6所示的界面。

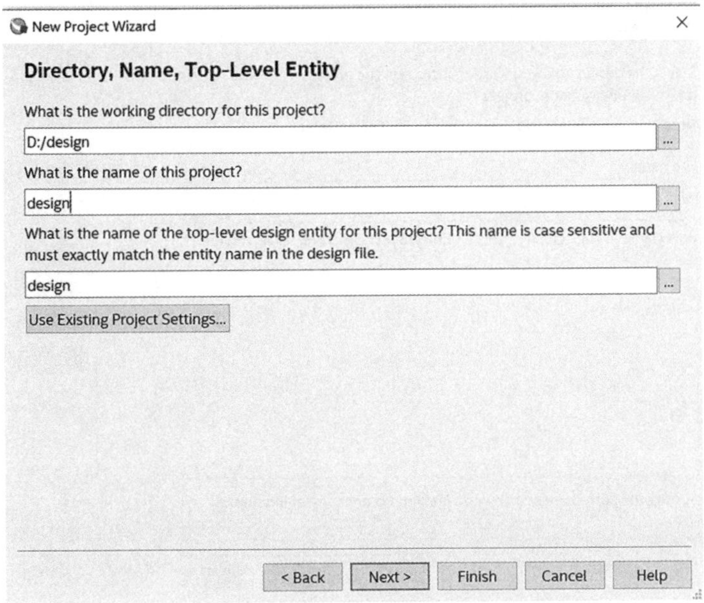

图8-5 规定工程目录和工程名

（3）规定工程类型。可以选择从一个空工程 Empty Project 开始，也可以选择从工程模板 Project Template 开始。这里选择空工程从头开始新建一个工程。完成后点击 Next，进入如图 8-7 所示的界面。

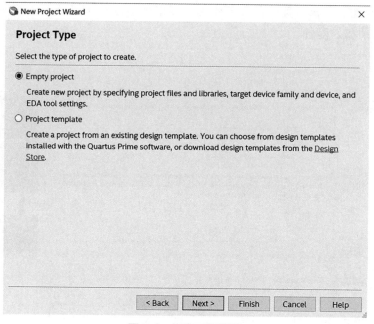

图 8-6　规定工程类型

（4）加入已有设计文件。如果创建工程之前已经有设计文件如图形或文本设计文件等，可以在这里加入。当加入一个设计文件时，最好先将设计文件复制到工程文件夹中，再从工程文件夹中添加。当开始一个完全新的设计时，没有设计文件，可以直接点击 Next 继续，进入如图 8-8 所示的界面。

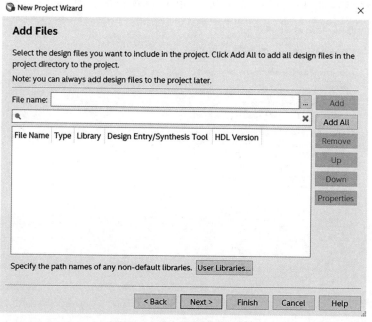

图 8-7　加入已有设计文件

（5）规定器件型号。设计人员必须规定设计要实现在什么型号的器件上，首先选择器件系列 Device Family，然后再选择这个系列中具体的型号。这里选择 MAX10 系列，10M50DAF484C8G 型号的器件。通常根据已有开发板上的器件来选择，或者根据设计需要来选择器件型号，器件选择错了也可以在后续过程中修改。选择完成后点击Next，进入如图8-9所示的界面。

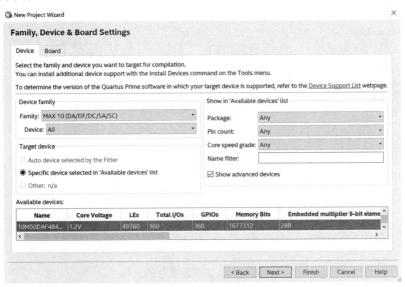

图8-8　规定器件型号

（6）EDA工具设置。设计人员可以规定某个设计步骤使用第三方工具，这里只使用Quartus中的工具完成所有的设计流程，因此不选择使用其他工具。点击Next，进入如图8-10所示的界面。

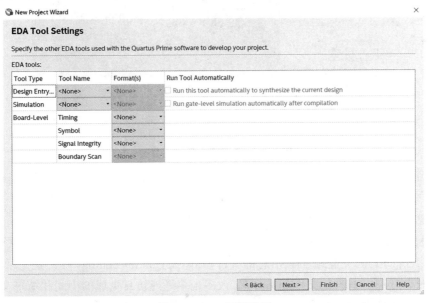

图8-9　EDA工具设置

（7）工程设置总结。图 8-10 所示的界面是整个工程设置的总结，点击 Finish 就返回

Quartus的主界面。工程建立后,可以在主界面标题处和工程浏览器看到新建的工程design,如图8-11所示。

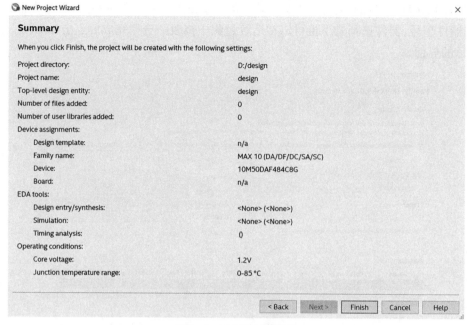

图8-10 工程设置总结

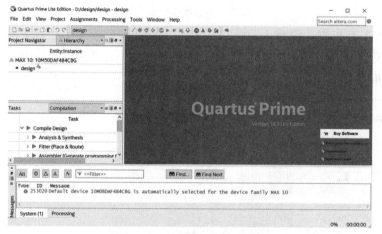

图8-11 工程建立后的主界面

工程建立之后,这时 Project Navigator 窗显示为"Hierarchy",表示在工程浏览器中看到的是设计的层次,由于目前没有子模块,显示出的只是顶层设计design。在这个下拉菜单中选择File,就切换到工程文件项,工程浏览器中会列出所有的设计和仿真文件。

在工程所在的目录中,除设计和仿真文件外,还有*.qpf和*.qsf两个重要的文件。*.qpf是 Quartus Project File,是记录工程信息的文件;*.qsf是 Quartus Settings File,是记录工程设置信息的文件。还有一些其他文件和文件夹,大多是编译或仿真生成的中间和结果文件。

当需要打开工程时,可以在 Quartus 的 File 菜单下选择 File>Open Project,在弹出的窗口中选择*.qpf文件打开工程,也可以在工程所在目录双击*.qpf文件打开工程。

如果有设计好的文件需要加入当前工程,可以在菜单 Project 下选择 Project>Add/Move

File in Project,然后选择要加入的文件。如果不需要某个文件,可以在工程浏览器中选择这个文件,点击右键,选择Remove File From Project即可。

8.2.3 设计输入

● 原理图输入

首先用原理图方式设计一个半加器。在File菜单下选择File>New,弹出如图8-12所示的窗口。选择Block Diagram/Schematic File,点击OK就打开了图形编辑器窗口,如图8-13所示。

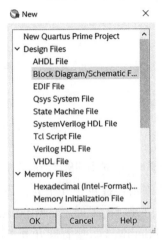

图8-12 选择新建原理图文件

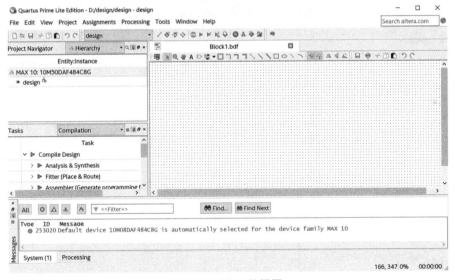

图8-13 图形编辑器

首先规定文件名并保存文件,在File菜单中选择File>Save As,就弹出如图8-14所示的窗口。在文件名框中输入文件名half_adder,在文件类型框中选择Block Diagram/Schematic Files(*.bdf),并选中Add files to current project,点击保存,文件就存入了工程文件夹。

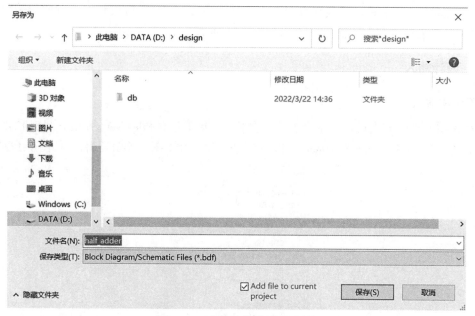

图8-14　命名和保存图形文件

（1）调入逻辑门符号。图形编辑器提供了几个元件库，可以调用其中的元件来画电路原理图。在图形编辑器窗口的空白处双击鼠标，就弹出如图8-15所示的窗口。点击库前面的小方框展开库层次，然后展开primitive库，接着展开其中的logic库，就可以看到各种逻辑门。选择二输入与门and2，点击OK，二输入与门就出现在了图形编辑器中，用鼠标移动与门放到合适的位置。和上面的步骤相同，再调入一个异或门，放在合适的位置。

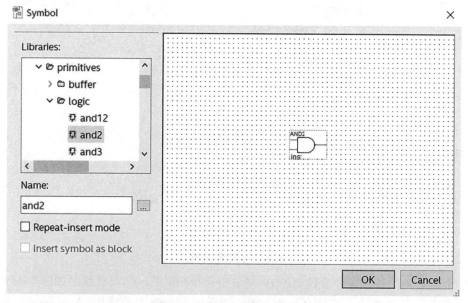

图8-15　从库中选择元件符号

在图形编辑器的工具栏中，点击箭头图标，然后点击想要移动的符号，按住鼠标就可以拖着符号移动到新的位置。点击选中电路符号，然后点击鼠标右键，选择Rotate by Degrees>Rotate Left 90°，或其他旋转度数，就可以使符号旋转。放好元件的图形编辑器窗口如图8-16

所示。

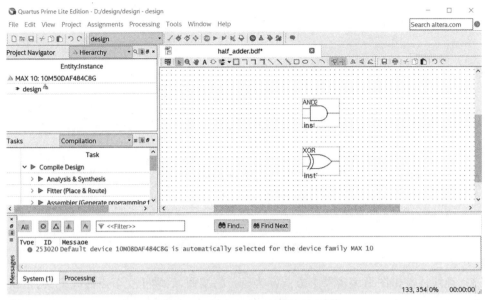

图 8-16　调入元件符号的图形编辑器

（2）调入输入输出符号。和调入逻辑门的步骤一样，从 primitive 库中的 pin 库中调出两个输入端口 input 和两个输出端口 output。用鼠标选中一个输入端口，双击鼠标，就会弹出如图 8-17 所示的窗口。在 pin name(s) 框输入端口名 A，点击 OK。相同的方法，将其他几个端口分别命名为 B、S 和 CO。调入了逻辑门和输入输出端口的图形编辑器窗口如图 8-18 所示。

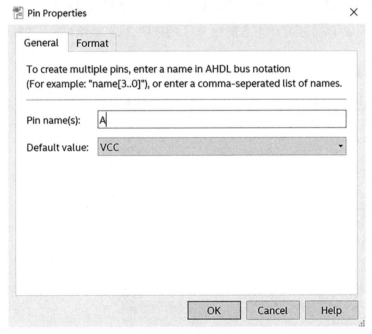

图 8-17　给端口命名

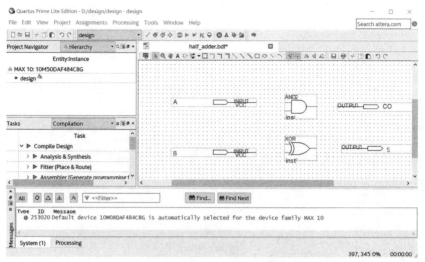

图 8-18 调入逻辑门和输入输出端口的图形编辑器

（3）连线。点击图形编辑器上方图标为 🔲 的按钮，启动正交节点连线工具，把鼠标放在输入端口 A 的右边沿，按住鼠标向右拖拉就会出现一根连线，一直拉到与门的一个输入端的节点，当看到出现一个小方框时松开鼠标，就完成了从输入端口 A 到与门输入端的连接。然后画出从这条连线到异或门输入端的连线，可以看到在两条线交叉的地方有一个实心点，表示两条线相连。在输入原理图的过程中如果有输入错误，可以用鼠标点击选中输入错误的元件或连线，按 delete 键删除。

用相同的方法可以画出其他的连线，完成连线的原理图如图 8-19 所示。这时半加器的原理图输入就完成了，点击菜单下方图标为 🔲 的按钮，或在菜单 File 下选择 File>Save，保存设计文件。

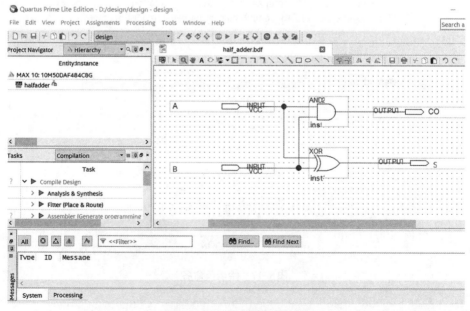

图 8-19 完成连线的原理图

● **文本输入**

设计也可以用硬件描述语言描述,这里用VHDL来描述半加器。

在菜单File下选择File>New,弹出如图8-20所示的窗口,选择VHDL File,就打开了文本编辑器窗口。

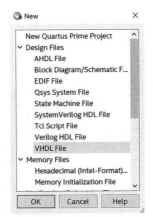

图8-20　选择新建VHDL文件

在File菜单中选择File>Save As,弹出文件保存窗口,在文件名框中输入文件名halfadder,在文件类型框中选择VHDL Files(*.vhd),并选中Add files to current project,点击保存,文件就存入了工程文件夹。

在文本编辑窗口中输入半加器代码,输入完成后点击保存按钮保存文件。完成VHDL代码输入的文本编辑器如图8-21所示。可以看到,在文本编辑器中输入VHDL代码时,不同类型的语句会显示不同的颜色。需要注意的是,VHDL文件名必须和代码中的实体名一致。

图8-21　完成VHDL代码输入的文本编辑器

8.2.4　编译

设计文件需要经过分析、综合、适配、产生编程数据等步骤,才能最终对可编程逻辑器件编程。在 Quartus 中,这几个步骤由一个称为编译器(Compiler)的应用程序控制,对设计文件的整个处理过程称为编译(Compile)。

在 Quartus 中,默认编译的是顶层文件,因此当需要编译某个模块的设计文件时,需要将这个文件置为顶层设计。在工程浏览器 Project Navigator 中鼠标点击选中要编译的文件,点击鼠标右键,会出现如图 8-22 所示的界面,选择 Set as Top-Level Entity,就把这个文件设为顶层设计文件了。

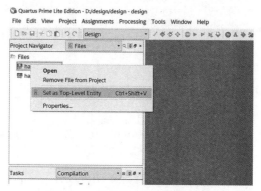

图 8-22 把设计设置为顶层设计

在菜单 Processing 中选择 Processing>Start Compilation,或者在工具栏中点击图标为 ▶ 的按钮,就启动了编译器。编译器运行时会经过几个阶段,左边的处理任务 Task 窗口会显示各步骤的运行进度。最下面的消息 Message 窗口会显示出运行时的信息,如果设计文件中有错误,就会在 Message 窗口显示出错误信息。

当编译结束时,右边的工作区窗口会显示出一个编译报告,报告编译的结果和设计占用 FPGA 资源的情况。图 8-23 所示是编译 half_adder.bdf 文件的编译报告。可以看到,Task 窗口中 Compile Design 和它下面的子任务都呈现绿色,而且前面有一个绿色的对勾,这表示编译成功完成。编译报告可以关闭,需要时可以通过选择 Processing>Compilation Report 随时打开。

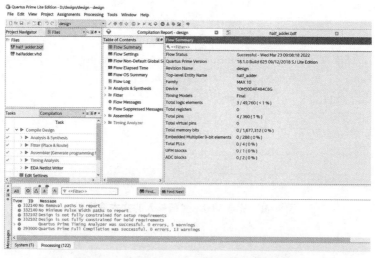

图 8-23 编译 half_adder.bdf 文件的编译报告

如果设计文件中没有错误,编译完成后,消息窗口中会出现"Compilation was successful, 0 error"字样。如果设计文件中有错误,错误信息会显示在消息窗口中。

图8-24是编译halfadder.vhd文件有错误时的显示。可以看到,在处理任务Task窗口中,Compile Design和下面的子任务Analysis&Synthesis都显示为红色,而且前面有一个红色的叉,后面的子任务都没有标识,这表示编译不成功,在分析和综合这一阶段就失败了。消息窗口也用红色显示编译不成功,有1处错误,并且可以看到红色显示的错误信息。双击错误信息,就可以定位到设计文件中可能有错误的地方,根据定位和错误信息提示就可以对设计文件进行修正。

图8-24　编译halfadder.vhd文件有错误时的显示

在完成Analysis&Synthesis之后,可以查看设计综合后得到的RTL图。对于用硬件描述语言描述的设计,观察RTL电路图可以在一定程度上确认代码是否准确描述了设计。可以在菜单Tools下选择Tools>Netlist Viewers>RTL Viewer,观察当前编译文件的RTL图。图8-25所示是综合halfadder.vhd文件得到的RTL图,可以看到,RTL图和半加器电路是一致的。

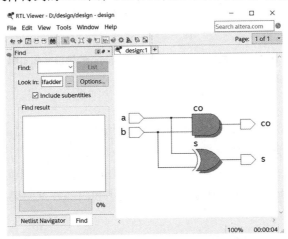

图8-25　编译halfadder.vhd文件得到的RTL图

8.2.5 引脚分配

在前面的编译过程中,编译器自由选择FPGA芯片的引脚作为设计的输入和输出。在实际设计中,通常需要根据电路板上FPGA芯片的连接来决定输入输出端口的引脚分配(Pin Assignment)。

在菜单Assignment下选择Assignment>Pin Planner,就进入Pin Planner窗口,如图8-26所示。在窗口中间的是所选FPGA芯片的顶视图Top View,可以看到芯片引脚的排列方式。窗口下面的All Pins窗中列出了halfadder的所有输入和输出端口,端口的引脚位置是空白的。端口的方向已经根据编译结果进行了匹配,需要给端口分配引脚位置Location和匹配IO Standard。例如给端口A分配引脚,双击A端口的Location栏,就会出现一个下拉的标识,点击下拉标识就会出现一个下拉菜单,选择PIN_A2,这时PIN_A2引脚就是半加器的端口A;类似地,在A端口的IO Standard栏可以选择要求的电压标准。用相同的方法,给其他三个端口分配引脚、设置IO标准。

所有端口的引脚分配完毕后,关闭Pin Planner窗口即可。引脚分配也是对设计施加的一种约束,引脚分配后需要对设计重新进行编译。

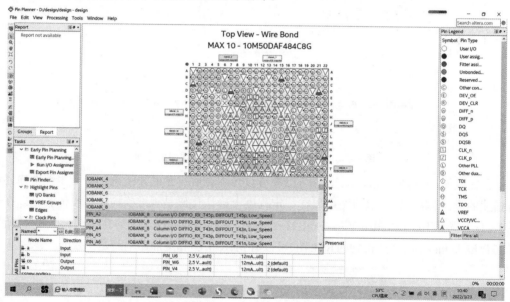

图8-26　在Pin Planner中为halfadder的端口分配引脚

8.2.6 仿真

在真正把设计实现在FPGA之前需要先对设计进行仿真(Simulation),验证设计是否正确。Quartus中包含仿真波形编辑器Simulation Waveform Editor,可以进行电路的仿真。在进行仿真之前,需要先产生仿真输入波形,加入希望观察的输出端和电路的内部节点。仿真时仿真器把仿真输入波形加在电路模型上,计算出输出和内部各点的响应。

● **仿真波形产生**

仿真输入波形可以用波形编辑器画出。这里对halfadder.vhd设计进行仿真。

（1）新建仿真波形文件。在Quartus主窗口中,选择菜单File下的File>New>Verfication/Debugging Files>University Program File VWF,进入如图8-27所示的波形编辑器窗口。

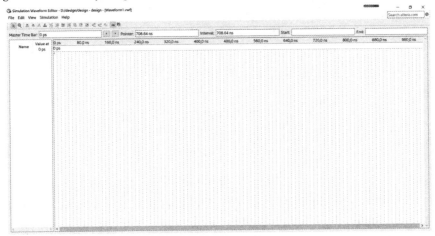

图8-27　波形编辑器窗口

（2）波形仿真文件设置。在波形编辑器中选择File>Save As,把文件保存为halfadd.vwf。在Edit菜单下选择Edit>Set End Time,就弹出一个对话框,在对话框输入设置仿真时间,这里把仿真时间设置为400 ns。然后选择Edit>Grid Size弹出一个对话框,在对话框中输入设置显示的网格大小,这里设置为50 ns。在View菜单下选择View>Fit in Window,就可以让整个仿真范围显示在波形编辑窗内。设置完成的波形编辑器窗口如图8-28所示。

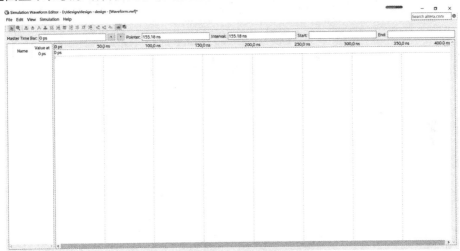

图8-28　设置完成的波形编辑器窗口

（3）加入仿真电路的输入和输出节点。在波形编辑器的Edit菜单下选择Edit>Insert>Insert Node or Bus,或者在工作区的Name栏下方的空白地方双击鼠标,就打开了如图8-29所示的插入节点(端口或信号)的窗口。点击Node Finder按钮,就打开了如图8-30所示的Node Finder窗口。

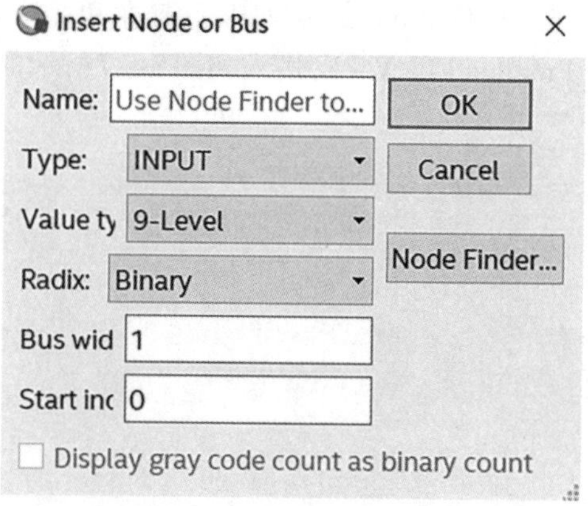

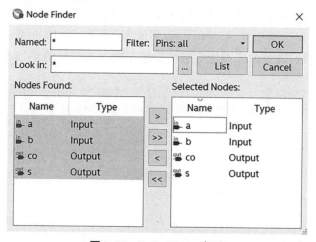

图 8-29　插入节点窗口

　　Node Finder 中有一个显示找到信号类型的过滤器 Filter，这里只要输入和输出端口，因此在下拉菜单中选择 Pins: all。点击 List 按钮，Nodes Found 框中就列出了当前设计所有的输入和输出引脚。然后点击 >> 按钮，所有的引脚都加入右边的 Selected Nodes 框中。点击 OK 就回到 Insert Node or Bus 窗口，再点击 OK，回到如图 8-31 所示的波形编辑窗口，这时输入都是 0，输出是未知，输出将会由仿真器自动产生。

图 8-30　Node Finder 窗口

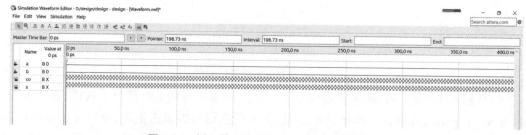

图 8-31　插入输入输出端口的波形编辑器窗口

　　（4）编辑输入信号波形。为了方便编辑波形，在 Edit 菜单下选择 Edit>Snap to Grid，这样可以在拖拽选择时间段时自动和网格对齐。在波形编辑器菜单下方有一排波形编辑按钮，可以使用它们来编辑输入波形，信号波形包括 0、1、未知（X）、高阻（Z）、弱低（L）、弱高（H）、计数值（C）、现有值的非（INV）、任意值（R）和定义时钟波形。这些编辑命令也可以从菜单启动,在菜单 Edit 下选择 Edit>Value,然后选择不同的信号。还可以选定一个时间段,点击鼠标右键,就会显示出不同的编辑信号供选择。

输入为 2-bit,这里把输入 a 和 b 的波形设定为 00、01、10 和 11,间隔为 100 ns。首先编辑输入 a 的波形,图标为 的按钮是选择按钮,点击选择按钮,在 200 ns 到 400 ns 之间用鼠标拖拽选定这个时间段,然后点击图标上是 1 的编辑按钮,这一段的波形即变为 1。用同样的方法编辑 b 的波形,波形编辑完成后保存仿真波形文件。编辑完成的波形如图 8-32 所示。

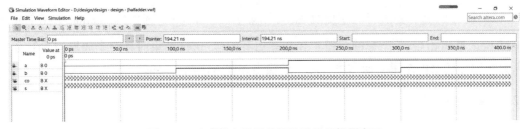

图 8-32 完成输入波形编辑的波形编辑器窗口

● **进行仿真**

仿真分为功能仿真(Functional Simulation)和时序仿真(Timing Simulation)。功能仿真不考虑延时,只是验证设计的功能是否正确。因此在完成设计输入和对设计的分析综合后,就可以进行功能仿真,验证功能是否正确。如果正确就继续下面的流程,如果不正确则返回修改设计。时序仿真考虑延时,在整个编译流程都完成后,可以进行时序仿真,验证电路是否满足要求。如果不满足则返回修改设计或修改设计约束,重新进行编译仿真。

(1)功能仿真。在进行功能仿真前必须先对设计进行分析和综合,这可以双击 Task 窗口中的 Analysis&Synthesis 步骤,或点击主窗口工具栏中带 图标的工具按钮。分析和综合是编译流程中的一部分,因此如果已经进行了编译就不需要再做分析和综合。

要进行功能仿真,需要在菜单 Simulation 下选择 Simulation>Run Functional Simulation,或点击带 图标的按钮,弹出如图 8-33 所示的窗口,显示出仿真进度,当仿真完成时这个弹窗会自动关闭。当仿真结束时另一个波形编辑器会打开,显示仿真结果,如图 8-34 所示。可以看到,输入和输出的变化边沿对齐,输出结果和预期的一样,表明设计的功能正确。

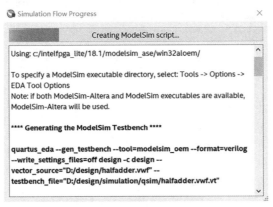

图 8-33 功能仿真进度显示

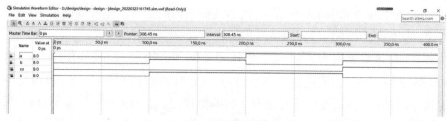

图8-34　功能仿真结果

（2）时序仿真。要进行时序仿真,需要在菜单Simulation下选择Simulation>Run Timing Simulation,或点击带 图标的按钮。和功能仿真类似,仿真结束时另一个波形编辑器会打开,显示时序仿真的结果。通常可以观察到输出和输入之间有延时。

8.2.7　编程和配置

要用FPGA实现用户的设计,必须把设计编程配置（Programming and Configuration）到FPGA中去。编程配置文件由编译过程中的Assembler模块产生,编程配置数据通过USB-Blaster下载线从主机传送到FPGA开发板。在主机端,USB-Blaster下载线接在主机的USB口上;在FPGA开发板端,USB-Blaster下载线接在板子的下载口。需要注意的是,USB-Blaster需要安装驱动。

Altera（Intel）FPGA有JTAG和AS两种编程配置模式。JTAG是Joint Test Action Group的缩写,是一种向数字电路内加载数据和测试的方法。JTAG模式是把配置数据直接加载入FPGA芯片,通常如果采用JTAG模式编程配置,当电源关闭时配置数据就丢失了,下次打开电源时需要重新编程下载。AS模式是把配置数据存入板上的一个配置存储器,当电源打开时,配置数据加载入FPGA,然后开始工作。

当编程配置FPGA时,在Quartus主窗口的Tools菜单下选择Tools>Programmer,或点击带 图标的工具按钮,就出现如图8-35所示的编程配置窗口。

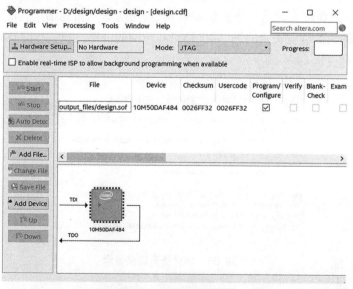

图8-35　编程配置窗口

如果没有连接开发板,会显示"No Hardware"。将开发板用USB下载线连接到计算机USB接口上,就可以看到开发板电源灯点亮。如果显示了USB-Blaster,则可以跳过选择硬件部分。如果没有显示USB-Blaster,点击"Hardware Setup",就弹出如图8-36所示的硬件设置窗口。

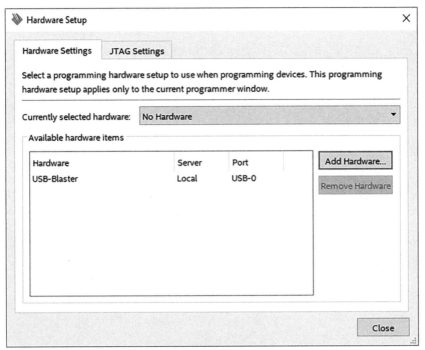

图8-36　硬件设置窗口

点击 Current selected hardware 的 No Hardware 下拉菜单,选择 USB-Blaster,或在 Available hardware items 栏中双击 USB-Blaster,就可以看到 Current selected hardware 栏中变为 USB-Blaster。点击"Close",关闭硬件设置窗口,回到编程配置窗口,如图8-37所示。

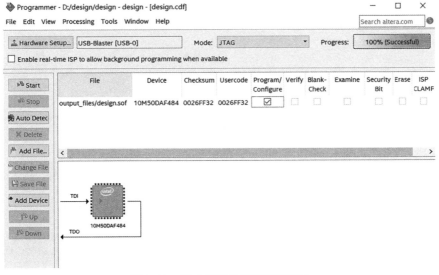

图8-37　完成设置的编程配置窗口

　　这时,编程配置窗口中显示硬件为USB-Blaster,在Mode栏选择JTAG模式。如果文件下方为空白,可以点击Add File按钮,添加用于编程的*.sof文件,编程数据文件通常位于工程目录的"/output_file"目录下。点击Start按钮,就可以开始编程下载。当进度条(Progress)显示100%(successful),表明下载成功,可以开始测试设计是否正常工作。

9 硬件描述语言 VHDL 基础

9.1 概述

随着技术的发展,集成电路的设计规模日益增大,复杂程度也日益增高。伴随设计规模的增大,门级的描述变得难以管理,需要采用抽象层次更高的描述方法。设计人员曾经采用布尔函数式作为描述硬件的方法,但随着系统复杂程度的提高,这种方式很费时、易出错,且在逻辑函数式中寻找错误也很困难。对于大型复杂的设计,纯图形的设计也有很多弊端,如原理图的保持比较困难,经常需要一个文本来描述其设计构思和功能,而且图形的输入环境往往也是专用的。为了应对这些问题,于是出现了硬件描述语言(Hardware Description Language,HDL),用文本代码来描述硬件。

HDL 是用于描述电子系统硬件的语言,与高层次的软件设计语言类似。但和通常的软件设计语言不同的是,HDL 的主要目的是用来编写硬件设计文件并建立硬件电路的仿真模型,HDL 语意和语法的定义是为了能够描述硬件的行为,硬件系统的基本特性和硬件的设计方法决定了 HDL 的主要特性。HDL 主要提供以下功能:

- ✧ 在希望的抽象层次上,可以对设计进行精确而简练的描述;
- ✧ 在不同层次上都易于形成用语言模拟和验证的设计描述;
- ✧ 在自动设计系统中作为设计输入;
- ✧ 易于修改,易于把相应的修改并入设计文件中。

自 HDL 的概念提出以来,已经出现了许多种 HDL,其中 VHDL 和 Verilog 两种 HDL 语言已成为 IEEE 标准。VHDL 是超高速集成电路硬件描述语言(Very High Speed IC Hardware Description Language)的英文缩写,它的开发始于美国国防部 1981 年的超高速集成电路计划,是由 Intermetrics 公司、IBM 公司和 Texas Instrument 等公司承担开发的,其目的是给出一种与工艺无关的、支持大规模系统设计的标准方法和手段。1987 年 VHDL 被正式确定为 IEEE-1076 标准,后来又做了若干修改,形成了 VHDL'93 标准,同时美国政府选定 VHDL 作为联邦信息处理标准。在此后的几年中,电子设计自动化 EDA 厂商各自推出了以 VHDL 为基础的 EDA 工具产品,支持对 VHDL 的综合和仿真。

VHDL 语言具有很强的通用性,可以支持不同层次的设计,它的主要特点如下:

- ✧ **描述能力强**。VHDL 语言具有功能强大的语言结构,可以用简洁明确的代码描述复杂的逻辑设计;支持多层次的设计描述,支持设计库和可重用设计模块,为基于可重用 IP 核的设计提供了技术手段。
- ✧ **设计和工艺、器件无关**。VHDL 设计并不依赖于工艺和器件,对于同一设计,可以用多种不同的方法来实现,使设计人员可以专注于设计。

♦ **可移植,设计易于共享和复用**。VHDL语言是一个标准语言,用VHDL描述的设计可以被多种工具支持,可以从一种仿真工具移植到另一种仿真工具,从一种综合工具移植到另一种综合工具。这意味着同一设计可以在不同的项目中使用,在不同的工具上使用,而且可以由这个工具所支持的器件来实现。

♦ **效率高,成本低**。采用VHDL语言描述设计快捷、方便,大大提高了数字系统的设计速度。它和可编程逻辑器件结合,可以使产品快速面市;当需要用ASIC实现设计时,VHDL代码可以很容易地转为用于ASIC的设计。

9.2 VHDL程序结构

一个VHDL程序包括库(LIBRARY)、程序包(PAKAGE)、实体(ENTITY)、结构体(ARCHITECTURE)和配置(CONFIGURATION)五个部分。

VHDL把任意复杂度的电路模块看作一个单元,一个单元又可以分为接口部分和设计描述部分。接口部分称为实体,用关键字ENTITY标识,用于描述设计的外部接口信号和该设计单元的公共信息。设计描述部分称为结构体,用关键字ARCHITECTURE标识,用于描述该设计单元的行为、数据流或结构。

程序包用于存放设计可以共享的数据类型、常数和子程序等。库用于存放已编译的实体、结构体、程序包等,用户可以直接引用。

一个设计单元只有一个实体,但可以有多个结构体。一个实体和某一个结构体合起来就可以共同定义一个电路模型。

【例9-1】用VHDL描述MUX2_1选择器。

代码9-1:

```
LIBRARY IEEE;                           --库
USE IEEE.STD_LOGIC_1164.ALL;            --程序包
ENTITY MUX2_1 IS
PORT(
    A, B: IN STD_LOGIC;
    SEL: IN STD_LOGIC;
    C: OUT STD_LOGIC);
END MUX2_1;
ARCHITECTURE MUX_EXAMPLE OF MUX2_1 IS
    SIGNAL M1, M2: STD_LOGIC;
BEGIN
    M1 <= NOT(SEL) AND A;
    M2 <= SEL AND B;
    C <= M1 OR M2;
END MUX_EXAMPLE;
```

描述MUX2_1的代码9-1包括库、程序包、实体和结构体,由于只有一个结构体,所以代码中没有配置。代码的每一行用分号";"结束,VHDL代码大小写不敏感。

9.2.1 库和程序包

代码9-1的头两行是库和程序包。首先引用IEEE库,然后声明使用了IEEE库中的程序包STD_LOGIC_1164。引用库和程序包可以允许设计人员在代码中使用在程序包中已定义好的类型、运算符和函数等。这里引用库和程序包是因为代码中使用了特殊的数据类型STD_LOGIC,这个数据类型在IEEE库的程序包STD_LOGIC_1164中定义。

```
LIBRARY IEEE;                        --引用库
USE IEEE.STD_LOGIC_1164.ALL;         --引用程序包
```

VHDL的库可以分为两类:设计库和资源库。设计库是对当前设计工程项目默认的库,不需要显式说明。VHDL语言的标准库(STD库)和用户的工作库(WORK库)是设计库,IEEE库是资源库。

STD库中包含STANDARD和TEXTIO两个程序包。STANDARD程序包是VHDL语言标准的程序包,定义了标准的数据类型和运算符等,因此STD库和STANDARD程序包在使用时不需要声明。TEXTIO程序包定义了支持ASCII码 I/O操作的若干类型和子程序,它不能自动与任意模型联结,因此需要在使用它的设计单元之前加上USE子句:

```
USE STD.TEXTIO.ALL;
```

WORK库是用户当前工作库,用户当前工程下的设计编译后就放入WORK库中,设计人员可以从自己的WORK库中引用这些设计好的模块,实现层次化设计。

IEEE库是最常用的资源库,其中包含了多个程序包,使用IEEE库和其中的程序包时需要声明。常用的程序包有:

◇ **STD_LOGIC_1164**:定义了STD_ULOGIC和STD_LOGIC数据类型。

◇ **NUMERIC_STD**:定义了SIGNED和UNSIGNED数据类型及相应的运算符。

◇ **STD_LOGIC_ARITH**:定义了SIGNED和UNSIGNED数据类型及相应的运算符,这个程序包部分等同于NUMERIC_STD程序包。

◇ **STD_LOGIC_SIGNED**:定义了算术运算函数,使STD_LOGIC_VECTOR类型的数据可以像SIGNED类型数据一样运算。

◇ **STD_LOGIC_UNSIGNED**:定义了算术运算函数,使STD_LOGIC_VECTOR类型数据可以像UNSIGNED类型数据一样运算。

9.2.2 实体

实体说明以"**ENTITY 实体名 IS**"开始,以"**END [ENTITY] [实体名];**"结束。实体说明的一般格式为:

```
ENTITY 实体名 IS
   [GENERIC(类属表);]
   [PORT(端口表);]
   [实体说明部分]
   [BEGIN
       实体语句部分]
END [ENTITY] [实体名];
```

其中方括号[]中的部分可以有,也可以没有。

实体是VHDL中的基本单元和最重要的抽象,它可以代表整个系统、一个芯片、一个单元或一个门电路,对于实体代表什么几乎没有限制。实体由实体名、类属表、端口表、实体说明部分和实体语句组成。

每个实体都有一个独一无二的名字,但一个实体可以有多个结构体。在实体中声明的数据对象,它的结构体都可以访问。

● 实体的声明

从某种程度上讲,实体可以看作一个器件的外部视图,即从外部看到的器件外貌,其中包括该器件的名称和端口。实体也可以定义参数,并把参数从外部传入模块内部。代码9-1中MUX2_1选择器的实体:

```
ENTITY MUX2_1 IS
PORT(
    A, B: IN STD_LOGIC;
    SEL: IN STD_LOGIC;
    C: OUT STD_LOGIC);
END MUX2_1;
```

代码9-1中实体定义的第一行表明这个实体的名字是MUX2_1,然后在端口部分定义了电路的输入输出信号。

● 端口的声明

端口PORT的声明是实体的主要部分,PORT中列出了电路所有的输入和输出端口。端口声明的格式为:

端口名1, 端口名2, …: 模式 数据类型;

例如实体MUX2_1中定义的端口:

A, B: IN STD_LOGIC;

模式可以是IN、OUT,表示信号是流入还是流出电路。上面的语句定义了A和B两个输入端口,它们的数据类型是STD_LOGIC。

模式INOUT表示信号是双向流动的,可以定义双向端口。

还有一种模式称为BUFFER,和OUT模式类似。但和OUT模式不同的是,BUFFER模式允许内部引用该端口的信号,可以用于反馈。BUFFER模式通常用于声明在设计模块内部可读的输出端口,例如计数器的输出,既需要输出,又需要反馈,这时端口模式应该声明为BUFFER模式。

● 类属的声明

类属指传入实体中的参数,例如端口的大小、实体中的子元件数目、实体的定时特性等。在设计中,GENERIC的参数常用于产生参数化的单元。类属的声明是可选项,放在端口声明之前。类属声明的格式为:

GENERIC(名字表:类型 [:= 静态表达式]);

例如可以在类属中声明一个数据宽度参数D_WIDTH,规定数据宽度的值为8:

GENERIC(D_WIDTH: POSITIVE := 8);

这样在代码中数据的宽度可以用D_WIDTH代替,当需要改变数据宽度时,只需要改变类属的值即可。

9.2.3 结构体

结构体主要用来描述实体的内在,即描述电路如何工作或各部分如何连接。实体的声明可被看作"黑盒子",只能了解其输入和输出,无法知道其内部的内容;而结构体描述盒子内部的详细内容,结构体跟在实体后面。结构体的一般格式如下所示。

> **ARCHITECTURE** 结构体名 **OF** 实体名 **IS**
> 　　[说明部分]
> **BEGIN**
> 　　[并行语句]
> **END** 结构体名;

结构体从"**ARCHITECTURE** 结构体名 **OF** 实体名 **IS**"开始,到"**END** 结构体名;"结束。结构体名是对本结构体的命名,是该结构体的唯一名称;OF后紧跟的实体名表明该结构体所对应的实体。一个实体可以有多个结构体。

结构体包括说明和并行语句两部分。说明部分是可选项,通常用来声明常量、内部信号和元件等。例9-1的结构体中声明了两个信号M1和M2:

SIGNAL M1, M2: STD_LOGIC;

并行语句部分在BEGIN和END之间。和通常的软件语言不同,结构体中的语句都是并行语句,对应于电路各模块的并行工作,每个并行语句可以看作一个电路模块。例9-1的结构体中有三条并行语句,可以看作三个电路模块。

M1 <= NOT(SEL) AND A;

M2 <= SEL AND B;

<=左边的信号可以看作这个电路的输出,<=右边的信号可以看作这个电路的输入。第一条并行语句是一个做与运算的电路,SEL取反后和A相与,输出到M1。类似地,第二条并行语句也是一个做与运算的电路,SEL和B相与,输出到M2。

C <= M1 OR M2;

这是一个做或运算的电路,前面两个与运算电路的输出M1和M2送到这个电路的输入,做或运算,输出到C。代码9-1描述的电路结构如图9-1所示。

图9-1　代码9-1描述的电路结构

9.3 VHDL语言基本元素

9.3.1 标识符

标识符是对象的名字,例如实体名、结构体名、端口名、信号名、变量名、常量名等。VHDL中的标识符是遵守以下规则的字符序列:

✓ 有效字符为:英文字母('a~z''A~Z')、数字('0~9')和下划线('_');
✓ 第一个字符必须是字母;
✓ 下划线前后都必须有英文字母或数字;
✓ 最后一个字符不能是下划线;
✓ 不允许连续两个下划线;
✓ VHDL的保留字不能用作标识符;
✓ 大写字母和小写字母是等效的。

因此如下标识符是等效的:

```
Txclk       TxClk       TXCLK       TxClk
```

如下标识符是合法的:

```
tx_clk      Three_State_Enable      Sel7D      HIT_1124
```

如下标识符是非法的:

```
8B10B                ——标识符必须以字母开头
large#number         ——只能是数字、字母和下划线
link__bar            ——不能有两个连续的下划线
rx_clk_              ——最后一个字符不能是下划线
select               ——不能使用VHDL语言中的保留字
```

9.3.2 数据对象

在VHDL中,凡是可以赋予一个值的客体就称为对象。数据对象共有四类,包括常量、信号、变量和文件,这些数据对象在使用前必须给予声明。

● 常量

常量是指那些在设计描述中不会变化的值,就是对某一常数名赋予一个固定的值。常量声明的格式为:

CONSTANT 常量名:数据类型 := 表达式;

常量通常用来改善代码的可读性,使代码容易修改。如需要改变某一个数值,只需改变该常量的值。例如声明常量WIDTH来表示寄存器的宽度:

CONSTANT WIDTH: INTEGER := 8;

代码中凡是用到寄存器宽度的地方都可以用常量WIDTH代替,如果要改变寄存器的宽度,仅需要改变常量的声明,然后对代码重新综合。

常量可以在程序包、实体、结构体、进程和子程序的说明区中声明。在程序包中声明的

186

常量可由使用该程序包的任何实体引用;在实体说明区内声明的常量可以由该实体的任何结构体使用;在结构体中声明的常量可以在结构体中的任何语句(包括进程)中使用;在进程说明区声明的常量仅在该进程内可见。

- 信号

信号是最常用的对象,是电路内部硬件连接的抽象,代表连线,也可以表示存储元件的状态。在实体的声明中,端口默认为信号。信号除了没有数据流动方向的说明以外,几乎和端口的概念一致。信号声明的格式为:

    SIGNAL   **信号名:数据类型**   **约束条件 := 表达式;**

关键字SIGNAL后跟一个或多个信号名,每个信号名建立一个信号,信号名之间用逗号分开,信号名和信号的数据类型用冒号隔开,信号还可以包含一个初始值,例如:

    SIGNAL sys_clk: **BIT** := '0';

需要注意的是,初始值只用于仿真,在电路实现时并不会在电路上电工作时使信号为设定的初始值。

信号赋值的符号是"<=",表示把赋值号右边的信号传送给左边的信号。信号赋值时可以附加延时,例如:

    S1 <= S2 AFTER 10 ns;

类似地,信号赋值时附加的延时也仅用于仿真。

信号在结构体的说明部分声明,也可以在实体的说明部分或程序包的说明部分声明。在程序包中声明的信号可以作为全局信号被所有使用这个程序包的实体引用;在实体说明区声明的信号可以在实体和实体的任何一个结构体中引用;在结构体说明区中声明的信号只能在结构体和结构体内的进程中引用。

- 变量

变量仅仅用于进程和子程序,在进程或子程序的说明区声明。和信号不同,变量不能表示连线或存储单元。变量通常用于在顺序语句间保存中间数据,和软件语言中变量的概念类似。变量声明的格式为:

    VARIABLE   **变量名:数据类型** **约束条件 := 表达式;**

关键字VARIABLE后跟一个或多个变量名,每个变量名建立一个变量,变量名之间用逗号分开,变量名和变量的数据类型用冒号隔开,变量还可以包含一个初始值。例如:

    VARIABLE COUNT: **INTEGER** **RANGE** 0 TO 255 := 10;

需要注意的是,变量不带有时序信息,因此给变量赋值仅仅是赋了一个数值,而不是赋了一个波形。由于没有延时,在仿真过程中,它不像信号那样,到了规定的仿真时间才进行赋值,变量的赋值是立即生效的。变量赋值和初始化的符号是":=",表示立即赋值。

9.3.3 数据类型

在VHDL中,信号、变量和常量这些数据对象都需要指定数据类型。VHDL语言是强类型语言,不同类型之间的数据不能直接赋值,必须使用类型转换函数转换为正确的类型才能进行赋值;即使数据类型相同,位长不同也不能直接赋值。VHDL中的数据类型分为两类:标准的数据类型和用户定义的数据类型。

● **标准的数据类型**

VHDL语言提供了丰富的数据类型,可以支持从系统级到门级电路的建模和仿真,其中有些数据类型可以综合为硬件电路,有些不能。本书只着重介绍常用的可综合的数据类型。

(1)整数类型 INTEGER

VHDL中规定了整数的范围是 $-(2^{31}-1)\sim(2^{31}-1)$,对应于32-bit。不能把含小数点的数赋予一个整数量,任何带有小数点的数都被认为是实数。

尽管整数值在电子系统中可能是用一系列二进制位值来表示的,但整数不能看作位矢量,也不能按位来进行访问,对整数也不能用逻辑运算符。当需要进行位操作时,可以用转换函数,将整数转换成位矢量再进行。

整数有两个子类型:NATURAL 和 POSITIVE。NATURAL包括0和正整数,POSITIVE只包括正整数。

(2)位 BIT 和位矢量 BIT_VECTOR

一个 BIT 位具有两种可能的值,'0'和'1'。一个 BIT 位通常用单引号括起来,如'0'或'1'。位矢量指多位二进制数,位矢量通常用双引号括起来,例如"001100"。

(3)布尔量 BOOLEAN

一个布尔量具有两种可能的状态,"真"和"假"。虽然布尔量也是二值枚举量,但它和位不同,布尔量没有数值的含义,也不能进行算术运算,但可以进行关系运算。例如在 IF 语句中的测试条件,测试的结果产生一个布尔量 TRUE 或 FALSE。

● **用户定义的数据类型**

在VHDL中,用户可以自己定义数据类型。常见的用户定义的数据类型有枚举类型和数组类型等。类型可以在程序包中、实体的说明部分、结构体的说明部分、进程的说明部分和子程序的说明部分声明。

(1)枚举类型

枚举类型就是把类型中的各个元素都枚举出来。枚举类型的定义格式为:

TYPE 数据类型名 IS (元素,元素,…);

枚举类型中的所有元素都是用户定义的,这些元素可以是标识符,也可以是单个字符。枚举类型的典型用法是定义状态机中的状态,例如:

TYPE states **IS** (idle,ready,busy,error);

所定义的枚举类型可用于信号的声明:

SIGNAL current_state: **states**;

(2)数组类型

数组类型是将相同类型的数据集合在一起形成的一个新的数据类型,可以是一维的也可以是多维的。数组类型的定义格式为:

TYPE 数据类型名 IS ARRAY 范围 OF 原数据类型名;

例如在一个设计中,数据的宽度都是8-bit,则可以定义一个8-bit字的数组类型 WORD,单个bit的数据类型为STD_LOGIC:

TYPE WORD **IS ARRAY** (0 TO 7) **OF** STD_LOGIC;

可以用定义的类型声明信号,例如:

SIGNAL data: **WORD**;

可以通过数组下标访问数组中的任何一个元素,例如给data的最低位赋值为0:

data(0) <= '0';

也可以定义二维数组类型。例如设计16×16-bit的寄存器堆,则可以定义一个二维数组类型:

TYPE REG_ARRAY **IS ARRAY** (15 DOWNTO 0) **OF**
STD_LOGIC_VECTOR(15 DOWNTO 0);

这里定义了一个数组类型REG_ARRAY,数组中有16个元素,每个元素是一个类型为STD_LOGIC_VECTOR(15 DOWNTO 0)的16-bit数。

● **STD_LOGIC和STD_LOGIC_VECTOR类型**

VHDL标准的数据类型是BIT和BIT_VECTOR,取值只能是0和1。而实际数字电路的状态不止0和1,为了更好地建立数字电路的模型,IEEE库在STD_LOGIC_1164程序包中定义了几种新的数据类型作为BIT类型的扩展,其中最常用的就是STD_LOGIC和STD_LOGIC_VECTOR类型。因此,要使用STD_LOGIC和STD_LOGIC_VECTOR类型,必须首先声明引用IEEE库和STD_LOGIC_1164程序包。

LIBRARY IEEE;

USE IEEE.STD_LOGIC_1164.ALL;

STD_LOGIC类型具有如下9种不同的值:

'U' —— 未初始化(Uninitialized)

'X' —— 未知(Forcing Unknown)

'0' —— 强0(Forcing 0)

'1' —— 强1(Forcing 1)

'Z' —— 高阻(High Impedance)

'W' —— 弱未知(Weak Unknown)

'L' —— 弱0(Weak 0)

'H' —— 弱1(Weak 1)

'-' —— 不可能情况(Don't care)

在这9种值中,只有'0'、'1'和'Z'是可综合的。大部分应用使用'X'、'0'、'1'和'Z'就可以处理了。

STD_LOGIC_VECTOR通常用于表示多个bit的数据,例如:

SIGNAL D: STD_LOGIC_VECTOR(7 DOWNTO 0);

这表示信号D是8-bit的数据,最高有效位是D(7),最低有效位是D(0)。可以通过索引来访问D的某一位或某几位,例如D(5)、D(3)或D(2 DOWNTO 0)。

9.3.4 运算符

VHDL中共有四类运算:逻辑运算、算术运算、关系运算和并置运算。需要注意的是,被运算符操作的对象是操作数,操作数的类型应该和运算符所要求的类型相一致。

- 逻辑运算符

VHDL中共有6种逻辑运算符,分别是:

NOT —— 取反		**NAND** —— 与非	
AND —— 与		**NOR** —— 或非	
OR —— 或		**XOR** —— 异或	

这6种逻辑运算符可以对STD_LOGIC、STD_LOGIC_VECTOR和BIT、BIT_VECTOR及布尔型数据进行逻辑运算。在所有的逻辑运算符中,NOT的优先级最高。例如:

```
Y <= NOT A AND B;        -- Y = A'B
Y <= NOT A OR B;         -- Y = A'+ B
```

- 算术运算符

VHDL中有10种算术运算符,分别是:

+ —— 加		**REM** —— 取余	
— —— 减		+ —— 正	
* —— 乘		— —— 负	
/ —— 除		** —— 指数	
MOD —— 取模		**ABS** —— 取绝对值	

在VHDL中,一元运算(正、负)的操作数可以为任何数值类型(整数、实数、物理量)。加法和减法运算的操作数和上面一样,而且参加运算的两个操作数的类型必须相同。乘除法的两个操作数可以同为整数和实数,物理量可以被整数或实数相乘或相除,其结果仍为一个物理量,物理量除以同一类型的物理量即可得到一个整数量。求模和取余运算的操作数必须是同一整数类型。指数运算符的左操作数可以是整数或实数,而右操作数应为一整数。

VHDL标准的算术运算符都适用于整数,但整数由于没有数据宽度的信息,很难实现为硬件。因此IEEE在NUMERIC_STD程序包定义了有符号数类型SIGNED和无符号数类型UNSIGNED,并定义了+、−、*、/、ABS、REM、MOD等算术运算符。这两种类型都是STD_LOGIC类型的数组,和STD_LOGIC_VECTOR类型类似,只是SIGNED类型数被解释为有符号的补码,UNSIGNED类型数被解释为无符号数。有符号数和无符号数的声明和STD_LOGIC_VECTOR类型数的声明类似。例如声明一个16-bit有符号数类型的信号:

```
SIGNAL X: SIGNED(15 DOWNTO 0);
```

要使用SIGNED和UNSIGNED类型,必须在实体前声明引用库和NUMERIC_STD程序包,由于在NUMERIC_STD程序包中使用了STD_LOGIC类型,还必须声明使用STD_LOGIC_1164程序包:

```
LIBRARY IEEE;
USE IEEE.STD_LOGIC_1164.ALL;
USE IEEE.NUMERIC_STD.ALL;
```

针对SIGNED和UNSIGNED类型的算术运算的操作数类型可以不同,两个操作数可以是SIGNED和SIGNED、SIGNED和整数、UNSIGNED和UNSIGNED、UNSIGNED和整数,例如:

```
SIGNAL COUNT: UNSIGNED(3 DOWNTO 0);
......
```

```
COUNT <= COUNT + 1;
```

另外还有几个类似的程序包,例如 STD_LOGIC_UNSIGNED 程序包定义了算术运算函数,使得 STD_LOGIC_VECTOR 可以像 UNSIGNED 类型的数据一样运算;类似地,STD_LOGIC_SIGNED 程序包定义了算术运算函数,使得 STD_LOGIC_VECTOR 可以像 SIGNED 类型的数据一样运算。例如:

```
LIBRARY IEEE;
USE IEEE.STD_LOGIC_1164.ALL;
USE IEEE.STD_LOGIC_UNSIGNED.ALL;
......
SIGNAL Q: STD_LOGIC_VECTOR(3 DOWNTO 0);
......
Q <= Q + 1;
```

● **关系运算符**

VHDL 中有 6 种关系运算符,分别是:

=	—— 等于	<=	—— 小于等于
/=	—— 不等于	>	—— 大于
<	—— 小于	>=	—— 大于等于

关系运算符的左右两边是运算操作数,不同的关系运算符对两边操作数的数据类型有不同的要求。在进行关系运算时,左右两边操作数的类型必须相同,但位长度不一定相同。其中等号"="和不等号"/="可以适用于所有的数据类型,其他的关系运算符则可能适用于整数(INTEGER)、实数(REAL)、位(BIT、STD_LOGIC)和位矢量(BIT_VECTOR、STD_LOGIC_VECTOR)等的关系运算。两个位矢量数据对象进行大小比较时,自左至右,逐位比较。

NUMERIC_STD 程序包也定义了关系运算符。重定义的关系运算符的两个操作数可以不同,可以是 UNSIGNED 和 NATURAL、SINGED 和 INTEGER。另外,当操作数的数据类型是 SIGNED 或 UNSIGNED 时,两个操作数可以看作二进制数,比较运算不再是自左至右,逐位比较。例如判断表达式"0011">"1100",如果操作数的数据类型是 STD_LOGIC_VECTOR,则判断的结果为假,因为"0011"最左边的最高有效位是 0,而"1100"的最高有效位为 1,因此"0011"不大于"1100";如果操作数的数据类型是 SIGNED,"0011"被解释为 3,"1100"被解释为 −4,判断结果为真;如果操作数的数据类型是 UNSIGNED,"0011"被解释为 3,"1100"被解释为 12,判断结果为假。

● **并置运算符**

并置运算符"&"用于位的连接,形成位矢量,也可以把两个位矢量连接起来形成更大的位矢量。例如:

```
                DATA_C <= D1 & D2 & D3 & D4;
```

4 个 1-bit 数据 D1、D2、D3、D4 用并置运算符"&"连接起来,可以构成一个 4-bit 的位矢量 DATA_C。

如果有一个位矢量 DATA_A:

```
SIGNAL DATA_A: STD_LOGIC_VECTOR(3 DOWNTO 0);
```

......
```
DATA_D <= DATA_C & DATA_A;
```
两个4-bit的位矢量DATA_C和DATA_A用并置运算符"&"连接起来就可以构成8-bit的位矢量DATA_D。如果DATA_C为"1100"，DATA_A为"1010"，则DATA_D为"11001010"。

9.3.5 属性

VHDL有预定义的属性,通过属性可以得到数据对象的有关信息。此功能有许多重要的应用,例如检出时钟边沿、完成定时检查、获得未约束数据类型的范围等。使用数据对象的属性而不是用固定的值,可以使代码更易于重用。

常用的可综合的属性有类型相关的属性、数组相关的属性和信号相关的属性。属性描述的格式为:

对象'属性

● **类型相关的属性**

类型相关的属性有:左边界值(LEFT)、右边界值(RIGHT)、上边界值(HIGH)、下边界值(LOW)。例如定义了类型WORD:
```
TYPE WORD IS ARRAY(31 DOWNTO 0)OF STD_LOGIC;
```
则有:
```
WORD'LEFT = 31        —— WORD的左边界值为31
WORD'RIGHT = 0        —— WORD的右边界值为0
WORD'HIGH = 31        —— WORD的上边界值为31
WORD'LOW = 0          —— WORD的下边界值为0
```

● **数组相关的属性**

数组相关的属性有:数组的长度(LENGTH)、左索引值(LEFT)、右索引值(RIGHT)、数组的范围(RANGE)、最高索引值(HIGH)、最低索引值(LOW)等。例如声明一个信号D:
```
SIGNAL D: STD_LOGIC_VECTOR(7 DOWNTO 0);
```
则有:
```
D'LENGTH = 8          —— 数组的长度为8
D'LEFT = 7            —— 数组最左边的索引值为7
D'RIGHT = 0          —— 数组最右边的索引值为0
D'RANGE = (7 DOWNTO 0)  —— 数组的范围为(7 DOWNTO 0)
D'HIGH = 7           —— 数组最高位的索引值为7
D'LOW = 0            —— 数组最低位的索引值为0
```
例如在代码中对信号D做处理,写一循环语句,则下面四种写法是等价的:
```
FOR I IN RANGE (7 DOWNTO 0) LOOP …
FOR I IN D'RANGE LOOP …
FOR I IN RANGE (D'HIGH DOWNTO D'LOW) LOOP …
FOR I IN RANGE (D'LENGTH -1 DOWNTO 0) LOOP …
```

● 信号相关的属性

信号相关的属性可以用来得到信号的行为信息和功能信息,如信号的值是否有变化,最后一次变化之前的值为多少,从最后一次变化到现在经历了多长时间等。常用的信号属性有 EVENT、STABLE、ACTIVE、LAST_VALUE、LAST_EVENT 等。例如有信号 C:

C'EVENT	—— 如果信号 C 发生一个事件(变化),则返回"真"
C'STABLE	—— 如果信号 C 没有发生事件(变化),则返回"真"
C'ACTIVE	—— 如果信号 C = 1, 则返回"真"
C'LAST_EVENT	—— 返回从上一个事件发生后过去的时间
C'LAST_VALUE	—— 返回上一个事件发生之前信号 C 的值

信号相关的属性大部分都只用于仿真,但前两个属性是可综合的,典型应用就是描述时钟沿。例如:

$$IF\ (CLK'EVENT\ AND\ CLK = '1')\ THEN$$

这条语句用两个约束条件来判断时钟上升沿是否发生。若 CLK'EVENT 为真,就表示时钟 CLK 刚刚发生了变化,CLK = '1'为真,表示时钟信号 CLK 现在处于"1"电平,当这两个约束条件都为真时,通常就认为发生了时钟上升沿。

下面这两条语句也描述时钟上升沿,和上面的语句是等效的:

$$IF\ (NOT\ CLK'STABLE\ AND\ CLK = '1')\ THEN$$
$$WAIT\ UNTIL\ (CLK'EVENT\ AND\ CLK = '1')$$

9.3.6 在门级描述电路

VHDL 语言可以在不同的抽象层次描述数字电路与数字系统,它可以仅使用运算符在门级描述组合电路。

【例 9-2】用 VHDL 语言在门级描述 1-bit 全加器。

1-bit 全加器的真值表如表 9-1 所示。

表 9-1 1-bit 全加器真值表

A	B	CI	S	CO
0	0	0	0	0
0	0	1	1	0
0	1	0	1	0
0	1	1	0	1
1	0	0	1	0
1	0	1	0	1
1	1	0	0	1
1	1	1	1	1

由真值表可以得到 1-bit 全加器两个输出的逻辑函数式:

$$S = A \oplus B \oplus CI$$
$$CO = A \cdot B + B \cdot CI + A \cdot CI$$

VHDL 语言可以直接用逻辑运算符来描述逻辑函数式,在门级描述 1-bit 全加器。1-bit 全加器的描述如代码 9-2 所示。

代码9-2:

```
LIBRARY IEEE;
USE IEEE.STD_LOGIC_1164.ALL;
ENTITY FULL_ADDER IS
PORT(
    A, B, CI: IN STD_LOGIC;
    S, CO: OUT STD_LOGIC);
END FULL_ADDER;
ARCHITECTURE RTL OF FULL_ADDER IS
BEGIN
    S <= A XOR B XOR CI;
    CO <= (A AND B) OR (A AND CI) OR (B AND CI);
END RTL;
```

9.4 进程(PROCESS)

VHDL语言提供了一系列顺序语句和并行语句。顺序语句主要用来描述电路的行为,而并行语句则用来描述模块的连接关系。

由顺序语句组成的代码可以在行为级描述电路模块,这就是进程(PROCESS)。在行为级描述的结构体通常包含一个或多个进程,每个进程都是一个并行语句,各个进程是并行执行的。进程内部是对电路行为的描述,由顺序语句组成。

进程语句的格式如下:

```
[进程名]: PROCESS[(敏感信号表)]
   [说明部分]
BEGIN
    顺序语句
END PROCESS;
```

进程语句以关键字PROCESS开头,后面跟可选的敏感信号表。PROCESS和BEGIN之间是进程的说明部分,在这里可以声明变量。需要注意的是,信号不可以在进程内部声明。关键字BEGIN之后是一系列顺序语句,顺序语句的顺序对综合出的逻辑电路会有影响。进程由关键字END PROCESS结束。

● **敏感信号表**

敏感信号表是可选的,可以有,也可以没有,进程对敏感信号表里的信号敏感。对于可综合的代码,一个进程PROCESS描述了一个电路模块,敏感信号表里的信号就是这个模块的全部或部分输入信号。对于组合电路,输入信号变化,输出随之发生变化,因此组合电路模块的所有输入信号都是敏感信号,都应该放在敏感信号表里。对于时序电路,输入发生变化,输出不一定发生变化,因此在描述时序电路的进程中,只有时钟和异步控制信号放在敏感信号表里。敏感信号表里信号的顺序无关紧要。

如果一个进程没有敏感信号表,进程中应包含至少一条WAIT语句;如果进程有敏感信号表,那么进程中就一定不可以有WAIT语句。

● 进程的执行和挂起

进程的执行可以看作一个不断挂起、再继续执行的无限循环。

一个有敏感信号表的进程在执行完最后一条指令后自动挂起,如果敏感信号表中的信号发生变化,进程中的顺序语句就再执行一遍,然后挂起等待敏感信号再次发生变化。

没有敏感信号表的进程在遇到WAIT语句时挂起,当WAIT语句的条件满足时,进程继续执行。进程的执行过程模拟数字电路模块的工作过程。

9.5 顺序语句

顺序语句按语句出现的顺序执行,只能出现在进程、子程序中用来描述电路的行为或算法。顺序语句包括:信号赋值语句、IF语句、CASE语句、LOOP语句、NEXT语句、EXIT语句、变量赋值语句、WAIT语句、RETURN语句、NULL语句和REPORT语句等。

9.5.1 信号赋值语句

信号赋值语句是VHDL语言中最基本的语句。信号赋值语句的格式为:

目的信号量 <= 信号量表达式;

例如:

A <= B;

它的功能是使A得到B的值。当该语句执行时,信号B的值将赋给信号A。

当信号赋值语句直接写在结构体中时,它是并行语句;当信号赋值语句写在进程和子程序内时,它是顺序语句。

【例9-3】用VHDL描述半加器。

一个半加器可以由两个电路模块构成,一个模块实现和,一个模块实现进位,电路结构如图9-2所示,这两个模块可以用两个进程来描述,如代码9-3所示。

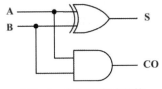

图9-2 半加器电路结构

代码9-3:

```
LIBRARY IEEE;
USE IEEE.STD_LOGIC_1164.ALL;
ENTITY HALF_ADDER IS
PORT(
    A, B: IN STD_LOGIC;
    S: OUT STD_LOGIC;
    CO: OUT STD_LOGIC);
END HALF_ADDER;
ARCHITECTURE TWO_P OF HALF_ADDER IS
BEGIN
```

```
P1: PROCESS(A, B)
BEGIN
    S <= A XOR B;
END PROCESS;
P2: PROCESS(A, B)
BEGIN
    CO <= A AND B;
END PROCESS;
END TWO_P;
```

这个半加器用两个进程描述。第一个进程P1描述实现和的模块,这个模块的输入为A和B,是一个组合电路,因此这个进程的敏感信号为A和B;可以用异或运算实现和,因此进程中用一条信号赋值语句描述,A和B做异或运算,结果赋值给输出S。描述实现进位输出模块的进程P2和进程P1类似。

这个半加器也可以直接用两条并行信号赋值语句来描述,每条语句描述一个电路模块。这两种描述是等效的。

```
ARCHITECTURE TWO_C OF HALF_ADDER IS
BEGIN
    S <= A XOR B;
    CO <= A AND B;
END TWO_C;
```

9.5.2 IF语句

IF语句根据所指定的条件来确定执行哪些语句,格式如下所示。

```
IF   条件1   THEN
    顺序语句
ELSIF   条件2   THEN
    顺序语句
……
ELSIF   条件n   THEN
    顺序语句
ELSE
    顺序语句
END   IF;
```

在执行IF语句时,首先判断第一个条件,如果条件为“真”,则执行THEN后面的顺序语句,然后整个IF语句结束;否则,判断第一个ELSIF后的条件,如果条件为“真”,则执行THEN后面的语句,然后整个IF语句结束;否则,再判断后面的条件;如果ELSE前面的条件都不满足,则执行ELSE后的语句,然后IF语句结束。

在执行IF语句时,逐个判断条件,因此IF语句的条件具有优先级,最先判断的条件优先级最高。IF语句对应的电路结构如图9-3所示。

【例9-4】用VHDL描述4输入优先编码器。优先编码器的输入为I3、I2、I1、I0,输出为编码

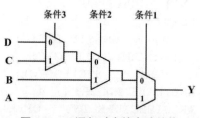

图9-3　IF语句对应的电路结构

CODE和编码有效标识VALID，4输入优先编码器的真值表如表9-2所示。

表9-2　4输入优先编码器真值表

I3	I2	I1	I0	CODE	VALID
0	0	0	1	00	1
0	0	1	X	01	1
0	1	X	X	10	1
1	X	X	X	11	1
0	0	0	0	00	0

可以看出，I3的优先级最高，I2、I1、I0的优先级依次降低。当输入全为0时，标识VALID为0，表示输出无效。4输入优先编码器的描述如代码9-4所示。

代码9-4：

```
LIBRARY IEEE;
USE IEEE.STD_LOGIC_1164.ALL;
ENTITY ENCODER_PRIO IS
PORT(
    I0, I1, I2, I3: IN STD_LOGIC;
    CODE: OUT STD_LOGIC_VECTOR(1 DOWNTO 0);
    VALID: OUT STD_LOGIC);
END ENCODER_PRIO;
ARCHITECTURE BEHAVE OF ENCODER_PRIO IS
BEGIN
    PROCESS(I0, I1, I2, I3)
    BEGIN
        IF I3 = '1' THEN
            CODE <= "11";
            VALID <= '1';
        ELSIF I2 = '1' THEN
            CODE <= "10";
            VALID <= '1';
        ELSIF I1 = '1' THEN
            CODE <= "01";
            VALID <= '1';
        ELSIF I0 = '1' THEN
            CODE <= "00";
            VALID <= '1';
        ELSE
            CODE <= "00";
            VALID <= '0';
        END IF;
    END PROCESS;
END BEHAVE;
```

优先编码器是一个组合电路，因此它的输入信号I0、I1、I2和I3都应放在敏感信号表内。在进程内用IF语句来描述优先编码器的功能，输入I3的优先级最高，因此第一个条件是检测I3是否有效，然后根据优先级依次检测I2、I1、I0，最后用ELSE来描述其他情况。

在进程的开始也可以先给输出信号赋默认值,这样就可以省去ELSE及其后的语句。另外,IF语句可以嵌套。

【例9-5】用VHDL描述带使能的2-4译码器,译码器的真值表如表9-3所示。

表9-3　带使能2-4译码器的真值表

EN	A	B	Y3	Y2	Y1	Y0
1	0	0	0	0	0	1
1	0	1	0	0	1	0
1	1	0	0	1	0	0
1	1	1	1	0	0	0
0	X	X	0	0	0	0

可以看出,只有使能信号EN有效,输出才有效,否则输出都无效,因此使能EN的优先级最高,可以用进程和IF语句描述。带使能2-4译码器的描述如代码9-5所示。

代码9-5:

```
LIBRARY IEEE;
USE IEEE.STD_LOGIC_1164.ALL;
ENTITY DECODER2_4 IS
PORT(
    A, B: IN STD_LOGIC;
    EN: IN STD_LOGIC;
    Y0, Y1, Y2, Y3: OUT STD_LOGIC);
END DECODER2_4;
ARCHITECTURE BEHAVE OF DECODER2_4 IS
BEGIN
    PROCESS(A, B, EN)
    BEGIN
        Y0 <= '0';
        Y1 <= '0';
        Y2 <= '0';
        Y3 <= '0';
        IF EN = '1' THEN
            IF A = '0' AND B = '0' THEN
                Y0 <= '1';
            ELSIF A = '0' AND B = '1' THEN
                Y1 <= '1';
            ELSIF A = '1' AND B = '0' THEN
                Y2 <= '1';
            ELSIF A = '1' AND B = '1' THEN
                Y3 <= '1';
            END IF;      --前面输出赋默认值,可以省去ELSE
        END IF;
    END PROCESS;
END BEHAVE;
```

一条完整的带有ELSE的IF语句会综合产生一个组合电路。如果没有给输出信号赋默认值,同时在IF语句中缺少ELSE部分,则代码会综合产生锁存器。

IF语句中也可以没有ELSIF条件和对应的语句,格式为:

```
IF   条件   THEN
    顺序语句
ELSE
    顺序语句
END   IF;
```

当IF语句所指定的条件满足时,将执行THEN和ELSE之间的顺序语句;当IF语句所指定的条件不满足时,将执行ELSE和END IF之间的顺序语句,即用条件来选择两条不同的代码路径。

【例9-6】用VHDL描述MUX2-1电路。

MUX2-1的描述如代码9-6所示。

代码9-6:

```
LIBRARY IEEE;
USE IEEE.STD_LOGIC_1164.ALL;
ENTITY MUX2_1 IS
PORT(
    A, B, SEL: IN STD_LOGIC;
    C: OUT STD_LOGIC);
END MUX2_1;
ARCHITECTURE  BEHAVE  OF  MUX2_1  IS
BEGIN
    PROCESS(A, B, SEL)
    BEGIN
        IF(SEL = '1')THEN
            C <= A;
        ELSE
            C <= B;
        END IF;
    END PROCESS;
END BEHAVE;
```

IF语句中也可以没有ELSE部分,格式为:

```
IF   条件   THEN
    顺序语句
END   IF;
```

当IF后面的条件为真时,执行后面的顺序语句;如果条件为假,则跳过顺序语句直接到END IF,隐含顺序语句中的输出信号保持不变。这种没有ELSE的IF语句通常用来描述锁存器和触发器。

【例9-7】用VHDL描述D锁存器。D锁存器的功能为:当使能EN有效时,锁存器的输入信号D可以传送给输出Q;否则,输出Q保持原来的状态不变。

D锁存器的描述如代码9-7所示。

代码9-7:

```
LIBRARY IEEE;
```

```
USE IEEE.STD_LOGIC_1164.ALL;
ENTITY D_LATCH IS
PORT(
    D: IN STD_LOGIC;
    EN: IN STD_LOGIC;
    Q: OUT STD_LOGIC);
END D_LATCH;
ARCHITECTURE BEHAVE OF D_LATCH IS
BEGIN
    PROCESS(D, EN)          --敏感信号为输入D和EN
    BEGIN
        IF EN = '1' THEN
            Q <= D;
        END IF;
    END PROCESS;
END BEHAVE;
```

这里用一个进程来描述D锁存器,当EN为1时,D赋值给输出Q;否则,就直接执行END IF,结束IF语句,这意味着Q的值不发生变化,保持之前的值。

【例9-8】用VHDL描述D触发器。

D触发器的描述如代码9-8所示。

代码9-8:

```
LIBRARY IEEE;
USE IEEE.STD_LOGIC_1164.ALL;
ENTITY D_FF IS
PORT(
    CLK: IN STD_LOGIC;
    D: IN STD_LOGIC;
    Q: OUT STD_LOGIC);
END D_FF;
ARCHITECTURE BEHAVE OF D_FF IS
BEGIN
    PROCESS(CLK)            --敏感信号为时钟信号CLK
    BEGIN
        IF CLK'EVENT AND CLK = '1' THEN
            Q <= D;
        END IF;
    END PROCESS;
END BEHAVE;
```

触发器的输出仅在时钟沿到来时才有可能发生变化,因此描述触发器的进程的敏感信号仅是时钟信号CLK,输入数据信号D不是它的敏感信号。进程中IF语句用时钟信号的属性来判断时钟上升沿的到来。

9.5.3 CASE语句

CASE语句从多个顺序语句序列中选择其中之一执行,格式为:

```
CASE   控制表达式   IS
    WHEN   表达式值1   =>
        顺序语句
    WHEN   表达式值2   =>
        顺序语句
    ……
    WHEN   OTHERS   =>
        顺序语句
END   CASE;
```

表达式值是控制表达式可能的值之一,"**WHEN   表达式值1   =>**"表示当控制表达式的值为表达式值1时,则执行"**=>**"符号后面的顺序语句。CASE语句中必须包含控制表达式所有可能的值,每个WHEN后面跟一个(仅一个)可能的值,如果没有列出全部可能值,通常用WHEN OTHERS语句来涵盖其他值,WHEN OTHERS必须放在最后。

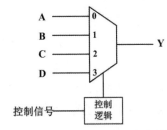

图9-4　CASE语句对应的电路结构

和IF语句不同,CASE语句中的所有条件都是平等的,没有优先级之分,因此可以用CASE语句来描述多路选择器。CASE语句对应的电路结构如图9-4所示。

【例9-9】用VHDL描述MUX4-1选择器。MUX4-1有四路输入I0、I1、I2、I3,选择信号为SEL,当SEL为00时选择I0,SEL为01时选择I1,SEL为10时选择I2,SEL为11时选择I3。

MUX4-1选择器的描述如代码9-9所示。

代码**9-9**:
```
LIBRARY IEEE;
USE IEEE.STD_LOGIC_1164.ALL;
ENTITY MUX4_1 IS
PORT(
    I0, I1, I2, I3: IN STD_LOGIC;
    SEL: IN STD_LOGIC_VECTOR(1 DOWNTO 0);
    OUTPUT: OUT STD_LOGIC);
END MUX4_1;
ARCHITECTURE BEHAVE OF MUX4_1 IS
BEGIN
    PROCESS(I0, I1, I2, I3, SEL)
    BEGIN
        CASE SEL IS
            WHEN "00" => OUTPUT <= I0;
            WHEN "01" => OUTPUT <= I1;
            WHEN "10" => OUTPUT <= I2;
            WHEN "11" => OUTPUT <= I3;
        END CASE;
    END PROCESS;
END BEHAVE;
```

由于是组合电路,因此模块的所有输入I0、I1、I2、I3和SEL都是进程的敏感信号。用SEL来选择,"WHEN "00" => OUTPUT <= I0;"表示当SEL的值是"00"时,把I0赋值给输出OUTPUT。

在非时钟进程中,如果IF语句不完整,没有ELSE,同时也没有给输出信号赋默认值,则会综合产生锁存器。类似地,在非时钟进程中,如果CASE语句没有在控制表达式所有的可能值下对输出赋值,也会综合产生锁存器。例如:

```
PROCESS(D_IN, SEL)
BEGIN
    CASE SEL IS
        WHEN "00" => D_OUT <= D_IN;
        WHEN OTHERS => D_OUT <= NULL;
    END CASE;
END PROCESS;
```

当SEL的值不是"00"时,没有给D_OUT赋值,即D_OUT保持原来的值不变,因此综合这个进程会产生一个锁存器,锁存器的输出是D_OUT。要避免这种情况,要么在所有的可能值下给输出信号赋值,要么在进程的开始就给输出信号赋默认值,例如上面的代码可以修改为:

```
PROCESS(D_IN, SEL)
BEGIN
    D_OUT <= "1111";        --给输出赋默认值为"1111"
    CASE SEL IS
        WHEN "00" => D_OUT <= D_IN;
    END CASE;
END PROCESS;
```

IF语句和CASE语句可以相互嵌套。

【例9-10】用VHDL描述JK触发器,JK触发器的功能表如表9-4所示。

表9-4　JK触发器功能表

CLK	J	K	Q^*	QN^*
↑	0	0	Q	QN
↑	0	1	0	1
↑	1	0	1	0
↑	1	1	Q'	$(QN)'$
其他	X	X	Q	QN

即当时钟沿到来时,如果JK为00,输出保持不变;如果JK为01,$Q = 0$,$Q' = 1$;如果JK为10,$Q = 1$,$Q' = 0$;如果JK为11,状态翻转。JK触发器的描述如代码9-10所示。

代码9-10:

```
LIBRARY IEEE;
USE IEEE.STD_LOGIC_1164.ALL;
ENTITY JK_FF IS
PORT(
    CLK: IN STD_LOGIC;
    JK: IN STD_LOGIC_VECTOR(1 DOWNTO 0);
    Q, QN: OUT STD_LOGIC);
```

```
END JK_FF;
ARCHITECTURE BEHAVE OF JK_FF IS
    SIGNAL T_Q, T_QN: STD_LOGIC;   --声明中间信号
BEGIN
    PROCESS(CLK)                   --敏感信号为时钟信号CLK
    BEGIN
        IF CLK'EVENT AND CLK = '1' THEN
            CASE JK IS
                WHEN "01" =>
                    T_Q <= '0';
                    T_QN <= '1';
                WHEN "10" =>
                    T_Q <= '1';
                    T_QN <= '0';
                WHEN "11" =>
                    T_Q <= NOT(T_Q);
                    T_QN <= NOT(T_QN);
                WHEN OTHERS =>
                    T_Q <= T_Q;
                    T_QN <= T_QN;
            END CASE;
        END IF;
    END PROCESS;
    Q <= T_Q;
    QN <= T_QN;
END BEHAVE;
```

这里用IF语句描述时钟沿,在IF语句中嵌套CASE语句描述JK触发器在不同情况下的输出。

由于JK为11时,时钟沿到来时状态会发生翻转,即下一个状态是当前状态的"非",需要对状态Q和QN做"非"运算然后赋值给Q和QN。Q和QN都是输出端口,不允许再反馈作为输入,因此在结构体的说明部分声明了两个中间信号T_Q和T_QN,保存触发器的值,再把中间信号送到输出端口Q和QN。

9.5.4 LOOP语句

与其他高级语言中的循环语句一样,LOOP语句可以使一段代码反复执行多次,这在描述重复的电路行为时非常方便。LOOP语句有两种循环模式:FOR模式和WHILE模式。

FOR模式LOOP语句的格式为:

```
[标号]: FOR   循环变量   IN   离散范围   LOOP
       顺序语句
END  LOOP   [标号];
```

在FOR循环中,循环变量不需要显式声明,在结构体和进程中声明的信号和变量也不能作为循环变量。在LOOP语句中可以使用循环变量,但不能修改循环变量,循环变量在每次

循环中依次取IN后离散范围中的值。

FOR循环语句可以用于描述规则、重复的电路。

【例9-11】用VHDL描述8-bit进位传播加法器。

8-bit进位传播加法器由8个1-bit全加器串接构成,8-bit进位传播加法器的电路结构如图9-5所示。

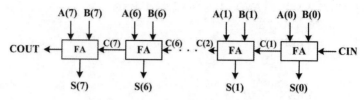

图9-5　8-bit进位传播加法器电路结构

1-bit全加器FA两个输出的逻辑函数式为:

$$S_i = A_i \oplus B_i \oplus C_i \qquad\qquad C_{i+1} = A_i B_i + A_i C_i + B_i C_i$$

进位传播加法器由1-bit全加器首尾相连构成,是一个重复规整的结构,可以用进程和LOOP语句来描述。8-bit进位传播加法器的描述如代码9-11所示。

代码9-11:

```
LIBRARY IEEE;
USE IEEE.STD_LOGIC_1164.ALL;
ENTITY CPA_8BIT IS
PORT(
    A, B: IN STD_LOGIC_VECTOR(7 DOWNTO 0);
    CIN: IN STD_LOGIC;
    S: OUT STD_LOGIC_VECTOR(7 DOWNTO 0);
    COUT: OUT STD_LOGIC);
END CPA_8BIT;
ARCHITECTURE BEHAVE_FOR OF CPA_8BIT IS
    SIGNAL C: STD_LOGIC_VECTOR(8 DOWNTO 0);
BEGIN
    C(0) <= CIN;
    PROCESS(A, B, C(0))
    BEGIN
        FOR I IN 0 TO 7 LOOP
            S(I) <= A(I) XOR B(I) XOR C(I);
            C(I+1) <= (A(I) AND B(I)) OR (A(I) AND C(I))
                    OR (B(I) AND C(I));
        END LOOP;
    END PROCESS;
    COUT <= C(8);
END BEHAVE_FOR;
```

这里声明了一个9-bit的信号C来表示内部的进位信号,用FOR循环语句来描述进位传播加法器。

WHILE模式LOOP语句的格式为:

```
[标号]: WHILE   条件  LOOP
   顺序语句
END  LOOP  [标号];
```

在 WHILE 循环语句中,如果条件为"真",则执行后面的顺序语句;如果条件为"假",则循环结束。8-bit 进位传播加法器也可以用 WHILE 循环描述。

```
ARCHITECTURE BEHAVE_WHILE OF CPA_8BIT IS
    SIGNAL C: STD_LOGIC_VECTOR(8 DOWNTO 0);
BEGIN
    C(0) <= CIN;
    PROCESS(A, B, C(0))
        VARIABLE I: INTEGER RANGE 0 TO 8;
    BEGIN
        I := 0;
        WHILE I <= 7 LOOP
            S(I) <= A(I) XOR B(I) XOR C(I);
            C(I+1) <= (A(I) AND B(I)) OR (A(I) AND C(I)) OR
                      (B(I) AND C(I));
            I := I + 1;
        END LOOP;
    END PROCESS;
    COUT <= C(8);
END BEHAVE_WHILE;
```

WHILE 循环中的循环变量需要显式声明,循环变量 I 的递增需要通过算式 I := I + 1 实现。

在循环语句中,可以在一定条件下中断循环。可以使用 EXIT 语句结束循环,或使用 NEXT 语句直接进入下一次迭代。

NEXT 语句的格式为:

```
NEXT  [标号]  [WHEN 条件];
```

NEXT 语句执行时将停止本次迭代,进入下一次迭代。NEXT 后跟的标号指的是下一次迭代的起始位置,WHEN 条件则表明 NEXT 语句执行的条件。如果条件为"真",则跳过 NEXT 和 END LOOP 之间的语句,结束本次迭代,进入下一次迭代;如果条件为"假",则继续本次迭代。如果 NEXT 语句后面没有标号,也没有 WHEN 条件,那么只要执行到该语句,就立即无条件地跳出本次迭代,从 LOOP 语句的起始位置进入下一次迭代。

EXIT 语句的格式为:

```
EXIT  [标号]  [WHEN 条件];
```

EXIT 语句中的标号指的是循环语句 LOOP 的标号,当 WHEN 后面的条件为"真"时,将从 LOOP 语句中跳出,结束 LOOP 语句的正常执行;如果条件为"假",则继续 LOOP 循环。如果 EXIT 后面没有跟标号和 WHEN 条件,则代码执行到该语句时就无条件地从 LOOP 语句中跳出,结束循环,继续执行 LOOP 语句后的语句。

【例 9-12】用 VHDL 描述 4-bit 无符号数比较器。比较器的输入为 A 和 B,输出为大于比较 A_GT_B,小于比较 A_LT_B,等于比较 A_EQ_B。

4-bit无符号数的比较可以从高位到低位逐位比较。首先比较A和B的最高位,如果A的最高位为1,B的最高位为0,则可以判断A大于B;如果A的最高位为0,B的最高位为1,则可以判断A小于B;如果A的最高位和B的最高位相同,则比较A和B的次高位,以此类推。这个过程可以用LOOP语句描述,4-bit无符号数比较器的描述如代码9-12所示。

代码9-12:

```
LIBRARY IEEE;
USE IEEE.STD_LOGIC_1164.ALL;
ENTITY COMPARE_4BIT IS
PORT(
    A, B: IN STD_LOGIC_VECTOR(3 DOWNTO 0);
    A_GT_B, A_EQ_B, A_LT_B: OUT STD_LOGIC);
END COMPARE_4BIT;
ARCHITECTURE LOOP_EXIT OF COMPARE_4BIT IS
BEGIN
    PROCESS(A, B)
    BEGIN
        A_GT_B <= '0';
        A_EQ_B <= '0';          --给输出赋默认值
        A_LT_B <= '0';
        FOR I IN 3 DOWNTO 0 LOOP
            IF A(I) = '1' AND B(I) = '0' THEN
                A_GT_B <= '1';
                EXIT;
            ELSIF A(I) = '0' AND B(I) = '1' THEN
                A_LT_B <= '1';
                EXIT;
            ELSIF I = 0 THEN
                A_EQ_B <= '1';
            END IF;
        END LOOP;
    END PROCESS;
END LOOP_EXIT;
```

这里在进程的开始先给三个输出赋默认值为0,然后用循环语句来确定究竟哪个输出为1。循环变量的范围为(3 DOWNTO 0),从A和B的高位开始循环。在每一次迭代中,用IF语句比较A和B的相应位,确定A和B哪个大,只要能确定A大于B或A小于B,就结束循环。IF语句的最后一个条件是判断循环变量是否为0,如果是0则说明A和B的各位都相同,即A等于B。

9.5.5 变量赋值语句

变量用于在进程和子程序中存储中间值,变量必须在进程或子程序的说明区声明。变量赋值语句的格式为:

目的变量 := 表达式;

变量赋值符号是":=",表示目的变量的值将由表达式所表达的新值所代替。变量的赋值是立即生效的,这和软件语言中的变量相同,但和信号赋值不同。在进程中,当一个信号被赋值时,信号值并不立即发生变化,而是等到进程挂起后才会发生变化。信号的值可以赋给变量,变量的值也可以赋给信号。

信号和变量的区别如下:

✧ 信号在结构体的说明区声明,变量在进程和子程序的说明区声明;

✧ 变量只在进程内可见,而信号在结构体内都可见。

例如上面的8-bit进位传播加法器也可以用变量来描述。

```
ARCHITECTURE BEHAVE_VAR OF CPA_8BIT IS
BEGIN
    PROCESS(A, B, CIN)
        VARIABLE C: STD_LOGIC_VECTOR(8 DOWNTO 0);
    BEGIN
        C(0) := CIN;              --信号赋值给变量
        FOR I IN 0 TO 7 LOOP
            S(I) <= A(I) XOR B(I) XOR C(I);
            C(I+1) := (A(I) AND B(I)) OR (A(I) AND C(I))
                    OR (B(I) AND C(I));
        END LOOP;
        COUT <= C(8);             --变量赋值给信号
    END PROCESS;
END BEHAVE_VAR;
```

这里在进程的说明区声明9-bit的变量C来表示中间的进位,在描述进位传播加法器各位的进位逻辑时用变量赋值号。由于变量C只能在进程内部可见,要想在外部输出端口得到进位输出,必须把变量赋值给端口,因此在循环结束后,把变量C(8)赋给输出端口(信号)COUT。

9.5.6 WAIT 语句

对有敏感信号表的进程,在执行完最后一条顺序语句后,进程挂起,等待敏感信号表中的信号发生变化;当敏感信号表中的信号发生变化时,进程中的顺序语句再次执行一遍。进程也可以没有敏感信号表,而在进程中加入WAIT语句。带WAIT语句的进程语句格式如下所示。

```
[进程名]: PROCESS
  [说明部分]
BEGIN
    顺序语句
    WAIT语句
    顺序语句
    WAIT语句
    ......
END PROCESS;
```

WAIT语句提供了另一种方式来挂起进程。当执行到WAIT语句时,进程挂起,直到WAIT语句中的条件满足,进程继续执行下面的顺序语句;当遇到下一个WAIT语句时,进程挂起,直到WAIT语句中的条件满足。进程中的顺序语句以这种方式执行到最后,再从进程的开始执行。

WAIT语句有三种形式,这三种形式也可以组合起来使用:

WAIT ON 敏感信号;

WAIT UNTIL 布尔表达式;

WAIT FOR 时间表达式;

- **第一种形式**:WAIT ON 敏感信号;

这种WAIT语句的意思是等待直到敏感信号中至少有一个信号发生变化。例如:

WAIT ON A, B, C;

意思是等待A、B或C发生变化,然后继续向下执行。下面的两个进程是等效的。

```
PROCESS(A, B)
BEGIN
    SUM <= A XOR B;
    COUT <= A AND B;
END PROCESS;
PROCESS
BEGIN
    SUM <= A XOR B;
    COUT <= A AND B;
    WAIT ON A, B;
END PROCESS;
```

第二个进程用最后的WAIT语句代替了敏感信号表,这两个进程都是先执行顺序语句,然后等待敏感信号发生变化。

- **第二种形式**:WAIT UNTIL 布尔表达式;

这种WAIT语句的意思是每当布尔表达式中的信号发生变化就检测一下布尔表达式,直到布尔表达式为"真",进程才继续执行。下面三个描述D触发器的进程也是等效的。

```
PROCESS(CLK)
BEGIN
    IF CLK'EVENT AND CLK = '1' THEN
        Q <= D;
    END IF;
END PROCESS;
PROCESS
BEGIN
    IF CLK'EVENT AND CLK = '1' THEN
        Q <= D;
    END IF;
    WAIT ON CLK;
END PROCESS;
PROCESS
BEGIN
    WAIT UNTIL CLK'EVENT AND CLK = '1';
    Q <= D;
END PROCESS;
```

在第三个进程中,WAIT语句等待信号CLK发生变化,如果CLK发生变化,而且布尔表达式CLK'EVENT AND CLK = '1'为"真",进程会继续执行,把D赋值给Q;否则,进程继续等待直到CLK发生变化且布尔表达式为"真"。

这个时钟进程也可以写为第二个进程,首先用IF语句判断时钟沿,然后用WAIT ON CLK语句等待信号CLK发生变化。

● 第三种形式:WAIT FOR 时间表达式;

这种WAIT语句的意思是等待时间表达式规定的时间。例如:

```
WAIT FOR 5 NS;
```

当进程遇到这条语句时,需要等待5ns才能继续往下执行。这种形式的WAIT语句通常用于写测试平台testbench进行仿真,不能综合产生电路。

一个进程必须有敏感信号表或者有WAIT语句,二者必须有其一。如果一个进程既没有敏感信号表,也没有WAIT语句,这种代码无法进行仿真。

9.5.7 NULL语句

NULL语句表示在某种情况下不做任何动作,通常用在CASE语句中。在CASE语句中,在有些选项下不需要做任何动作,就可以用NULL语句。例如:

```
CASE OP_CODE IS
    WHEN ADD => ACC <= A + B;
    WHEN LSHIFT => A <= B(6 DOWNTO 0) & '0';
    ......
    WHEN NOP => NULL;
END CASE;
```

9.6 并行语句

VHDL语言中包含并行语句和顺序语句。顺序语句只存在于进程(PROCESS)、函数(FUNCTION)和过程(PROCEDURE)内部。并行语句写在结构体的BEGIN和END之间,所有并行语句都是并行执行的,和书写顺序无关。每个并行语句对应于一个电路模块,并行对应于硬件电路工作的并行性。

并行语句包括:进程语句(PROCESS)、信号赋值语句(SIGNAL ASSIGNMENT)、块语句(BLOCK)、元件声明语句(COMPONENT)、元件例化语句、生成语句(GENERATE)和过程调用语句(PROCEDURE CALL)等。

9.6.1 普通信号赋值语句

信号赋值语句是VHDL语言最基本的语句,信号赋值语句的格式为:

信号量 <= 敏感信号量表达式;

信号赋值语句用在进程内部时,是作为顺序语句出现的;当它用在结构体中、进程的外部时,是作为并行语句出现的。例如:

```
Q <= A AND B AND C;        --描述一个逻辑运算模块
Q <= A + B;                --描述一个加法器
```

并行信号赋值语句等效为一个进程。以上面描述逻辑运算的信号赋值语句为例,当信号赋值符号<=右边的信号A、B或C中任何一个发生变化时,赋值操作发生,新的值赋给左边的信号Q,这条信号赋值语句和下面的进程等效:

```
PROCESS(A, B, C)
BEGIN
    Q <= A AND B AND C;
END PROCESS;
```

9.6.2 条件信号赋值语句

条件信号赋值语句可以根据不同条件,将不同表达式的值赋给信号量。它的格式为:

目的信号量 <=	表达式1	WHEN	条件1	ELSE
	表达式2	WHEN	条件2	ELSE
	表达式3	WHEN	条件3	ELSE
	……			
	表达式n;			

每个表达式后面都跟有用WHEN指定的条件,如果满足该条件,则该表达式的值赋值给目的信号量,这条语句执行结束;如果不满足条件,则判断下一个表达式所指定的条件,直到某个条件满足。最后一个表达式没有条件,它表示上面表达式所指明的条件都不满足时,则将该表达式的值赋给目的信号量。

条件信号赋值语句的条件隐含有优先级,条件1的优先级最高,后面条件的优先级依次降低。例如下面的条件信号赋值语句:

```
OUTPUT <= IN1 + IN2 WHEN A = B ELSE
          IN1 - IN2 WHEN A > B ELSE
          IN1 - 1;
```

这条语句实现的电路由算术运算单元和多个多路选择器构成,电路结构如图9-6所示。当第一个条件(A = B)成立时,输出为IN1和IN2相加的和;否则,输出多路选择器0输入端口的信号,这时从第二个条件(A > B)判断究竟是两个输入的差还是IN1-1的结果送到输出。从电路上看,逻辑运算电路的输出作为控制信号控制多路选择器的输出,越靠近输出的多路选择器优先级越高。需要注意的是,所有的逻辑运算和算术运算都是并行执行的。

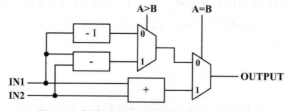

图9-6 条件信号赋值语句对应的电路结构

条件信号赋值语句类似于IF语句,但IF语句是顺序语句,只能用在进程内部,而条件信号赋值语句是并行语句。条件信号赋值语句等效于内部用IF语句描述的进程,但条件信号赋值语句不能进行嵌套。

上面的条件信号赋值语句例子可以等效为用IF语句描述的进程:

```
PROCESS(IN1, IN2, A, B)
```

```
BEGIN
    IF A = B THEN
        OUTPUT <= IN1 + IN2;
    ELSIF A > B THEN
        OUTPUT <= IN1 - IN2;
    ELSE
        OUTPUT <= IN1 - 1;
    END IF;
END PROCESS;
```

【例9-13】用VHDL描述4输入优先编码器。优先编码器的输入为I0、I1、I2、I3,输出为编码CODE_PRIO。四个输入I0、I1、I2、I3的优先级依次升高。

4输入优先编码器的描述如代码9-13所示。

代码9-13:

```
LIBRARY IEEE;
USE IEEE.STD_LOGIC_1164.ALL;
ENTITY ENCODER_PRIO1 IS
PORT(
    I0, I1, I2, I3: IN STD_LOGIC;
    CODE_PRIO: OUT STD_LOGIC_VECTOR(1 DOWNTO 0));
END ENCODER_PRIO1;
ARCHITECTURE CONC OF ENCODER_PRIO1 IS
BEGIN
    CODE_PRIO <= "11" WHEN I3 = '1' ELSE
                 "10" WHEN I2 = '1' ELSE
                 "01" WHEN I1 = '1' ELSE
                 "00" WHEN I0 = '1' ELSE
                 "XX";
END CONC;
```

代码首先检查I3是否为1,如果是,则输出编码"11";否则,检查I2是否为1,如果是,则输出编码"10";否则,检查I1是否为1,如果是,则输出编码"01";否则,检查I0是否为1,如果是,则输出编码"00";否则,输出为"XX"。

类似地,上面的4输入优先编码器也可以用进程和IF语句描述,两种描述是等效的。

```
ARCHITECTURE P_IF OF ENCODER_PRIO IS
BEGIN
    PROCESS(I0, I1, I2, I3)
    BEGIN
        IF I3 = '1' THEN
            CODE_PRIO <= "11";
        ELSIF I2 = '1' THEN
            CODE_PRIO <= "10";
        ELSIF I1 = '1' THEN
            CODE_PRIO <= "01";
        ELSIF I0 = '1' THEN
            CODE_PRIO <= "00";
        ELSE
```

```
            CODE_PRIO <= "XX";
        END IF;
    END PROCESS;
END P_IF;
```

在条件信号赋值语句中,如果条件是多个条件的组合(一个布尔表达式),可以用逻辑运算符 AND、OR 和 NOT 把这些条件组合在一起。

【例9-14】用VHDL描述带使能的2-4译码器,译码器的真值表如表9-5所示。

表9-5 带使能的2-4译码器真值表

EN	A(1)	A(0)	D(3)	D(2)	D(1)	D(0)
1	0	0	0	0	0	1
1	0	1	0	0	1	0
1	1	0	0	1	0	0
1	1	1	1	0	0	0
0	X	X	0	0	0	0

带使能的2-4译码器的描述如代码9-14所示。

代码9-14:

```
LIBRARY IEEE;
USE IEEE.STD_LOGIC_1164.ALL;
ENTITY DECODER IS
PORT(
    A: IN STD_LOGIC_VECTOR(1 DOWNTO 0);
    EN: IN STD_LOGIC;
    D: OUT STD_LOGIC_VECTOR(3 DOWNTO 0));
END DECODER;
ARCHITECTURE RTL OF DECODER IS
BEGIN
    D <= "0001" WHEN (A = "00" AND EN = '1') ELSE
         "0010" WHEN (A = "01" AND EN = '1') ELSE
         "0100" WHEN (A = "10" AND EN = '1') ELSE
         "1000" WHEN (A = "11" AND EN = '1') ELSE
         "0000";
END RTL;
```

9.6.3 选择信号赋值语句

选择信号赋值语句类似于CASE语句,它对选择信号进行测试,当选择信号为不同值时,将不同的计算结果赋值给目的信号量。选择信号赋值语句的格式为:

```
WITH    选择信号   SELECT
   目的信号量 <=    表达式1   WHEN 选择值1,
                  表达式2   WHEN 选择值2,
                  ......
                  表达式n   WHEN OTHERS;
```

在选择信号赋值语句中,选择值必须是选择信号的有效值,各选择值之间必须是互斥的,而且选择信号的所有可能值都必须列出。关键字OTHERS用在最后,当还有一些选择值没有列出时,就可以用OTHERS来表示其他没有列出的值。选择信号赋值语句对应于多路选择器。

【例9-15】用选择信号赋值语句描述MUX4-1选择器。MUX4-1有四路输入I0、I1、I2、I3,选择信号为SEL,当SEL为00时选择I0,SEL为01时选择I1,SEL为10时选择I2,SEL为11时选择I3。

MUX4-1选择器的描述如代码9-15所示。

代码9-15:

```
LIBRARY IEEE;
USE IEEE.STD_LOGIC_1164.ALL;
ENTITY MUX4_1 IS
PORT(
    I0, I1, I2, I3: IN STD_LOGIC;
    SEL: IN STD_LOGIC_VECTOR(1 DOWNTO 0);
    Q: OUT STD_LOGIC);
END MUX4_1;
ARCHITECTURE RTL OF MUX4_1 IS
BEGIN
    WITH SEL SELECT
        Q <= I0 WHEN "00",
             I1 WHEN "01",
             I2 WHEN "10",
             I3 WHEN "11";
END RTL;
```

代码穷举了SEL所有的可能值,当SEL为某个值时,输出选择相应的输入信号。

选择信号赋值语句等效于内部用CASE语句描述的进程。因此代码9-15和代码9-9是等效的。

上面描述单个bit的MUX4-1选择器的代码也可以用来描述n-bit的MUX4-1选择器。

【例9-16】用选择信号赋值语句描述n-bit的MUX4-1选择器。

n-bit的MUX4-1选择器的描述如代码9-16所示。

代码9-16:

```
LIBRARY IEEE;
USE IEEE.STD_LOGIC_1164.ALL;
ENTITY MUX4_1_N IS
GENERIC(N: INTEGER := 8);
PORT(
    I0, I1, I2, I3: IN STD_LOGIC_VECTOR(N-1 DOWNTO 0);
    SEL: IN STD_LOGIC_VECTOR(1 DOWNTO 0);
    Q: OUT STD_LOGIC_VECTOR(N-1 DOWNTO 0));
END MUX4_1_N;
ARCHITECTURE RTL OF MUX4_1_N IS
BEGIN
    WITH SEL SELECT
        Q <= I0 WHEN "00",
             I1 WHEN "01",
```

```
        I2 WHEN "10",
        I3 WHEN "11";
END RTL;
```

这里用GENERIC来传递数据宽度信息N,在实体中数据的宽度都用N来表示。可以看到,结构体中的代码和单bit的MUX4-1选择器的代码完全相同。

在选择信号赋值语句中,也可以有多个选择值对应于一个输出选择,这时用符号"|"连接多个选择值。

【例9-17】用选择信号赋值语句描述4输入优先编码器。优先编码器的输入为I0、I1、I2、I3,输出为编码CODE_PRIO。四个输入I0、I1、I2、I3的优先级依次升高。

4输入优先编码器的描述如代码9-17所示。

代码9-17:

```
LIBRARY IEEE;
USE IEEE.STD_LOGIC_1164.ALL;
ENTITY ENCODER_PRIO IS
PORT(
    I0, I1, I2, I3: IN  STD_LOGIC;
    VALID: OUT STD_LOGIC;
    CODE_PRIO: OUT STD_LOGIC_VECTOR(1 DOWNTO 0));
END ENCODER_PRIO;
ARCHITECTURE RTL OF ENCODER_PRIO IS
    SIGNAL S: STD_LOGIC_VECTOR(3 DOWNTO 0);
    SIGNAL CODE: STD_LOGIC_VECTOR(2 DOWNTO 0);
BEGIN
    S <= I3 & I2 & I1 & I0;
    WITH S SELECT
    CODE <= "111" WHEN "1000" | "1001" | "1010" |   "1011" |
                       "1100" | "1101" | "1110" | "1111",
            "110" WHEN "0100" | "0101" | "0110" |   "0111",
            "101" WHEN "0010" | "0011",
            "100" WHEN "0001",
            "000" WHEN OTHERS;
    VALID <= CODE(2);
    CODE_PRIO <= CODE(1 DOWNTO 0);
END RTL;
```

9.6.4 元件声明和例化语句

在一个设计中可以使用其他已设计好的元件或模块,形成层次化、结构化的设计。设计好的元件或模块放在元件库(或工作库)中,为了能够调用这些元件或模块,必须在结构体中先声明这个元件。元件声明语句的格式如下:

```
COMPONENT 元件名
    GENERIC 说明语句;
    PORT 说明语句;
END COMPONENT;
```

元件声明语句放在结构体 ARCHITECTURE、程序包 PACKAGE 和块 BLOCK 的说明部分。其中 GENERIC 语句用于该元件参数的说明,PORT 语句规定了该元件的输入输出端口。

在结构体中,可以对在结构体中声明的元件进行例化,表明在这个结构体中包含了这样一个元件。这个元件有实际的类属值,而且和实际的信号或端口相连。信号或端口的连接关系用端口映射语句 PORT MAP 描述,类属参数的传递用类属映射语句 GENERIC MAP 描述。PORT MAP 语句的格式为:

元件标号: 元件名 PORT MAP(信号, 信号, …);

元件标号在设计中是唯一的,元件名在库中必须存在,下层元件和上层模块之间的连接通过信号之间的对应映射关系实现。信号的映射分为位置映射和信号名映射两种方式。

位置映射是指在 PORT MAP 语句中指定的实际信号书写顺序和下层元件端口说明中的信号顺序一一对应。例如二输入与门 AND_2 的端口定义为:

```
PORT(
    A, B: IN BIT;
    C: OUT BIT);
```

如果在设计中调用了一个与门 u2,其中的信号对应关系为:

u2: AND_2 PORT MAP(D1, D2, D3);

即在设计中 D1 对应连接 AND_2 的 A 端口,D2 对应连接 B 端口,D3 对应连接 C 端口。

信号名映射是把调用模块的端口名称对应映射到设计模块的信号名。上面的端口映射语句也可以写为:

```
u2: AND_2 PORT MAP(A => D1,
                   B => D2,
                   C => D3);
```

GENERIC 语句用于向设计模块传递信息和参数,通常用于数据的宽度、数组的长度和器件的延时等参数的传递。在设计中可以把模块设计为通用模块,参数待定,当传递了实际类属值后,即可以实现不同参数的设计。在元件例化语句中,参数的传递用 GENERIC MAP 语句实现。

【例9-18】用三个二输入与门 AND_2 构成一个四输入与门 AND_4,电路结构如图9-7所示。

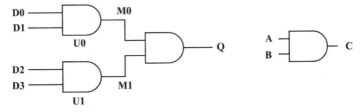

图9-7 用三个二输入与门构成一个四输入与门电路结构

四输入与门的描述如代码9-18所示。

代码 9-18：

二输入与门 AND_2 的描述：

```
ENTITY AND_2 IS
GENERIC(RISE, FALL: TIME := 5 NS);
PORT(
    A, B: IN BIT;
    C: OUT BIT);
END AND_2;
ARCHITECTURE GENERIC_EXAMPLE OF AND_2 IS
    SIGNAL S: BIT;
BEGIN
    S <= A AND B;
    C <= S AFTER RISE WHEN S = '1' ELSE S AFTER FALL;
END GENERIC_EXAMPLE;
```

四输入与门 AND_4 的描述：

```
ENTITY AND_4 IS
PORT(
    D0, D1, D2, D3: IN BIT;
    Q: OUT BIT);
END AND_4;
ARCHITECTURE GENERIC_MAP_EXAMPLE OF AND_4 IS
    COMPONENT AND_2                 --声明元件 AND_2
    GENERIC(RISE, FALL : TIME := 5 NS);
    PORT(
        A, B: IN BIT;
        C: OUT BIT);
    END COMPONENT;
    SIGNAL M0, M1: BIT;
BEGIN
    U0: AND_2                       --元件 U0
        GENERIC MAP(5 ns, 7 ns)     --GENERIC MAP 后不加分号
        PORT MAP(A => D0, B => D1, C => M0);
    U1: AND_2
        GENERIC MAP(5 ns, 7 ns)
        PORT MAP(A => D2, B => D3, C => M1);
    U2: AND_2
        GENERIC MAP(RISE => 9 ns, FALL => 11 ns)
        PORT MAP(A => M0, B => M1, C => Q);
END GENERIC_MAP_EXAMPLE;
```

上面的代码中调用了三次二输入与门 AND_2，每个二输入与门 AND_2 的上升沿和下降沿采用了不同的参数。

9.6.5 生成语句

生成语句 GENERATE 可以用来产生规则的结构，如块、元件和进程的阵列。GENERATE 语句有两种形式，分别为 FOR 形式和 IF 形式的生成语句。FOR 形式生成语句的

格式为：

> 标号:**FOR** 变量 **IN** 离散范围 **GENERATE**
> 并行语句
> **END GENERATE [标号];**

FOR形式的生成语句用于描述重复的结构。例如用1-bit全加器构成的8-bit进位传播加法器，可以用元件例化语句PORT MAP来描述，这需要用8条PORT MAP语句。用GENERATE语句描述则只需要一条语句。

【例9-19】用GENERATE语句描述8-bit进位传播加法器，电路结构如图9-5所示。

8-bit进位传播加法器的描述如代码9-19所示。这里假定1-bit全加器FULL_ADDER已设计完成。

代码9-19：

```
LIBRARY  IEEE;
USE  IEEE.STD_LOGIC_1164.ALL;
ENTITY ADDER_8BIT IS
PORT(
    A, B: IN STD_LOGIC_VECTOR(7 DOWNTO 0);
    S: OUT STD_LOGIC_VECTOR(7 DOWNTO 0));
END ADDER_8BIT;
ARCHITECTURE FORGEN_EXAMPLE OF ADDER_8BIT IS
    COMPONENT FULL_ADDER          --声明元件 FULL_ADDER
    PORT(
        A, B, CI: IN STD_LOGIC;
        S, CO: OUT STD_LOGIC);
    END COMPONENT;
    SIGNAL C: STD_LOGIC_VECTOR(8 DOWNTO 0);--定义中间信号
BEGIN
    C(0) <= '0';     --最低位的进位输入为0
    GEN_ADDERS: FOR I IN 0 TO 7 GENERATE
        ADDERS : FULL_ADDER PORT MAP(
                            A => A(I),
                            B => B(I),
                            CI => C(I),
                            S => S(I),
                            CO => C(I+1));
    END GENERATE GEN_ADDERS;
END FORGEN_EXAMPLE;
```

在代码9-19中，用GENERATE语句描述了规则连接的1-bit全加器，产生了8个全加器；定义了9位中间进位信号，低位的进位输出连接高位的进位输入，把8个全加器连接起来构成一个8-bit进位传播加法器。

在FOR形式的生成语句中，FOR的使用和循环语句类似，循环变量I也不需要预先定义，在模块中不可见，也不可赋值。

IF形式的生成语句用于处理规则结构中的例外情况，例如发生在边界的特殊情况，只有在IF条件为真时，才执行内部的语句。和顺序语句中的IF语句不同，IF形式的生成语句中不能含有ELSE。IF形式生成语句的格式为：

> 标号: **IF** 条件 **GENERATE**
> 　并行语句
> **END GENERATE [标号]**;

例如上面例子中的8-bit加法器，在最低有效位实际上没有进位输入，在最高有效位也没有进位输出，只有中间的一段是规则结构，对于最低和最高有效位可以使用IF形式的生成语句描述。这里假定1-bit全加器和用于边界的两种半加器都已设计完成。

```
LIBRARY IEEE;
USE IEEE.STD_LOGIC_1164.ALL;
ENTITY ADDER_8BIT1 IS
PORT(
    A, B: IN STD_LOGIC_VECTOR(7 DOWNTO 0);
    S: OUT STD_LOGIC_VECTOR(7 DOWNTO 0));
END ADDER_8BIT1;
ARCHITECTURE IFGEN_EXAMPLE OF ADDER_8BIT1 IS
    COMPONENT FULL_ADDER        --声明元件FULL_ADDER
    PORT(
        A, B, CI: IN STD_LOGIC;
        S, CO: OUT STD_LOGIC);
    END COMPONENT;
    COMPONENT HALF_ADDER1       --声明元件HALF_ADDER1
    PORT(
        A, B: IN STD_LOGIC;
        S: OUT STD_LOGIC;
        CO: OUT STD_LOGIC);
    END COMPONENT;
    COMPONENT HALF_ADDER2       --声明元件HALF_ADDER2
    PORT(
        A, B: IN STD_LOGIC;
        CI: IN STD_LOGIC;
        S: OUT STD_LOGIC);
    END COMPONENT;
    SIGNAL INTER_C: STD_LOGIC_VECTOR(6 DOWNTO 0);
BEGIN
    GEN_ADDERS: FOR I IN 0 TO 7 GENERATE
        LS_BIT: IF I = 0 GENERATE
            LS_CELL : HALF_ADDER1 PORT MAP(
                A => A(0),
                B => B(0),
                S => S(0),
                CO => INTER_C(0));
        END GENERATE LS_BIT;
        MIDDLE_BITS: IF I>0 AND I<7 GENERATE
            MIDDLE_CELLS: FULL_ADDER PORT MAP(
                A => A(I),
                B => B(I),
```

```
            CI => INTER_C(I-1),
            S  => S(I),
            CO => INTER_C(I));
      END GENERATE MIDDLE_BITS;
   MS_BIT: IF I = 7 GENERATE
        MS_CELL : HALF_ADDER2 PORT MAP(
            A => A(7),
            B => B(7),
            CI => INTER_C(6),
            S => S(7));
      END GENERATE MS_BIT;
    END GENERATE GEN_ADDERS;
END IFGEN_EXAMPLE;
```

在外层的生成语句中,I取值为0~7。在最低有效位,即 I = 0 时,产生了一个半加器 HALF_ADDER1,半加器的输入连接到输入的最低有效位 A(0)和 B(0),输出连接到输出最低有效位 S(0),进位输出连接到定义的中间信号 INTER_C(0)。中间的各位是规则连接的结构,产生了 6 个 1-bit 全加器 FULL_ADDER。在最高有效位,即 I = 7 时,产生了一个半加器 HALF_ADDER2。

习题

9-1 用逻辑运算符在门级描述一个 1-bit 半加器。半加器的输入为 A 和 B,输出为和 S 和进位输出 C。

9-2 用逻辑运算符在门级描述一个 2-bit 无符号数比较器。比较器的输入为 A 和 B,输出为大于比较 A_GT_B、小于比较 A_LT_B 和等于比较 A_EQ_B。

9-3 用 VHDL 描述一个 BCD 码到余三码的转换电路,输入为 BCD 码 $D_3D_2D_1D_0$,输出为余三码 $F_3F_2F_1F_0$,要求用进程和 CASE 语句描述。

9-4 用逻辑运算符在门级描述一个 3-8 译码器,译码器的真值表如表题 9-4 所示。

表题 9-4

输入			输出							
A	B	C	D7	D6	D5	D4	D3	D2	D1	D0
0	0	0	0	0	0	0	0	0	0	1
0	0	1	0	0	0	0	0	0	1	0
0	1	0	0	0	0	0	0	1	0	0
0	1	1	0	0	0	0	1	0	0	0
1	0	0	0	0	0	1	0	0	0	0
1	0	1	0	0	1	0	0	0	0	0
1	1	0	0	1	0	0	0	0	0	0
1	1	1	1	0	0	0	0	0	0	0

9-5 在行为级描述图题 9-5 所示的电路,要求每个门对应于一个进程。

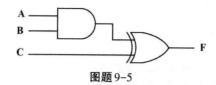

图题 9-5

9-6 用VHDL描述图题9-6所示的电路。要求:(1)在行为级描述电路,要求每个门对应于一个进程,每个进程中至少有一条信号赋值语句;(2)在行为级描述电路,要求用一个进程描述。

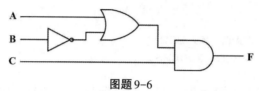

图题 9-6

9-7 某数字电路的真值表如表题9-7所示,其中输入组合110和111是不可能发生的状态,用VHDL描述这个电路。要求:(1)用进程和CASE语句描述;(2)用选择信号赋值语句描述。

表题 9-7

输入			输出	
A	B	C	W	Y
0	0	0	1	0
0	0	1	0	1
0	1	0	1	1
0	1	1	1	0
1	0	0	1	1
1	0	1	0	0

9-8 某数字电路的真值表如表题9-8所示,用VHDL描述这个电路。要求:(1)用进程和IF语句描述;(2)用进程和CASE语句描述;(3)在EDA工具上综合,比较两种描述产生的RTL电路和硬件开销。

表题 9-8

输入			输出
A	B	C	X
0	0	0	1
0	0	1	0
0	1	0	1
0	1	1	1
1	0	0	1
1	0	1	0
1	1	0	1
1	1	1	1

9-9 用VHDL描述一个8-3优先编码器,输入为$I_7 I_6 I_5 I_4 I_3 I_2 I_1 I_0$,输出为编码$D_2 D_1 D_0$和有效标识VALID,输入$I_7$的优先级最高,$I_0$的优先级最低,输入为高有效。要求:(1)用进程

和 IF 语句描述;(2)用条件信号赋值语句描述。

9-10 用 VHDL 描述图 9-6 所示的电路模块。要求:(1)描述子模块 MUX2-1;(2)描述子模块加法器;(3)描述子模块减法器;(4)调用子模块 MUX2-1、加法器和减法器,使用 COMPONENT 和 PORT MAP 语句描述 DESIGN 模块。

9-11 用 VHDL 描述一个奇偶校验位生成电路,输入为数据 $D_7D_6D_5D_4D_3D_2D_1D_0$,输出为偶校验位 EVEN 和奇校验位 ODD,把输入数据按 bit 异或,就可以得到偶校验位,奇校验位是偶校验位的非。要求:(1)用逻辑运算符直接描述奇校验位输出;(2)用进程和循环语句描述偶校验位输出。

9-12 用 VHDL 描述一个 4-bit 移位寄存器,寄存器的输入为时钟 CLK、串行输入 SI,输出为串行输出 SO。要求:(1)描述构成移位寄存器的 D 触发器;(2)用 GENERATE 语句描述 4-bit 移位寄存器。

10 用VHDL描述数字电路模块

10.1 组合电路的描述

组合电路是一种前向的电路,没有存储单元,也没有反馈通路。因此用VHDL语言描述组合电路时,可以直接描述输出的逻辑函数式,可以根据真值表用进程和IF、CASE等顺序语句或用并行信号赋值语句描述电路的行为,也可以使用元件例化语句描述电路的结构。

10.1.1 加法器

● 1-bit全加器

1-bit全加器的电路符号如图10-1所示。它的输入是两个1-bit数A、B和来自低位的进位输入CI,输出是和S和向高位的进位CO。1-bit全加器的真值表如表10-1所示。

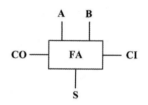

图10-1 1-bit全加器电路符号

表10-1 1-bit全加器真值表

A	B	CI	S	CO
0	0	0	0	0
0	0	1	1	0
0	1	0	1	0
0	1	1	0	1
1	0	0	1	0
1	0	1	0	1
1	1	0	0	1
1	1	1	1	1

由真值表可以得到输出的逻辑函数式,用VHDL描述全加器时,可以直接描述逻辑函数式,也可以根据真值表用进程来描述,如代码10-1所示。

代码10-1:

```
LIBRARY IEEE;
USE IEEE.STD_LOGIC_1164.ALL;
ENTITY FA IS
PORT(
    A, B, CI: IN STD_LOGIC;
    S, CO: OUT STD_LOGIC);
```

```
END FA;
ARCHITECTURE RTL OF FA IS
    SIGNAL ABC: STD_LOGIC_VECTOR(2 DOWNTO 0);
BEGIN
    ABC <= A & B & CI;
    PROCESS(ABC)
    BEGIN
        CASE ABC IS
            WHEN "000" =>
                S <= '0';
                CO <= '0';
            WHEN "001" =>
                S <= '1';
                CO <= '0';
            WHEN "010" =>
                S <= '1';
                CO <= '0';
            WHEN "011" =>
                S <= '0';
                CO <= '1';
            WHEN "100" =>
                S <= '1';
                CO <= '0';
            WHEN "101" =>
                S <= '0';
                CO <= '1';
            WHEN "110" =>
                S <= '0';
                CO <= '1';
            WHEN "111" =>
                S <= '1';
                CO <= '1';
        END CASE;
    END PROCESS;
END RTL;
```

● **进位传播加法器**

可以把多个 1-bit 全加器级联起来实现多 bit 数相加,这就是进位传播加法器。n-bit 进位传播加法器的结构如图 10-2 所示。

可以用元件例化语句或生成语句描述进位传播加法器的结构。4-bit 进位传播加法器的描述如代码 10-2 所示。

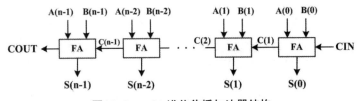

图 10-2 n-bit 进位传播加法器结构

代码10-2：

```
LIBRARY IEEE;
USE IEEE.STD_LOGIC_1164.ALL;
ENTITY CPA_4BIT IS
PORT(
    A, B: IN STD_LOGIC_VECTOR(3 DOWNTO 0);
    CIN: IN STD_LOGIC;
    S: OUT STD_LOGIC_VECTOR(3 DOWNTO 0);
    COUT: OUT STD_LOGIC);
END CPA_4BIT;
ARCHITECTURE STRUCTURE OF CPA_4BIT IS
    COMPONENT FA
    PORT(
        A, B, CI: IN STD_LOGIC;
        S, CO: OUT STD_LOGIC);
    END COMPONENT;
    SIGNAL C: STD_LOGIC_VECTOR(4 DOWNTO 0);
BEGIN
    C(0) <= CIN;
    U0: FA PORT MAP(A(0), B(0), C(0), S(0), C(1));
    U1: FA PORT MAP(A(1), B(1), C(1), S(1), C(2));
    U2: FA PORT MAP(A(2), B(2), C(2), S(2), C(3));
    U3: FA PORT MAP(A(3), B(3), C(3), S(3), C(4));
    COUT <= C(4);
END STRUCTURE;
```

这里声明了一个5-bit的信号C来表示中间的进位信号，用了4条元件例化语句产生4个全加器。4个全加器通过进位信号连接起来，构成了4-bit进位传播加法器。

当数据宽度比较宽时，就需要很多条元件例化语句来描述，这时使用GENERATE语句来描述比较方便。16-bit进位传播加法器的描述如代码10-3所示。

代码10-3：

```
LIBRARY IEEE;
USE IEEE.STD_LOGIC_1164.ALL;
ENTITY CPA_16BIT IS
PORT(
    A, B: IN STD_LOGIC_VECTOR(15 DOWNTO 0);
    CIN: IN STD_LOGIC;
    S: OUT STD_LOGIC_VECTOR(15 DOWNTO 0);
    COUT: OUT STD_LOGIC);
END CPA_16BIT;
ARCHITECTURE STRUCTURE OF CPA_16BIT IS
    COMPONENT FA
    PORT(
        A, B, CI: IN STD_LOGIC;
        S, CO: OUT STD_LOGIC);
    END COMPONENT;
    SIGNAL C: STD_LOGIC_VECTOR(16 DOWNTO 0);
```

```
BEGIN
    C(0) <= CIN;
    GEN_ADDERS: FOR I IN 0 TO 15 GENERATE
        ADDERS: FA PORT MAP(
                    A => A(I),
                    B => B(I),
                    CI => C(I),
                    S => S(I),
                    CO => C(I+1));
    END GENERATE;
COUT <= C(16);
END STRUCTURE;
```

● **提前进位加法器**

进位传播加法器中每一位的运算都需要等待前一位的进位,因此运算延时较长,速度较慢。提前进位加法器的思路是不再等待低位的进位,而是改变进位的运算方式,把进位的计算分为两部分,一部分称为进位传播p,另一部分称为进位产生g,对于每一个计算位,p和g分别为:

$$p_i = a_i \oplus b_i$$
$$g_i = a_i \cdot b_i$$

进位输出可以表示为:

$$c_i = g_i + p_i c_i$$

单个bit加法产生的和可以表示为:

$$s_i = p_i \oplus c_i$$

对于4-bit加法器,利用上面的公式就可以计算出各位的进位输出:

$$c_1 = g_0 + p_0 c_0$$
$$c_2 = g_1 + p_1 c_1 = g_1 + g_0 p_1 + p_1 p_0 c_0$$
$$c_3 = g_2 + p_2 c_2 = g_2 + g_1 p_2 + g_0 p_1 p_2 + p_2 p_1 p_0 c_0$$
$$c_4 = g_3 + p_3 c_3 = g_3 + g_2 p_3 + g_1 p_2 p_3 + g_0 p_1 p_2 p_3 + p_3 p_2 p_1 p_0 c_0$$

当数据宽度较大时,高位的进位逻辑比较复杂,因此通常把相加的数分为每4-bit一组,第二个4-bit组的进位输入c_4可以表示为:

$$c_4 = G_0 + P_0 c_0$$
$$G_0 = g_3 + g_2 p_3 + g_1 p_2 p_3 + g_0 p_1 p_2 p_3$$
$$P_0 = p_3 p_2 p_1 p_0$$

各个4-bit组的"组进位产生"和"组进位传播"信号:

$$G_i = g_{i+3} + g_{i+2} p_{i+3} + g_{i+1} p_{i+2} p_{i+3} + g_i p_{i+1} p_{i+2} p_{i+3}$$
$$P_i = p_i p_{i+1} p_{i+2} p_{i+3}$$

各个4-bit组的进位输出为:

$$c_4 = G_0 + P_0 c_0$$
$$c_8 = G_1 + G_0 P_1 + P_1 P_0 c_0$$
$$c_{12} = G_2 + G_1 P_2 + G_0 P_1 P_2 + P_2 P_1 P_0 c_0$$
$$c_{16} = G_3 + G_2 P_3 + G_1 P_3 P_2 + G_0 P_1 P_2 P_3 + P_3 P_2 P_1 P_0 c_0$$

可以看出,组提前进位的逻辑函数式和位提前进位的逻辑函数式是相同的,提前进位逻辑可以形成CLA模块,用CLA模块可以实现结构化的提前进位加法器。16-bit提前进位加法器的结构如图10-3所示。

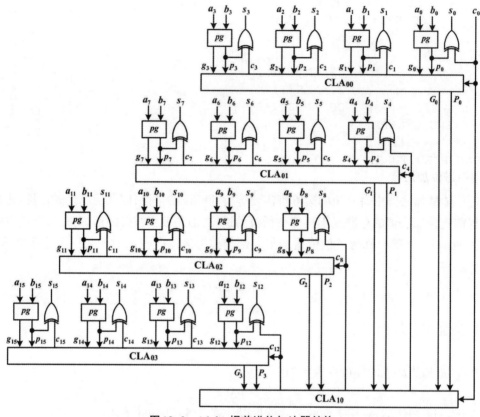

图10-3　16-bit提前进位加法器结构

用VHDL描述提前进位加法器时,可以先描述产生进位传播和进位产生信号的电路模块PG。

PG模块的描述如代码10-4所示。

代码10-4:

```
LIBRARY IEEE;
USE IEEE.STD_LOGIC_1164.ALL;
ENTITY PG IS
PORT(
    A, B: IN STD_LOGIC_VECTOR(15 DOWNTO 0);
    P, G: OUT STD_LOGIC_VECTOR(15 DOWNTO 0));
END PG;
ARCHITECTURE RTL OF PG IS
BEGIN
    P <= A XOR B;
    G <= A AND B;
END RTL;
```

然后描述提前进位逻辑模块,提前进位逻辑分为位提前进位逻辑和组提前进位逻辑。位提前进位逻辑模块为BIT_CLA,模块的输入为4-bit组产生的P和G,组进位输入CI,输出为各位的进位输入。BIT_CLA 模块的描述如代码 10-5 所示。

代码 10-5：

```
LIBRARY IEEE;
USE IEEE.STD_LOGIC_1164.ALL;
ENTITY BIT_CLA IS
PORT(
    P, G: IN STD_LOGIC_VECTOR(3 DOWNTO 0);
    CI: IN STD_LOGIC;
    COUT: OUT STD_LOGIC_VECTOR(3 DOWNTO 0));
END BIT_CLA;
ARCHITECTURE RTL OF BIT_CLA IS
BEGIN
    COUT(0) <= CI;
    COUT(1) <= G(0) OR (P(0) AND CI);
    COUT(2) <= G(1) OR (G(0) AND P(1)) OR
              (P(0) AND P(1) AND CI);
    COUT(3) <= G(2) OR (G(1) AND P(2)) OR
              (G(0) AND P(1) AND P(2)) OR
    (P(0) AND P(1) AND P(2) AND P(3) AND CI);
END RTL;
```

组提前进位逻辑模块为 G_CLA，模块的输入为 4-bit 组产生的 P 和 G，输出为组进位产生 GG 和组进位传播 PP。G_CLA 模块的描述如代码 10-6 所示。

代码 10-6：

```
LIBRARY IEEE;
USE IEEE.STD_LOGIC_1164.ALL;
ENTITY G_CLA IS
PORT(
    P, G: IN STD_LOGIC_VECTOR(3 DOWNTO 0);
    PP, GG: OUT STD_LOGIC);
END G_CLA;
ARCHITECTURE RTL OF G_CLA IS
BEGIN
    PP <= P(0) AND P(1) AND P(2) AND P(3);
    GG <= G(3) OR (G(2) AND P(3)) OR
          (G(1) AND P(2) AND P(3)) OR
          (G(0) AND P(1) AND P(2) AND P(3));
END RTL;
```

用设计好的 PG 模块和 CLA 模块构成提前进位加法器。提前进位加法器的描述如代码 10-7 所示。

代码 10-7：

```
LIBRARY IEEE;
USE IEEE.STD_LOGIC_1164.ALL;
ENTITY CLA_16BIT IS
PORT(
    A, B: IN STD_LOGIC_VECTOR(15 DOWNTO 0);
```

```
        CI: IN STD_LOGIC;
        S: OUT STD_LOGIC_VECTOR(15 DOWNTO 0));
END CLA_16BIT;
ARCHITECTURE RTL OF CLA_16BIT IS
    COMPONENT PG
    PORT(
        A, B: IN STD_LOGIC_VECTOR(15 DOWNTO 0);
        P, G: OUT STD_LOGIC_VECTOR(15 DOWNTO 0));
    END COMPONENT;
    COMPONENT BIT_CLA
    PORT(
        P, G: IN STD_LOGIC_VECTOR(3 DOWNTO 0);
        CI: IN STD_LOGIC;
        COUT: OUT STD_LOGIC_VECTOR(3 DOWNTO 0));
    END COMPONENT;
    COMPONENT G_CLA
    PORT(
        P, G: IN STD_LOGIC_VECTOR(3 DOWNTO 0);
        PP, GG: OUT STD_LOGIC);
    END COMPONENT;
    SIGNAL P, G: STD_LOGIC_VECTOR(15 DOWNTO 0);
    SIGNAL PP, GG: STD_LOGIC_VECTOR(3 DOWNTO 0);
    SIGNAL C: STD_LOGIC_VECTOR(15 DOWNTO 0);
    SIGNAL GC: STD_LOGIC_VECTOR(3 DOWNTO 0);
BEGIN
    GEN_PG: PG PORT MAP(
        A => A,
        B => B,
        P => P,
        G => G);
    G_CLA_0_3: G_CLA PORT MAP(
        P => P(3 DOWNTO 0),
        G => G(3 DOWNTO 0),
        PP => PP(0),
        GG => GG(0));
    G_CLA_4_7: G_CLA PORT MAP(
        P => P(7 DOWNTO 4),
        G => G(7 DOWNTO 4),
        PP => PP(1),
        GG => GG(1));
    G_CLA_8_11: G_CLA PORT MAP(
        P => P(11 DOWNTO 8),
        G => G(11 DOWNTO 8),
        PP => PP(2),
        GG => GG(2));
    G_CLA_12_15: G_CLA PORT MAP(
        P => P(15 DOWNTO 12),
```

```
      G => G(15 DOWNTO 12),
      PP => PP(3),
      GG => GG(3));
  CLA_GC: BIT_CLA PORT MAP(
      P => PP,
      G => GG,
      CI => CI,
      COUT => GC);
  BIT_CLA0_3: BIT_CLA PORT MAP(
      P => P(3 DOWNTO 0),
      G => G(3 DOWNTO 0),
      CI => GC(0),
      COUT => C(3 DOWNTO 0));
  BIT_CLA4_7: BIT_CLA PORT MAP(
      P => P(7 DOWNTO 4),
      G => G(7 DOWNTO 4),
      CI => GC(1),
      COUT => C(7 DOWNTO 4));
  BIT_CLA8_11: BIT_CLA PORT MAP(
      P => P(11 DOWNTO 8),
      G => G(11 DOWNTO 8),
      CI => GC(2),
      COUT => C(11 DOWNTO 8));
  BIT_CLA12_15: BIT_CLA PORT MAP(
      P => P(15 DOWNTO 12),
      G => G(15 DOWNTO 12),
      CI => GC(3),
      COUT => C(15 DOWNTO 12));
  S <= P XOR C;
END RTL;
```

● **加减法器**

在数字系统中,通常并不单独实现加法器和减法器,而是使用进位传播加法器或提前进位加法器实现一个能实现加法也能实现减法的加减法器。一个4-bit加减法器的电路符号如图10-4所示,功能表如表10-2所示。

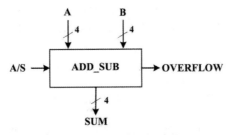

图10-4 4-bit加减法器电路符号

表10-2 4-bit加减法器功能表

A/S	功能	运算
0	有符号加法	A + B
1	有符号减法	A − B

对有符号补码表示的有符号数,做减法只需要加上减数的反码,再加1,即 $A − B = A + B' + 1$。由此可以设计电路选择不同的加数和进位输入,做加法时,加数为 B,进位输入为0;做减法时,加数为 B',进位输入为1。

加减法器有一个溢出输出OVERFLOW,做有符号数运算时,可以通过对最高位的进位输出和次高位的进位输出做异或得到溢出输出。

加减法器行为级的描述如代码10-8所示。

代码10-8:

```
LIBRARY IEEE;
USE IEEE.STD_LOGIC_1164.ALL;
USE IEEE.STD_LOGIC_UNSIGNED.ALL;
ENTITY ADD_SUB IS
GENERIC(N: INTEGER := 4);
PORT(
    A, B: IN STD_LOGIC_VECTOR(N-1 DOWNTO 0);
    AS: IN STD_LOGIC;
    SUM: OUT STD_LOGIC_VECTOR(N-1 DOWNTO 0);
    OVERFLOW: OUT STD_LOGIC);
END ADD_SUB;
ARCHITECTURE BEHAVE1 OF ADD_SUB IS
    SIGNAL S_EXT: STD_LOGIC_VECTOR(N DOWNTO 0);
    SIGNAL S_C: STD_LOGIC_VECTOR(N-1 DOWNTO 0);
BEGIN
    PROCESS(A, B, AS)
    BEGIN
        IF AS = '0' THEN
            S_EXT <= ('0'&A) + ('0'&B);
            S_C <= ('0'&A(N-2 DOWNTO 0)) +
                    ('0'&B(N-2 DOWNTO 0));
        ELSE
            S_EXT <= ('0'&A) + ('0'& NOT(B)) + 1;
            S_C <= ('0'&A(N-2 DOWNTO 0))+
                    ('0'&NOT(B(N-2 DOWNTO 0)))+1;
        END IF;
    END PROCESS;
    SUM <= S_EXT(N-1 DOWNTO 0);
    OVERFLOW <= S_EXT(N) XOR S_C(N-1);
END BEHAVE1;
```

这里用类属GENERIC传递数据宽度的信息。n-bit数据扩展为(n+1)-bit,运算结果保存在S_EXT中,溢出则通过最高位的进位输出S_EXT(N)和次高位的进位输出S_C(N-1)异或获得。

10.1.2 译码器

● 七段数码管显示译码器

七段数码管通过点亮不同段组合显示出不同的数字,LED段标识和组合显示的数字如图10-5所示。

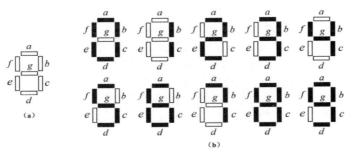

图10-5 七段数码管显示

BCD码是用4-bit二进制数表示十进制数,当要把十进制数显示出来时需要一个从BCD码到七段数码管显示的译码器。七段数码管显示译码器是一个组合电路,可以用进程和CASE语句描述。共阴的七段数码管显示译码器的描述如代码10-9所示。

代码10-9:

```
LIBRARY IEEE;
USE IEEE.STD_LOGIC_1164.ALL;
ENTITY SEG_47 IS
PORT(
    BCD: IN STD_LOGIC_VECTOR(3 DOWNTO 0);
    ABCDEFG: OUT STD_LOGIC_VECTOR(6 DOWNTO 0));
END SEG_47;
ARCHITECTURE RTL_P OF SEG_47 IS
BEGIN
    PROCESS(BCD)
    BEGIN
        CASE BCD IS
            WHEN "0000" => ABCDEFG <= "1111110";
            WHEN "0001" => ABCDEFG <= "0110000";
            WHEN "0010" => ABCDEFG <= "1101101";
            WHEN "0011" => ABCDEFG <= "1111001";
            WHEN "0100" => ABCDEFG <= "0110011";
            WHEN "0101" => ABCDEFG <= "1011011";
            WHEN "0110" => ABCDEFG <= "1011111";
            WHEN "0111" => ABCDEFG <= "1110000";
            WHEN "1000" => ABCDEFG <= "1111111";
            WHEN "1001" => ABCDEFG <= "1111011";
            WHEN OTHERS => ABCDEFG <= "1001111";
        END CASE;
    END PROCESS;
END RTL_P;
```

七段数码管显示译码器也可以用选择信号赋值语句来描述。

```
ARCHITECTURE RTL_SEL OF SEG_47 IS
BEGIN
    WITH BCD SELECT
        ABCDEFG <= "1111110" WHEN "0000",
                   "0110000" WHEN "0001",
                   "1101101" WHEN "0010",
                   "1111001" WHEN "0011",
                   "0110011" WHEN "0100",
                   "1011011" WHEN "0101",
                   "1011111" WHEN "0110",
                   "1110000" WHEN "0111",
                   "1111111" WHEN "1000",
                   "1111011" WHEN "1001",
                   "1001111" WHEN OTHERS;
    END RTL_SEL;
```

● **二进制译码器**

m-n译码器有m条输入线$A_{m-1},\cdots,A_0$,有n个输出$Y_{n-1},\cdots,Y_0$,$n=2^m$。通常译码器还有使能控制,使能信号E有效时,译码器可以正常输出;E无效时,译码器全部输出无效。3-8译码器的真值表如表10-3所示。

表10-3　3-8译码器真值表

输入				输出							
E	A2	A1	A0	Y7	Y6	Y5	Y4	Y3	Y2	Y1	Y0
0	X	X	X	0	0	0	0	0	0	0	0
1	0	0	0	0	0	0	0	0	0	0	1
1	0	0	1	0	0	0	0	0	0	1	0
1	0	1	0	0	0	0	0	0	1	0	0
1	0	1	1	0	0	0	0	1	0	0	0
1	1	0	0	0	0	0	1	0	0	0	0
1	1	0	1	0	0	1	0	0	0	0	0
1	1	1	0	0	1	0	0	0	0	0	0
1	1	1	1	1	0	0	0	0	0	0	0

根据真值表,可以直接描述3-8译码器,如代码10-10所示。

代码10-10:

```
LIBRARY IEEE;
USE IEEE.STD_LOGIC_1164.ALL;
ENTITY DECODER_38 IS
PORT(
    A: IN STD_LOGIC_VECTOR(2 DOWNTO 0);
    E: IN STD_LOGIC;
    Y: OUT STD_LOGIC_VECTOR(7 DOWNTO 0));
END DECODER_38;
ARCHITECTURE RTL OF DECODER_38 IS
BEGIN
```

```
    PROCESS(E, A)
    BEGIN
        IF E = '0' THEN
            Y <= (OTHERS => '0');
        ELSE
            CASE A IS
                WHEN "000" => Y <= "00000001";
                WHEN "001" => Y <= "00000010";
                WHEN "010" => Y <= "00000100";
                WHEN "011" => Y <= "00001000";
                WHEN "100" => Y <= "00010000";
                WHEN "101" => Y <= "00100000";
                WHEN "110" => Y <= "01000000";
                WHEN "111" => Y <= "10000000";
            END CASE;
        END IF;
    END PROCESS;
END RTL;
```

10.1.3 比较器

比较器的功能表如表10-4所示。

表10-4 比较器功能表

功能	G	L	E
A>B	1	0	0
A<B	0	1	0
A=B	0	0	1

在第四章中,比较器通过逐位比较的方法得到逻辑函数式,由此设计比较器的逻辑电路。用VHDL语言可以直接使用关系运算符来描述比较器,4-bit无符号数比较器的描述如代码10-11所示。

代码10-11:

```
LIBRARY IEEE;
USE IEEE.STD_LOGIC_1164.ALL;
ENTITY COMPARE IS
GENERIC(N: INTEGER := 4);
PORT(
    A, B: IN STD_LOGIC_VECTOR(N-1 DOWNTO 0);
    G, L, E: OUT STD_LOGIC);
END COMPARE;
ARCHITECTURE RTL OF COMPARE IS
BEGIN
    G <= '1' WHEN A > B ELSE '0';
    L <= '1' WHEN A < B ELSE '0';
    E <= '1' WHEN A = B ELSE '0';
END RTL;
```

这里用类属GENERIC传递数据宽度的信息,因此上面的代码可以实现任意宽度的比较器。

描述比较器时也可以使用STD_LOGIC_ARITH程序包,把数据定义为SIGNED或UNSIGNED,这样可以描述有符号数或无符号数比较器。4-bit有符号数比较器的描述如代码10-12所示。

代码10-12:

```
LIBRARY IEEE;
USE IEEE.STD_LOGIC_1164.ALL;
USE IEEE.STD_LOGIC_ARITH.ALL;
ENTITY COMPARE_SIGNED IS
GENERIC(N: INTEGER := 4);
PORT(
    A, B: IN SIGNED(N-1 DOWNTO 0);
    G, L, E: OUT STD_LOGIC);
END COMPARE_SIGNED;
ARCHITECTURE RTL OF COMPARE_SIGNED IS
BEGIN
    G <= '1' WHEN A > B ELSE '0';
    L <= '1' WHEN A < B ELSE '0';
    E <= '1' WHEN A = B ELSE '0';
END RTL;
```

10.1.4 移位器

移位器通常用于把二进制数向左、向右、循环移位,移入的数可以是0也可以是1。8-bit移位器的功能表如表10-5所示。

表10-5 8-bit移位器功能表

S1	S0	功能	示例
0	0	直通	$D_7D_6D_5D_4D_3D_2D_1D_0$
0	1	左移一位	$D_6D_5D_4D_3D_2D_1D_00$
1	0	右移一位	$0D_7D_6D_5D_4D_3D_2D_1$
1	1	循环移位	$D_6D_5D_4D_3D_2D_1D_0D_7$

可以根据功能表直接描述8-bit移位器,描述如代码10-13所示。

代码10-13:

```
LIBRARY IEEE;
USE IEEE.STD_LOGIC_1164.ALL;
ENTITY SHIFT IS
PORT(
    D: IN STD_LOGIC_VECTOR(7 DOWNTO 0);
    S: IN STD_LOGIC_VECTOR(1 DOWNTO 0);
    Y: OUT STD_LOGIC_VECTOR(7 DOWNTO 0));
END SHIFT;
ARCHITECTURE BEHAVE OF SHIFT IS
BEGIN
    PROCESS(D, S)
```

```
BEGIN
    CASE S IS
        WHEN "00" => Y <= D;
        WHEN "01" => Y <= D(6 DOWNTO 0) & '0';
        WHEN "10" => Y <= '0' & D(7 DOWNTO 1);
        WHEN "11" => Y <= D(6 DOWNTO 0) & D(7);
    END CASE;
    END PROCESS;
END BEHAVE;
```

10.1.5　三态缓冲器

三态缓冲器有三种状态:0、1和高阻。在VHDL中,高阻表示为'Z'。一种三态缓冲器的逻辑符号如图10-6所示。

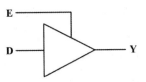

图10-6　三态缓冲器逻辑符号

当使能信号E为1有效时,数据D可以传送到输出Y;当E为0无效时,输出为高阻,可以看作输出和输入断开。三态缓冲器的描述如代码10-14所示。

代码10-14:

```
LIBRARY IEEE;
USE IEEE.STD_LOGIC_1164.ALL;
ENTITY TRI_BUFFER IS
PORT(
    D: IN STD_LOGIC_VECTOR(7 DOWNTO 0);
    E: IN STD_LOGIC;
    Y: OUT STD_LOGIC_VECTOR(7 DOWNTO 0));
END TRI_BUFFER;
ARCHITECTURE RTL OF TRI_BUFFER IS
BEGIN
    PROCESS(D, E)
    BEGIN
        IF E = '1' THEN
            Y <= D;
        ELSE
            Y <= (OTHERS => 'Z');
        END IF;
    END PROCESS;
END RTL;
```

10.2　时序电路的描述

时序电路中通常包含存储单元(如触发器)来保存信息。用VHDL语言描述时序电路时,可以使用已设计好的存储单元模块来例化元件,清楚地描述出存储单元,也可以使用进程隐含描述存储单元。

10.2.1 锁存器

锁存器是电平触发的,当控制信号在某一电平时对输出赋值,否则输出保持原来的状态。通常用进程和IF语句描述锁存器,在IF语句中没有ELSE,就会综合产生锁存器。描述锁存器的模板如下所示。

```
PROCESS(控制信号, 输入信号)
BEGIN
    IF (控制信号电平) THEN
        顺序语句
    END IF;
END PROCESS;
```

按照这个模板描述的D锁存器如代码10-15所示。

代码10-15:

```
LIBRARY IEEE;
USE IEEE.STD_LOGIC_1164.ALL;
ENTITY D_LATCH IS
PORT(
    CLK: IN STD_LOGIC;
    D: IN STD_LOGIC;
    Q: OUT STD_LOGIC);
END D_LATCH;
ARCHITECTURE RTL OF D_LATCH IS
BEGIN
    PROCESS(CLK, D)
    BEGIN
        IF CLK = '1' THEN
            Q <= D;
        END IF;
    END PROCESS;
END RTL;
```

描述D锁存器的结构体中只有一个进程,输入的时钟信号CLK和数据信号D必须都放入敏感信号表内。当CLK和D中的任何一个发生变化,输出都可能发生变化,对应的就是进程会执行一遍。当CLK为1时,把输入D赋值给输出Q;当CLK不为1时,不执行对Q的赋值,直接结束IF语句,这意味着Q保持原来的值。

在进程内部,描述锁存器的另一种等效写法是:

```
IF CLK = '1' THEN
    Q <= D;
ELSE
    Q <= Q;
END IF;
```

当CLK不为1时,Q赋值给它自己,即Q不变。需要注意的是,这样写时,输出Q必须定义为BUFFER模式。

要描述低电平触发的锁存器时,只需要把时钟条件写为CLK = '0'即可。

　　使用锁存器描述模板也可以描述锁存器锁存组合电路的输出。用锁存器锁存MUX2-1选择器输出的描述如代码10-16所示。

　　代码10-16：

```
LIBRARY IEEE;
USE IEEE.STD_LOGIC_1164.ALL;
ENTITY LATCH_MUX IS
PORT(
    CLK: IN STD_LOGIC;
    A, B, SEL: IN STD_LOGIC;
    Q: OUT STD_LOGIC);
END LATCH_MUX;
ARCHITECTURE RTL OF LATCH_MUX IS
BEGIN
    PROCESS(CLK, A, B, SEL)
    BEGIN
        IF CLK = '1' THEN
            IF SEL = '1' THEN
                Q <= A;
            ELSE
                Q <= B;
            END IF;
        END IF;
    END PROCESS;
END RTL;
```

　　这个进程中有两层嵌套的IF语句，内层IF语句有ELSE，是完整的IF语句，可以产生一个MUX2-1选择器；外层IF语句是不完整的IF语句，没有ELSE，则会产生一个锁存器，锁存MUX2-1选择器的输出。代码10-16综合产生的RTL电路如图10-7所示。

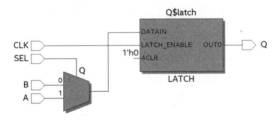

图10-7　代码10-16综合产生的RTL电路

　　当锁存器有异步控制信号时，描述时应先判断异步信号是否有效，然后判断时钟电平是否有效。带异步置位和清零的D锁存器的描述如代码10-17所示。

　　代码10-17：

```
LIBRARY IEEE;
USE IEEE.STD_LOGIC_1164.ALL;
ENTITY LATCH_SET IS
PORT(
    CLK: IN STD_LOGIC;
    SET, CLR: IN STD_LOGIC;
    D: IN STD_LOGIC;
```

```
        Q: OUT STD_LOGIC);
END LATCH_SET;
ARCHITECTURE RTL OF LATCH_SET IS
BEGIN
    PROCESS(CLK, SET, CLR, D)
    BEGIN
        IF SET = '1' THEN
            Q <= '1';
        ELSIF CLR = '1' THEN
            Q <= '0';
        ELSIF CLK = '1' THEN
            Q <= D;
        END IF;
    END PROCESS;
END RTL;
```

这里异步控制信号都是高有效，置位的优先级高于清零的优先级。

10.2.2 触发器

触发器是时钟边沿触发的，因此在写代码时需要检测时钟沿是否到来。检测时钟 CLK 的边沿可以用信号的属性来描述，如：

CLK'EVENT AND CLK = '1'

NOT CLK'STABLE AND CLK = '1'

如果时钟信号 CLK 的属性 EVENT 为"真"，并且 CLK='1'也同时为"真"，表明信号 CLK 发生了变化，并且 CLK 为'1'，意味着时钟信号有一个上升沿。

类似地，也可以使用 STABLE 属性，CLK 的 STABLE 属性为"真"，表明信号是稳定的，没有发生变化；如果 NOT CLK'STABLE 为"真"，则表明信号不稳定，发生了变化，如果同时 CLK='1'为"真"，意味着时钟信号有一个上升沿。当检测下降沿时，只需要把上面两种描述中的 CLK = '1'改为 CLK = '0'即可。

时钟信号的边沿也可以用函数来描述。STD_LOGIC_1164 程序包定义了一个检测上升沿的函数 RISING_EDGE，这个函数只有当时钟信号有一个从 0 到 1 的变化时返回"真"，检测时钟信号 CLK 的上升沿的条件可以写为：

RISING_EDGE(CLK)

当检测下降沿时，可以用 FALLING_EDGE 函数，写为：

FALLING_EDGE(CLK)

触发器通常也用进程和 IF 语句描述，描述触发器的模板如下所示。

```
PROCESS(时钟信号)
BEGIN
   IF (时钟边沿) THEN
        顺序语句
   END IF;
END PROCESS;
```

边沿触发 D 触发器的描述如代码 10-18 所示。

代码10-18:

```
LIBRARY IEEE;
USE IEEE.STD_LOGIC_1164.ALL;
ENTITY D_FF IS
PORT(
    CLK: IN STD_LOGIC;
    D: IN STD_LOGIC;
    Q: OUT STD_LOGIC);
END D_FF;
ARCHITECTURE RTL OF D_FF IS
BEGIN
    PROCESS(CLK)
    BEGIN
        IF CLK'EVENT AND CLK = '1' THEN
            Q <= D;
        END IF;
    END PROCESS;
END RTL;
```

也可以用WAIT语句来描述时钟沿,D触发器描述为:

```
ARCHITECTURE BEHAVE_WAIT OF D_FF IS
BEGIN
    PROCESS
    BEGIN
        WAIT UNTIL CLK'EVENT AND CLK = '1'
        Q <= D;
    END PROCESS;
END BEHAVE_WAIT;
```

但是用WAIT语句描述触发器或寄存器的一个问题是无法描述异步控制信号,因为异步控制信号的优先级通常高于时钟沿,在描述时在时钟信号之前判断。

在描述有异步控制的触发器时,时钟信号和异步控制信号必须放在敏感信号表中,其他输入信号都不在敏感信号表中。在IF语句中首先判断异步控制信号,在最后一个ELSIF中判断时钟沿,在这个ELSIF下的信号赋值都是同步信号赋值。

有异步控制信号的触发器或寄存器的描述模板如下:

```
PROCESS(时钟信号, 异步控制信号)
BEGIN
    IF (异步控制条件1) THEN
        顺序语句
    ......
    ELSIF (时钟边沿) THEN
        顺序语句
    END IF;
END PROCESS;
```

带异步复位和置位的D触发器的描述如代码10-19所示。

代码10-19:

```
LIBRARY IEEE;
USE IEEE.STD_LOGIC_1164.ALL;
ENTITY DFF_ASY IS
PORT(
    CLK, RESET, SET: IN STD_LOGIC;
    D: IN STD_LOGIC;
    Q: OUT STD_LOGIC);
END DFF_ASY;
ARCHITECTURE BEHAVE OF DFF_ASY IS
BEGIN
    PROCESS(CLK, RESET, SET)
    BEGIN
        IF RESET = '1' THEN
            Q <= '0';
        ELSIF SET = '1' THEN
            Q <= '1';
        ELSIF CLK'EVENT AND CLK = '1' THEN
            Q <= D;
        END IF;
    END PROCESS;
END BEHAVE;
```

同步控制信号只有在时钟沿到来时有效才会产生效果,因此同步控制信号不放在敏感信号表里,对同步控制信号的判断也需要放在判断时钟沿的IF分支下。带异步复位和同步置位的D触发器的描述如代码10-20所示。

代码10-20:

```
LIBRARY IEEE;
USE IEEE.STD_LOGIC_1164.ALL;
ENTITY DFF_SYN IS
PORT(
    CLK, RESET: IN STD_LOGIC;
    D, SET: IN STD_LOGIC;
    Q: OUT STD_LOGIC);
END DFF_SYN;
ARCHITECTURE BEHAVE OF DFF_SYN IS
BEGIN
    PROCESS(CLK, RESET)
    BEGIN
        IF RESET = '1' THEN
            Q <= '0';
        ELSIF CLK'EVENT AND CLK = '1' THEN
            IF SET = '1' THEN
                Q <= '1';
            ELSE
                Q <= D;
            END IF;
```

```
        END IF;
    END PROCESS;
END BEHAVE;
```

这里时钟信号CLK和异步复位信号RESET放在敏感信号表中,而同步置位信号SET和数据输入信号D不放在敏感信号表中。在IF语句中,首先判断异步复位RESET是否有效,如果无效则判断时钟沿是否到来。同步置位SET在判断时钟沿的ELSIF分支下判断。图10-8所示是代码10-20综合产生的RTL电路图。

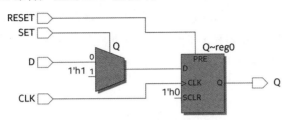

图10-8　代码10-20综合产生的RTL电路

触发器的输入控制通常用使能的方式来实现,在时钟沿到来时,使能有效则保存输入信号D;使能无效,则触发器的输出保持不变。带使能的D触发器也可以用类似的方式描述,如代码10-21所示。

代码10-21:

```
LIBRARY IEEE;
USE IEEE.STD_LOGIC_1164.ALL;
ENTITY DFF_EN IS
PORT(
    CLK: IN STD_LOGIC;
    D, EN: IN STD_LOGIC;
    Q: BUFFER STD_LOGIC);
END DFF_EN;
ARCHITECTURE RTL OF DFF_EN IS
BEGIN
    PROCESS(CLK)
    BEGIN
        IF CLK'EVENT AND CLK = '1' THEN
            IF EN = '1' THEN
                Q <= D;
            ELSE
                Q <= Q;
            END IF;
        END IF;
    END PROCESS;
END RTL;
```

带使能的触发器也可以写为更简洁的形式。

```
PROCESS(CLK)
BEGIN
    IF CLK'EVENT AND CLK = '1' THEN
        IF EN = '1' THEN
```

```
            Q <= D;
        END IF;
      END IF;
    END PROCESS;
```

10.2.3 寄存器

● 普通寄存器

描述D触发器的代码可以很容易地转化为描述寄存器的代码,只需要把输入、输出的数据类型从STD_LOGIC转换为STD_LOGIC_VECTOR。带异步复位、置位和同步使能的8-bit寄存器的描述如代码10-22所示。

代码10-22:

```
LIBRARY IEEE;
USE IEEE.STD_LOGIC_1164.ALL;
ENTITY REG_8BIT IS
PORT(
    CLK, RESET, SET: IN STD_LOGIC;
    EN : IN STD_LOGIC;
    D: IN STD_LOGIC_VECTOR(7 DOWNTO 0);
    Q: OUT STD_LOGIC_VECTOR(7 DOWNTO 0));
END REG_8BIT;
ARCHITECTURE RTL OF REG_8BIT IS
BEGIN
    PROCESS(CLK, RESET, SET)
    BEGIN
      IF RESET = '1' THEN
          Q <= (OTHERS => '0');
      ELSIF SET = '1' THEN
          Q <= (OTHERS => '1');
      ELSIF CLK'EVENT AND CLK = '1' THEN
          IF EN = '1' THEN
              Q <= D;
          END IF;
      END IF;
    END PROCESS;
END RTL;
```

这个带异步复位、置位和同步使能的8-bit寄存器也可以看作是由触发器和次态逻辑构成的,可以用两条并行语句对触发器和次态逻辑分别描述。

```
ARCHITECTURE RTL_NEXT OF REG_8BIT IS
    SIGNAL NEXT_Q, TQ: STD_LOGIC_VECTOR(7 DOWNTO 0);
BEGIN
    REG: PROCESS(CLK, RESET, SET)
    BEGIN
      IF RESET = '1' THEN
          TQ <= (OTHERS => '0');
      ELSIF SET = '1' THEN
```

```
            TQ <= (OTHERS => '1');
        ELSIF CLK'EVENT AND CLK = '1' THEN
            TQ <= NEXT_Q;
        END IF;
    END PROCESS;
    NEXT_LOGIC: PROCESS(EN, D, TQ)
    BEGIN
        CASE EN IS
            WHEN '1' => NEXT_Q <= D;
            WHEN '0' => NEXT_Q <= TQ;
        END CASE;
    END PROCESS;
    Q <= TQ;
END RTL_NEXT;
```

这里在结构体的说明区声明了两个信号NEXT_Q和TQ,分别表示寄存器的输入(次态)和8-bit寄存器的输出。第一个进程REG描述了带异步控制的8-bit寄存器,第二个进程NEXT_LOGIC描述了产生寄存器输入的次态逻辑。

● **移位寄存器**

移位寄存器在每个时钟沿到来时向左或向右移动一位,通常用于实现串并转换、并串转换或延时。4-bit移位寄存器的功能表如表10-6所示,当时钟沿到来时,串行输入DIN移入最右边的触发器,最左边的数据被移出,输出为4个触发器的输出。

表10-6　4-bit移位寄存器功能表

输入	工作模式	触发器输出			
CLK		Q_3^*	Q_2^*	Q_1^*	Q_0^*
↑	左移	Q_2	Q_1	Q_1	DIN
其他	保持不变	Q_3	Q_2	Q_1	Q_0

4-bit移位寄存器的描述如代码10-23所示。

代码10-23:

```
LIBRARY IEEE;
USE IEEE.STD_LOGIC_1164.ALL;
ENTITY REG_SHIFT IS
PORT(
    CLK: IN STD_LOGIC;
    DIN: IN STD_LOGIC;
    Q: BUFFER STD_LOGIC_VECTOR(3 DOWNTO 0));
END REG_SHIFT;
ARCHITECTURE BEHAVE OF REG_SHIFT IS
BEGIN
    PROCESS(CLK)
    BEGIN
        IF CLK'EVENT AND CLK = '1' THEN
            Q(0) <= DIN;
            Q(1) <= Q(0);
            Q(2) <= Q(1);
```

```
        Q(3) <= Q(2);
    END IF;
END PROCESS;
END BEHAVE;
```

当端口定义为输出模式OUT时,信号就只能输出,不能再作为某个子模块的输入。即如果这里把Q定义为输出,在结构体中Q就不能再出现在信号赋值号的右边,赋值给某个信号。BUFFER模式则既可以作为输出,也可以反馈回来作为某个模块的输入,因此这里端口Q定义为BUFFER模式。

另外一种方法是声明一个中间信号,对于结构体中声明的信号是没有上述限制的。声明中间信号的描述如代码10-24所示。

代码10-24：

```
LIBRARY IEEE;
USE IEEE.STD_LOGIC_1164.ALL;
ENTITY REG_SHIFT IS
PORT(
    CLK: IN STD_LOGIC;
    DIN: IN STD_LOGIC;
    Q: OUT STD_LOGIC_VECTOR(3 DOWNTO 0));
END REG_SHIFT1;
ARCHITECTURE BEHAVE_SIG OF REG_SHIFT IS
    SIGNAL T: STD_LOGIC_VECTOR(3 DOWNTO 0);  --声明信号
BEGIN
    PROCESS(CLK)
    BEGIN
        IF CLK'EVENT AND CLK = '1' THEN
            T(0) <= DIN;
            T(1) <= T(0);
            T(2) <= T(1);
            T(3) <= T(2);
        END IF;
    END PROCESS;
    Q <= T;
END BEHAVE_SIG;
```

这里在结构体的说明区声明了一个信号T,把T作为各个触发器的输出。在进程外,再用一条并行语句把T赋值给输出Q。

在时钟沿到来时,左移移位寄存器的信号从最右边依次向左边移位,进程中的信号赋值也按照这样的顺序书写。实际上,由于信号在进程执行的过程中并不是立即赋值的,所以按这样的顺序书写并不是必须的。

移位寄存器也可以用变量来描述。

```
ARCHITECTURE BEHAVE_VAR OF REG_SHIFT IS
BEGIN
    PROCESS(CLK)
        VARIABLE T: STD_LOGIC_VECTOR(3 DOWNTO 0);
    BEGIN
```

```
        IF CLK'EVENT AND CLK = '1' THEN
            T(0) := DIN;
            T(1) := T(0);
            T(2) := T(1);
            T(3) := T(2);
        END IF;
        Q <= T;
    END PROCESS;
END BEHAVE_VAR;
```

这里在进程的说明区声明了一个变量T,把变量T作为各个寄存器的输出。由于变量在进程执行过程中是立即赋值的,变量赋值的顺序就必须按照移位的顺序来书写。变量只在进程内可见,因此在进程内IF语句结束后,把变量赋值给信号Q。

移位寄存器也可以在进程中使用LOOP语句来描述。

```
ARCHITECTURE BEHAVE_LOOP OF REG_SHIFT IS
    SIGNAL T: STD_LOGIC_VECTOR(3 DOWNTO 0);
BEGIN
    T(0) <= DIN;
    PROCESS(CLK)
    BEGIN
        IF CLK'EVENT AND CLK = '1' THEN
            FOR I IN 0 TO 2 LOOP
                T(I+1) <= T(I);
            END LOOP;
        END IF;
    END PROCESS;
    Q <= T;
END BEHAVE_LOOP;
```

也可以用并置运算符来描述移位寄存器。

```
ARCHITECTURE BEHAVE_CONC OF REG_SHIFT IS
    SIGNAL T: STD_LOGIC_VECTOR(3 DOWNTO 0);
BEGIN
    PROCESS(CLK)
    BEGIN
        IF CLK'EVENT AND CLK = '1' THEN
            T <= T(2 DOWNTO 0) & DIN;
        END IF;
    END PROCESS;
    Q <= T;
END BEHAVE_CONC;
```

● **带置位的双向移位寄存器**

双向移位寄存器可以在方向控制信号的控制下向左或向右移位。带置位的4-bit双向移位寄存器的功能如表10-7所示。当时钟沿到来时,当置位信号有效时,4-bit寄存器被置位为输入数据D;否则,当方向控制信号DIR为0时,寄存器中的数据向左移动一位,串行输入DL移入最低位;当方向控制信号DIR为1时,寄存器中的数据向右移动一位,串行输入DR移入最高位。

可以看出，LOAD和DIR都是同步控制信号，LOAD的优先级高于DIR。带置位的4-bit双向移位寄存器的描述如代码10-25所示。

表10-7　带置位4-bit双向移位寄存器功能表

CLK	控制输入		触发器输出			
	LOAD	DIR	Q_3^*	Q_2^*	Q_1^*	Q_0^*
↑	1	X	D_3	D_2	D_1	D_0
↑	0	0	Q_2	Q_1	Q_0	DL
↑	0	1	DR	Q_3	Q_2	Q_1
其他	X	X	Q_3	Q_2	Q_1	Q_0

代码10-25：

```
LIBRARY IEEE;
USE IEEE.STD_LOGIC_1164.ALL;
ENTITY BI_REG_SHIFT IS
PORT(
    CLK: IN STD_LOGIC;
    LOAD, DIR: IN STD_LOGIC;
    D: IN STD_LOGIC_VECTOR(3 DOWNTO 0);
    DL, DR: IN STD_LOGIC;
    Q: BUFFER STD_LOGIC_VECTOR(3 DOWNTO 0));
END BI_REG_SHIFT;
ARCHITECTURE RTL OF BI_REG_SHIFT IS
BEGIN
    PROCESS(CLK)
    BEGIN
        IF RISING_EDGE(CLK) THEN
            IF LOAD = '1' THEN
                Q <= D;
            ELSE
                IF DIR = '0' THEN
                    Q <= Q(2 DOWNTO 0) & DL;
                ELSE
                    Q <= DR & Q(3 DOWNTO 1);
                END IF;
            END IF;
        END IF;
    END PROCESS;
END RTL;
```

在时钟沿到来时，使用IF语句首先判断LOAD信号是否有效，然后判断DIR信号。这里直接使用并置运算符来描述移位。

10.2.4　计数器

计数器通常用来计数、计时、产生特定序列、分频等。基本计数器的结构如图10-9所示。基本计数器由寄存器和加法器或减法器构成，计数就是寄存器的值不断递增。

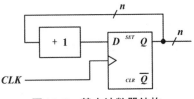

图 10-9 基本计数器结构

用 VHDL 描述计数器时,最直接的方法就是使用加减运算符,在时钟沿到来时使寄存器的值加 1 或减 1。STD_LOGIC_UNSIGNED 程序包定义了可以用于 STD_LOGIC 数据类型的加减运算符。

● **基本计数器**

模 16 递增计数器的功能如表 10-8 所示。

表 10-8 模 16 递增计数器功能表

输入	工作模式	触发器输出
CLK		$Q_3^* Q_2^* Q_1^* Q_0^*$
↑	计数	$Q_3 Q_2 Q_1 Q_0 + 1$
其他	保持不变	$Q_3 Q_2 Q_1 Q_0$

计数输出需要用 4-bit 表示,每到来一个时钟计数值加 1;当计到 1111 时输出一个脉冲,表示已计满 16,返回 0000 重新计数。模 16 递增计数器的描述如代码 10-26 所示。

代码 10-26:

```
LIBRARY IEEE;
USE IEEE.STD_LOGIC_1164.ALL;
USE IEEE.STD_LOGIC_UNSIGNED.ALL;
ENTITY COUNT16 IS
PORT(
    CLK: IN STD_LOGIC;
    COUT: OUT STD_LOGIC;
    Q: OUT STD_LOGIC_VECTOR(3 DOWNTO 0));
END COUNT16;
ARCHITECTURE BEHAVE OF COUNT16 IS
    SIGNAL CNT: STD_LOGIC_VECTOR(3 DOWNTO 0);
BEGIN
    PROCESS(CLK)
    BEGIN
        IF RISING_EDGE(CLK) THEN
            IF CNT = "1111" THEN
                CNT <= (OTHERS => '0');
            ELSE
                CNT <= CNT + 1;
            END IF;
        END IF;
    END PROCESS;
    COUT <= '1' WHEN CNT = "1111" ELSE '0';
    Q <= CNT;
```

```
END BEHAVE;
```

由于要综合产生寄存器,和触发器、寄存器的描述类似,计数器也用时钟进程来描述。最外层的 IF 语句判断时钟沿,没有 ELSE,这样会综合产生寄存器;内层的 IF 语句则对寄存器的输出赋值。

由于计数的值需要反馈回来加 1,这里声明了一个信号 CNT 来表示计数值,即寄存器的输出。当时钟沿到来时,首先看是否已计到 1111,如果是,则计数值为 0000;否则,计数值加 1。

计数值也可以用变量来表示。

```
ARCHITECTURE BEHAVE_VAR OF COUNT16 IS
BEGIN
    PROCESS(CLK)
        VARIABLE CNT: STD_LOGIC_VECTOR(3 DOWNTO 0);
    BEGIN
        IF RISING_EDGE(CLK) THEN
            IF CNT = "1111" THEN
                CNT := (OTHERS => '0');
            ELSE
                CNT := CNT + 1;
            END IF;
        END IF;
        IF CNT = "1111" THEN
            COUT <= '1';
        ELSE
            COUT <= '0';
        END IF;
        Q <= CNT;
    END PROCESS;
END BEHAVE_VAR;
```

和移位寄存器代码类似,在进程的说明区声明了一个变量来表示计数值。由于变量只在进程内可见,在 IF 语句结束后,需要把变量赋值给端口(信号)Q。

这种模 2^n 计数器可以写为通用计数器,通用计数器的描述如代码 10-27 所示。

代码 10-27:

```
LIBRARY IEEE;
USE IEEE.STD_LOGIC_1164.ALL;
USE IEEE.STD_LOGIC_ARITH.ALL;
USE IEEE.STD_LOGIC_UNSIGNED.ALL;
ENTITY UNI_COUNT IS
GENERIC(N: INTEGER := 4);
PORT(
    CLK, RESET: IN STD_LOGIC;
    Q: OUT STD_LOGIC_VECTOR(N-1 DOWNTO 0));
END UNI_COUNT;
ARCHITECTURE BEHAVE OF UNI_COUNT IS
    SIGNAL CNT: UNSIGNED(N-1 DOWNTO 0);
    SIGNAL CNT_NEXT: UNSIGNED(N-1 DOWNTO 0);
BEGIN
```

```
    PROCESS(CLK, RESET)                    --寄存器描述
    BEGIN
        IF RESET = '1' THEN
            CNT <= (OTHERS => '0');
        ELSIF RISING_EDGE(CLK) THEN
            CNT <= CNT_NEXT;
        END IF;
    END PROCESS;
    CNT_NEXT <= CNT + 1;                    --次态描述
    Q <= STD_LOGIC_VECTOR(CNT);
END BEHAVE;
```

这里用类属GENERIC规定计数输出的宽度N,在实体和结构体中计数值和计数次态的宽度都用N来表示,实现不同的计数器时只需要改变类属中N的值即可。

在结构体的说明区声明了计数值CNT和计数值的次态信号CNT_NEXT。计数值的次态逻辑就是一个递增电路,对当前计数值加1。这里把CNT和CNT_NEXT定义为UNSIGNED类型,根据STD_LOGIC_ARITH程序包中定义的针对UNSIGNED类型的"+"运算符,当计数值CNT达到"11…11"时,会自动回到"00…00",这样就不需要检测计数值是否达到了最大,并强制使计数值为全0。

在结构体中,用一个进程描述了寄存器,用一条信号赋值语句描述了计数值的次态逻辑。最后把计数值转换为STD_LOGIC_VECTOR类型,赋值给输出Q。

● 模M计数器

模M计数器从0计到M-1,然后返回0重新计数。例如模5计数器从0计到4,计数值需要3-bit表示。模5计数器代码和模16计数器类似,不同的只是当计数值为4时返回0。模5计数器的描述如代码10-28所示。

代码10-28:

```
LIBRARY IEEE;
USE IEEE.STD_LOGIC_1164.ALL;
USE IEEE.STD_LOGIC_UNSIGNED.ALL;
ENTITY COUNT5 IS
PORT(
    CLK: IN STD_LOGIC;
    COUT: OUT STD_LOGIC;
    Q: OUT STD_LOGIC_VECTOR(2 DOWNTO 0));
END COUNT5;
ARCHITECTURE BEHAVE OF COUNT5 IS
    SIGNAL CNT: STD_LOGIC_VECTOR(2 DOWNTO 0);
BEGIN
    PROCESS(CLK)
    BEGIN
        IF RISING_EDGE(CLK) THEN
            IF CNT = "100" THEN
                CNT <= (OTHERS => '0');
            ELSE
                CNT <= CNT + 1;
```

```
        END IF;
      END IF;
    END PROCESS;
    COUT <= '1' WHEN CNT = "100" ELSE '0';
    Q <= CNT;
  END BEHAVE;
```

● **双向计数器**

双向计数器可以在方向控制信号的控制下递增计数或递减计数。模7双向计数器的功能表如表10-9所示。

表10-9　模7双向计数器功能表

输入	控制输入		工作模式	触发器输出
CLK	RST	DIR		$Q_2^* Q_1^* Q_0^*$
X	1	X	复位	0
↑	0	0	递增计数	$Q_2 Q_1 Q_0 + 1$,计至6时返回至0
↑	0	1	递减计数	$Q_2 Q_1 Q_0 - 1$,计至0时返回至6
其他	0	X	保持不变	$Q_2 Q_1 Q_0$

模7双向计数器的描述如代码10-29所示。

代码10-29:

```
LIBRARY IEEE;
USE IEEE.STD_LOGIC_1164.ALL;
USE IEEE.STD_LOGIC_UNSIGNED.ALL;
ENTITY BID_COUNT7 IS
PORT(
    CLK, RST: IN STD_LOGIC;
    DIR: IN STD_LOGIC;
    Q: OUT STD_LOGIC_VECTOR(2 DOWNTO 0));
END BID_COUNT7;
ARCHITECTURE BEHAVE OF BID_COUNT7 IS
    SIGNAL CNT: STD_LOGIC_VECTOR(2 DOWNTO 0);
BEGIN
    PROCESS(CLK, RST)
    BEGIN
      IF RST = '1' THEN
        CNT <= "000";
      ELSIF RISING_EDGE(CLK) THEN
        CASE DIR IS
          WHEN '0' =>
            IF CNT = "110" THEN
              CNT <= "000";
            ELSE
              CNT <= CNT + 1;
            END IF;
          WHEN '1' =>
            IF CNT = "000" THEN
              CNT <= "110";
```

```
        ELSE
            CNT <= CNT - 1;
        END IF;
      END CASE;
    END IF;
  END PROCESS;
  Q <= CNT;
END BEHAVE;
```

和普通计数器的描述类似,模 7 双向计数器也可以用一个时钟进程描述。最外层是没有 ELSE 的不完整的 IF 语句,在判断时钟沿的 IF 分支下,用 CASE 语句来描述 DIR 为 0 和为 1 时的计数。

双向计数器的计数值也可以用变量来表示。带同步复位、使能和加载功能的模 16 双向计数器的功能表如表 10-10 所示。

表 10-10 带同步复位、使能和加载功能的模 16 双向计数器功能表

CLK	输入控制				计数输出
	RST	LOAD	EN	DIR	Q^*
↑	1	X	X	X	0000
↑	0	1	X	X	DATA
↑	0	0	1	0	Q+1
↑	0	0	1	1	Q-1
↑	0	0	0	X	Q
其他	X	X	X	X	Q

带同步复位、使能和加载功能的模 16 双向计数器的描述如代码 10-30 所示。

代码 10-30:

```
LIBRARY IEEE;
USE IEEE.STD_LOGIC_1164.ALL;
USE IEEE.NUMERIC_STD.ALL;
ENTITY BID_COUNT16 IS
PORT(
    CLK: IN STD_LOGIC;
    RST, EN, LOAD: IN STD_LOGIC;
    DATA: IN STD_LOGIC_VECTOR(3 DOWNTO 0);
    DIR: IN STD_LOGIC;
    Q: OUT STD_LOGIC_VECTOR(3 DOWNTO 0));
END BID_COUNT16;
ARCHITECTURE BEHAVE_VAR OF BID_COUNT16 IS
BEGIN
    PROCESS(CLK)
        VARIABLE CNT: UNSIGNED(3 DOWNTO 0);
    BEGIN
        IF CLK'EVENT AND CLK = '1' THEN
            IF RST = '1' THEN
                CNT := (OTHERS => '0');
            ELSIF LOAD = '1' THEN
```

```
                CNT := UNSIGNED(DATA);
            ELSIF EN = '1' THEN
                CASE DIR IS
                    WHEN '0' =>
                        CNT := CNT + 1;
                    WHEN '1' =>
                        CNT := CNT - 1;
                END CASE;
            END IF;
        END IF;
        Q <= STD_LOGIC_VECTOR(CNT);
    END PROCESS;
END BEHAVE_VAR;
```

10.2.5 分频器

计数器也通常用来实现分频器。代码10-31所示是一个3分频器的描述。

代码10-31：

```
LIBRARY IEEE;
USE IEEE.STD_LOGIC_1164.ALL;
USE IEEE.STD_LOGIC_UNSIGNED.ALL;
ENTITY FDIV_3 IS
PORT(
    CLK: IN STD_LOGIC;
    RST: IN STD_LOGIC;
    F_OUT: OUT STD_LOGIC);
END FDIV_3;
ARCHITECTURE BEHAVE_VAR OF FDIV_3 IS
BEGIN
    PROCESS(CLK, RST)
        VARIABLE CNT: STD_LOGIC_VECTOR(1 DOWNTO 0);
    BEGIN
        IF RST = '1' THEN
            CNT := "00";
        ELSIF CLK'EVENT AND CLK = '1' THEN
            IF CNT = "10" THEN
                CNT := "00";
            ELSE
                CNT := CNT + 1;
            END IF;
        END IF;
        IF CNT = "10" THEN
            F_OUT <= '1';
        ELSE
            F_OUT <= '0';
        END IF;
    END PROCESS;
```

```
END BEHAVE_VAR;
```

描述 3 分频器的代码和模 3 计数器的代码很相似,都是从 00 计到 10,然后返回 00 重新计数。每当计数到 2 时分频信号 F_OUT 为 1,每 3 个时钟周期 F_OUT 输出一个时钟周期的 1,其他时间为 0,这样 F_OUT 的频率就是时钟频率的 1/3。分频器不需要输出计数值。

当分频比较大时,计数值定义为整数类型会更方便。代码 10-32 描述了一个通用分频器。

代码 10-32:

```
LIBRARY IEEE;
USE IEEE.STD_LOGIC_1164.ALL;
ENTITY UNI_FDIV IS
GENERIC(N: INTEGER := 10);
PORT(
    CLK: IN STD_LOGIC;
    RST: IN STD_LOGIC;
    F_OUT: OUT STD_LOGIC);
END UNI_FDIV;
ARCHITECTURE BEHAVE_VAR OF UNI_FDIV IS
BEGIN
    PROCESS(CLK, RST)
        VARIABLE CNT: INTEGER RANGE 0 TO N-1;
    BEGIN
        IF RST = '1' THEN
            CNT := 0;
        ELSIF CLK'EVENT AND CLK = '1' THEN
            IF CNT = N - 1 THEN
                CNT := 0;
            ELSE
                CNT := CNT + 1;
            END IF;
        END IF;
        IF CNT = N-1 THEN
            F_OUT <= '1';
        ELSE
            F_OUT <= '0';
        END IF;
    END PROCESS;
END BEHAVE_VAR;
```

这里用类属传递分频比信息,N 分频就需要做模 N 的计数。在进程中声明了一个变量 CNT 来表示计数值,CNT 的类型定义为整数类型,这样当检测是否已计了 N 个时钟脉冲时,只需要简单地比较 CNT 是否等于 N-1 即可,而不需要关心计数值的数据宽度是多少。

类似地,计数值也可以用信号来表示。

```
ARCHITECTURE BEHAVE_SIG OF UNI_FDIV IS
    SIGNAL CNT: INTEGER RANGE 0 TO N-1;
BEGIN
    PROCESS(CLK, RST)
```

```
BEGIN
    IF RST = '1' THEN
        CNT <= 0;
    ELSIF CLK'EVENT AND CLK = '1' THEN
        IF CNT = N - 1 THEN
            CNT <= 0;
        ELSE
            CNT <= CNT + 1;
        END IF;
    END IF;
END PROCESS;
F_OUT <= '1' WHEN CNT = N-1 ELSE '0';
END BEHAVE_SIG;
```

修改不同计数值时 F_OUT 的输出可以改变分频信号的占空比和相位。例如一个 10 分频器,时钟信号和分频信号波形如图 10-10 所示,这个分频器的描述如代码 10-33 所示。

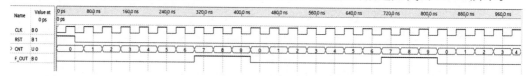

图 10-10　10 分频器时钟信号和分频信号波形

代码 10-33:

```
LIBRARY IEEE;
USE IEEE.STD_LOGIC_1164.ALL;
ENTITY FDIV_10 IS
PORT(
    CLK: IN STD_LOGIC;
    RST: IN STD_LOGIC;
    F_OUT: OUT STD_LOGIC);
END FDIV_10;
ARCHITECTURE BEHAVE OF FDIV_10 IS
    SIGNAL CNT: INTEGER;
BEGIN
    PROCESS(CLK, RST)
    BEGIN
        IF RST = '1' THEN
            CNT <= 0;
        ELSIF CLK'EVENT AND CLK = '1' THEN
            IF CNT = 9 THEN
                CNT <= 0;
            ELSE
                CNT <= CNT + 1;
            END IF;
        END IF;
    END PROCESS;
    WITH CNT SELECT
        F_OUT <=  '1' WHEN 7 | 8 | 9,
```

```
                '0' WHEN OTHERS;
END BEHAVE;
```

从时钟和分频输出信号的波形可以看出,每10个时钟周期中,第7、8、9个时钟周期时分频输出为1,其余时间为0。这里用一个进程来描述计数器,用一条选择信号赋值语句对计数器输出进行译码。

10.2.6 序列信号发生器

用计数器也可以实现序列信号发生器,序列的长度就是计数的长度,对计数器输出进行译码就可以得到序列信号。例如产生一个1100101序列,这个序列的长度为7,就可以用一个模7计数器来实现。描述序列发生器的代码和分频器的代码很相似,1100101序列信号发生器的描述如代码10-34所示。

代码10-34:

```
LIBRARY IEEE;
USE IEEE.STD_LOGIC_1164.ALL;
ENTITY SEQ_GEN IS
PORT(
    CLK: IN STD_LOGIC;
    RST: IN STD_LOGIC;
    F_OUT: OUT STD_LOGIC);
END SEQ_GEN;
ARCHITECTURE BEHAVE OF SEQ_GEN IS
    SIGNAL CNT: INTEGER RANGE 0 TO 6;
BEGIN
    PROCESS(CLK, RST)
    BEGIN
        IF RST = '1' THEN
            CNT <= 0;
        ELSIF CLK'EVENT AND CLK = '1' THEN
            IF CNT = 6 THEN
                CNT <= 0;
            ELSE
                CNT <= CNT + 1;
            END IF;
        END IF;
    END PROCESS;
    PROCESS(CNT)
    BEGIN
        CASE CNT IS
            WHEN 0 => F_OUT <= '1';
            WHEN 1 => F_OUT <= '1';
            WHEN 2 => F_OUT <= '0';
            WHEN 3 => F_OUT <= '0';
            WHEN 4 => F_OUT <= '1';
            WHEN 5 => F_OUT <= '0';
            WHEN 6 => F_OUT <= '1';
```

```
            WHEN OTHERS => F_OUT <= '0';
        END CASE;
    END PROCESS;
END BEHAVE;
```

10.3 状态机的描述

10.3.1 三进程状态机描述

状态机由状态寄存器、次态逻辑和输出逻辑组成。因此描述状态机最直接的方法就是用三个进程分别描述状态机的寄存器、次态逻辑和输出逻辑。用三个进程描述状态机的模板如下所示。

```
ARCHITECTURE RTL OF FSM_ENTITY
    TYPE STATE IS (状态1,状态2,状态3,……);
    SIGNAL CURRENT_STATE, NEXT_STATE: STATE;
BEGIN
    REG_P: PROCESS(CLK, 异步控制信号)
    BEGIN
        IF 异步控制信号条件 THEN
            CURRENT_STATE <= 状态1;
        ELSIF CLK'EVENT AND CLK = '1' THEN
            CURRENT_STATE <= NEXT_STATE;
        END IF;
    END PROCESS;
    NEXT_P: PROCESS(CURRENT_STATE, 输入)
    BEGIN
        CASE CURRENT_STATE IS
            WHEN 状态1 =>
                IF 输入条件1 THEN
                    NEXT_STATE <= 状态X;
                ELSE
                    NEXT_STATE <= 状态Y;
                END IF;
            WHEN ……
                ……
        END CASE;
    END PROCESS;
    OUTPUT_P: PROCESS(CURRENT_STATE, 输入)
    BEGIN
        CASE CURRENT_STATE IS
            WHEN 状态1 =>
                IF 输入条件1 THEN
                    输出 <= 赋值1;
                ELSE
                    输出 <= 赋值0;
                END IF;
            WHEN ……
                ……
        END CASE;
    END PROCESS;
END RTL;
```

在描述状态机时,状态通常用枚举类型来表示。例如状态机共有三个状态A、B、C,则可以定义一个枚举类型STATE：

　　　　TYPE STATE IS (A, B, C)；

　　然后就可以把当前态和次态声明为两个STATE类型的信号：

　　　　SIGNAL CURRENT_STATE, NEXT_STATE: STATE；

　　当代码被综合时，每个枚举出的状态都会被编码为唯一的二进制码。

　　次态逻辑是当前状态和输入的函数。因此，次态逻辑模块的输入就是当前态和外部输入，输出是次态，是一个组合逻辑模块。次态逻辑模块可以用一个进程来描述。

　　输出逻辑是当前态和输入的函数。对于摩尔机，输出逻辑模块的输入就是当前态；对于米粒机，输入是当前态和外部输入，输出是状态机的输出，也是一个组合逻辑模块。输出逻辑模块也可以用一个进程来描述。

　　状态寄存器中保存的是当前态，当时钟沿到来时，次态传送到寄存器的输出，次态变为当前态。

● **序列信号发生器**

　　序列信号发生器也可以用状态机实现。例如实现一个0011序列发生器，这个序列的长度为4，可以设计一个有4个状态的状态机，四个状态分别是ST0、ST1、ST2、ST3，在各状态下分别输出0、0、1、1，0011序列信号发生器的状态转换图如图10-11所示。

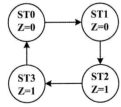

图10-11　0011序列信号发生器状态转换图

0011序列信号发生器的描述如代码10-35所示。

代码10-35：

```
LIBRARY IEEE;
USE IEEE.STD_LOGIC_1164.ALL;
ENTITY SEQ_GEN_SM IS
PORT(
    CLK: IN STD_LOGIC;
    Z: OUT STD_LOGIC);
END SEQ_GEN_SM;
ARCHITECTURE RTL OF SEQ_GEN_SM IS
    TYPE STATE IS (ST0, ST1, ST2, ST3);
    SIGNAL CURRENT_STATE, NEXT_STATE: STATE;
BEGIN
    PROCESS(CLK)
    BEGIN
        IF RISING_EDGE(CLK) THEN
            CURRENT_STATE <= NEXT_STATE;
        END IF;
    END PROCESS;
    PROCESS(CURRENT_STATE)
```

```
    BEGIN
        CASE CURRENT_STATE IS
            WHEN ST0 => NEXT_STATE <= ST1;
            WHEN ST1 => NEXT_STATE <= ST2;
            WHEN ST2 => NEXT_STATE <= ST3;
            WHEN ST3 => NEXT_STATE <= ST0;
        END CASE;
    END PROCESS;
    PROCESS(CURRENT_STATE)
    BEGIN
        CASE CURRENT_STATE IS
            WHEN ST0 => Z <= '0';
            WHEN ST1 => Z <= '0';
            WHEN ST2 => Z <= '1';
            WHEN ST3 => Z <= '1';
        END CASE;
    END PROCESS;
END RTL;
```

这里输出仅和当前态有关,因此输出逻辑也可以和次态逻辑写在一个进程里,用两个进程就可以描述这个状态机。

```
ARCHITECTURE RTL_2P OF SEQ_GEN_SM IS
    TYPE STATE IS (ST0, ST1, ST2, ST3);
    SIGNAL CURRENT_STATE, NEXT_STATE: STATE;
BEGIN
    PROCESS(CLK)
    BEGIN
        IF RISING_EDGE(CLK) THEN
            CURRENT_STATE <= NEXT_STATE;
        END IF;
    END PROCESS;
    PROCESS(CURRENT_STATE)
    BEGIN
        CASE CURRENT_STATE IS
            WHEN ST0 =>
                NEXT_STATE <= ST1;
                Z <= '0';
            WHEN ST1 =>
                NEXT_STATE <= ST2;
                Z <= '0';
            WHEN ST2 =>
                NEXT_STATE <= ST3;
                Z <= '1';
            WHEN ST3 =>
                NEXT_STATE <= ST0;
                Z <= '1';
        END CASE;
    END PROCESS;
END RTL_2P;
```

● **序列检测器**

用状态机可以实现对序列的检测。例如检测序列1101,如果在输入中检测到这个序列,则输出Z为1,否则Z为0。Moore机序列检测器的状态转换图如图10-12所示。

Moore机1101序列检测器的描述如代码10-36所示。

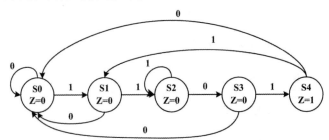

图10-12 Moore机1101序列检测器状态转换图

代码10-36:

```
LIBRARY IEEE;
USE IEEE.STD_LOGIC_1164.ALL;
ENTITY SEQ_CHECK IS
PORT(
    CLK, RST: IN STD_LOGIC;
    X: IN STD_LOGIC;
    Z: OUT STD_LOGIC);
END SEQ_CHECK;
ARCHITECTURE RTL_MOORE OF SEQ_CHECK IS
    TYPE STATE IS (S0, S1, S2, S3, S4);
    SIGNAL CURRENT_STATE, NEXT_STATE: STATE;
BEGIN
    PROCESS(CLK, RST)
    BEGIN
        IF RST = '1' THEN
            CURRENT_STATE <= S0;
        ELSIF CLK'EVENT AND CLK = '1' THEN
            CURRENT_STATE <= NEXT_STATE;
        END IF;
    END PROCESS;
    PROCESS(CURRENT_STATE, X)
    BEGIN
        CASE CURRENT_STATE IS
            WHEN S0 =>
                IF X = '1' THEN
                    NEXT_STATE <= S1;
                ELSE
                    NEXT_STATE <= S0;
                END IF;
            WHEN S1 =>
                IF X = '1' THEN
                    NEXT_STATE <= S2;
```

```
        ELSE
            NEXT_STATE <= S0;
        END IF;
    WHEN S2 =>
        IF X = '0' THEN
            NEXT_STATE <= S3;
        ELSE
            NEXT_STATE <= S2;
        END IF;
    WHEN S3 =>
        IF X = '1' THEN
            NEXT_STATE <= S4;
        ELSE
            NEXT_STATE <= S0;
        END IF;
    WHEN S4 =>
        IF X = '1' THEN
            NEXT_STATE <= S1;
        ELSE
            NEXT_STATE <= S0;
        END IF;
    WHEN OTHERS =>
        NEXT_STATE <= S0;
    END CASE;
END PROCESS;
PROCESS(CURRENT_STATE)
BEGIN
    CASE CURRENT_STATE IS
        WHEN S4 =>
            Z <= '1';
        WHEN OTHERS =>
            Z <= '0';
    END CASE;
END PROCESS;
END RTL_MOORE;
```

上面实现的序列检测器的输出只和当前态有关,是一个Moore机。1101序列检测器也可以用Mealy机实现,用Mealy机实现的状态转换图如图10-13所示。

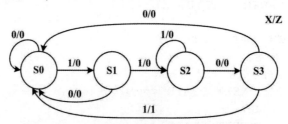

图10-13　Mealy机1101序列检测器状态转换图

Mealy机序列检测器的描述如代码10-37所示。

代码10-37：

```
LIBRARY IEEE;
```

```
USE IEEE.STD_LOGIC_1164.ALL;
ENTITY SEQ_CHECK1 IS
PORT(
    CLK, RST: IN STD_LOGIC;
    X: IN STD_LOGIC;
    Z: OUT STD_LOGIC);
END SEQ_CHECK1;
ARCHITECTURE RTL_MEALY OF SEQ_CHECK1 IS
    TYPE STATE IS (S0, S1, S2, S3);
    SIGNAL CURRENT_STATE, NEXT_STATE: STATE;
BEGIN
    PROCESS(CLK, RST)
    BEGIN
        IF RST = '1' THEN
            CURRENT_STATE <= S0;
        ELSIF CLK'EVENT AND CLK = '1' THEN
            CURRENT_STATE <= NEXT_STATE;
        END IF;
    END PROCESS;
    PROCESS(CURRENT_STATE, X)
    BEGIN
        CASE CURRENT_STATE IS
            WHEN S0 =>
                IF X = '1' THEN
                    NEXT_STATE <= S1;
                ELSE
                    NEXT_STATE <= S0;
                END IF;
            WHEN S1 =>
                IF X = '1' THEN
                    NEXT_STATE <= S2;
                ELSE
                    NEXT_STATE <= S0;
                END IF;
            WHEN S2 =>
                IF X = '0' THEN
                    NEXT_STATE <= S3;
                ELSE
                    NEXT_STATE <= S2;
                END IF;
            WHEN S3 =>
                NEXT_STATE <= S0;
        END CASE;
    END PROCESS;
    PROCESS(CURRENT_STATE, X)
    BEGIN
```

```
            CASE CURRENT_STATE IS
               WHEN S3 =>
                  IF X = '1' THEN
                     Z <= '1';
                  ELSE
                     Z <= '0';
                  END IF;
               WHEN OTHERS =>
                  Z <= '0';
            END CASE;
         END PROCESS;
      END RTL_MEALY;
```

Moore机序列检测器和Mealy机序列检测器的仿真波形如图10-14所示。从波形可以看出,对于Moore机,输出只和当前状态有关,当检测到序列时,输出Z为1可以保持一个时钟周期。对于Mealy机,输出不仅和当前态有关,还和输入X有关,而且输出Z保持为1的时间可能会小于一个时钟周期;当输入信号有竞争冒险时,可能会产生错误的输出。为了消除Mealy机这种可能的错误,一种方法是把输出和时钟同步,使输出经过一个寄存器,保存在寄存器中。

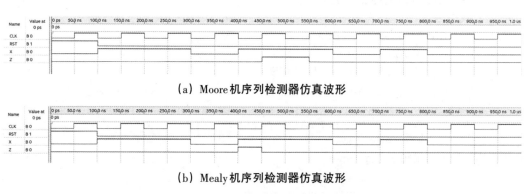

（a）Moore机序列检测器仿真波形

（b）Mealy机序列检测器仿真波形

图10-14　1101序列检测器仿真波形

10.3.2　状态机中状态的编码

状态机的状态可以编码为自然二进制码,也可以编码为格雷码、一热位编码或其他的编码。如果没有明确规定状态的编码,综合器会默认采用自然二进制编码。规定状态的编码可以通过在综合工具上加约束实现,也可以在代码中使用常量来指定编码。

例如代码10-35描述的序列信号发生器,共有4个状态,这4个状态也可以用常量来指定编码,用常量表示状态的序列信号发生器的结构体可以描述为:

```
ARCHITECTURE RTL_ENCODING OF SEQ_GEN_SM IS
   CONSTANT ST0: STD_LOGIC_VECTOR(1 DOWNTO 0) := "01";
   CONSTANT ST1: STD_LOGIC_VECTOR(1 DOWNTO 0) := "10";
   CONSTANT ST2: STD_LOGIC_VECTOR(1 DOWNTO 0) := "11";
   CONSTANT ST3: STD_LOGIC_VECTOR(1 DOWNTO 0) := "00";
   SIGNAL CURRENT_STATE: STD_LOGIC_VECTOR(1 DOWNTO 0);
```

```
        SIGNAL NEXT_STATE: STD_LOGIC_VECTOR(1 DOWNTO 0);
BEGIN
    PROCESS(CLK)
    BEGIN
        IF RISING_EDGE(CLK) THEN
            CURRENT_STATE <= NEXT_STATE;
        END IF;
    END PROCESS;
    PROCESS(CURRENT_STATE)
    BEGIN
        CASE CURRENT_STATE IS
            WHEN ST0 => NEXT_STATE <= ST1;
            WHEN ST1 => NEXT_STATE <= ST2;
            WHEN ST2 => NEXT_STATE <= ST3;
            WHEN ST3 => NEXT_STATE <= ST0;
        END CASE;
    END PROCESS;
    PROCESS(CURRENT_STATE)
    BEGIN
        CASE CURRENT_STATE IS
            WHEN ST0 => Z <= '0';
            WHEN ST1 => Z <= '0';
            WHEN ST2 => Z <= '1';
            WHEN ST3 => Z <= '1';
        END CASE;
    END PROCESS;
END RTL_ENCODING;
```

这里在结构体的说明区声明了4个常量,用4个常量表示4个状态。同时声明了和常量类型及数据宽度相同的两个信号CURRENT_STATE和NEXT_STATE来表示当前态和次态。描述次态逻辑和输出逻辑时就可以用常量来表示各个状态,代码和用枚举类型表示状态一样,只不过这时状态的编码是自己规定的,要改状态的编码只需要改变常量的值即可。

10.3.3 带定时的状态机

在很多情况下状态机中状态的转换和时间有关,例如经过某一段时间后从一个状态转换为另一个状态。这种情况可以用一个单独的计数器来计时,计时的结果作为状态机的输入。另一种方法是扩展前面的状态机描述模板,使状态机内包含一个计数器。带定时的状态机描述模板如下所示。

和前面的状态机描述模板相比,包含计时的状态机描述模板中定义了一个计时(数)量信号TIMER,在描述状态寄存器的进程中定义了一个计数的变量COUNT,当时钟沿到来时,COUNT加1;只有当COUNT的计数值大于等于设定的计数量TIMER时,状态才会发生改变。不同状态要求的计时量不同,可以在描述次态逻辑的进程中对TIMER进行赋值。

```
ARCHITECTURE RTL OF FSM_ENTITY
    TYPE STATE IS (状态1,状态2,状态3,……);
    SIGNAL CURRENT_STATE, NEXT_STATE: STATE;
    SIGNAL TIMER: INTEGER RANGE 0 TO MAX;
BEGIN
    REG_P: PROCESS(CLK, 异步控制信号)
        VARIABLE COUNT: INTEGER RANGE 0 TO MAX;
    BEGIN
        IF 异步控制信号条件 THEN
            CURRENT_STATE <= 状态1;
            COUNT := 0;
        ELSIF CLK'EVENT AND CLK = '1' THEN
            COUNT := COUNT + 1;
            IF COUNT >= TIMER THEN
                CURRENT_STATE <= NEXT_STATE;
                COUNT := 0;
            END IF;
        END IF;
    END PROCESS;
    NEXT_P: PROCESS(CURRENT_STATE, 输入)
    BEGIN
        CASE CURRENT_STATE IS
            WHEN 状态1 =>
                TIMER <= 时间值1;
                IF 输入条件1 THEN
                    NEXT_STATE <= 状态2;
                ELSE
                    NEXT_STATE <= 状态1;
                END IF;
            WHEN ……
                ……
        END CASE;
    END PROCESS;
OUTPUT_P: PROCESS(CURRENT_STATE, 输入)
    BEGIN
        CASE CURRENT_STATE IS
            WHEN 状态1 =>
                IF 输入条件1 THEN
                    输出 <= 赋值0;
                ELSE
                    输出 <= 赋值1;
                END IF;
            WHEN ……
                ……
        END CASE;
    END PROCESS;
END RTL;
```

例如设计一个控制交叉路口的交通灯控制器,主路和支路各设一组红(R)绿(G)黄(Y)灯和两个数码显示。主路允许通行时绿灯亮,支路红灯亮;支路允许通行时绿灯亮,主路红灯亮。主路和支路交替通行,主路每次放行45s,支路每次放行25s,在每次由绿灯变为红灯的过程中,亮5s黄灯作为过渡。除正常工作模式外,当控制器故障时,可以按下STANDBY键,控制器进入检修模式,这时主路和支路上都是黄灯亮。

交通灯控制器的输入信号为:时钟CLK,时钟频率为50Hz,控制信号STBY;输出为:主路交通灯信号MR、MG和MY,支路交通灯信号BR、BG和BY。交通灯的工作状态如表10-11所示。

表10-11　交通灯的工作状态

状态	主路	支路	时间
MG_BR	绿灯	红灯	45s
MY_BR	黄灯	红灯	5s
MR_BG	红灯	绿灯	25s
MR_BY	红灯	黄灯	5s
MY_BY	黄灯	黄灯	--

交通灯控制器的状态转换图如图10-15所示。

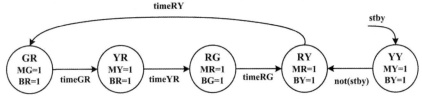

图10-15　交通灯控制器状态转换图

交通灯控制器的描述如代码10-38所示。

代码 **10-38**：

```
LIBRARY IEEE;
USE IEEE.STD_LOGIC_1164.ALL;
ENTITY TRAFFIC_CTL IS
PORT(
    CLK: IN STD_LOGIC;
    STBY: IN STD_LOGIC;
    MR, MG, MY: OUT STD_LOGIC;
    BR, BG, BY: OUT STD_LOGIC);
END TRAFFIC_CTL;
ARCHITECTURE RTL OF TRAFFIC_CTL IS
    CONSTANT TMAX: INTEGER := 2250;          --45s
    CONSTANT time_GR: INTEGER := 2250;       --45s
    CONSTANT time_YR: INTEGER := 250;        --5s
    CONSTANT time_RG: INTEGER := 1250;       --25s
    CONSTANT time_RY: INTEGER := 250;        --5s
    TYPE STATE IS (GR, YR, RG, RY, YY);
    SIGNAL CURRENT_STATE, NEXT_STATE: STATE;
    SIGNAL TIMER: INTEGER RANGE 0 TO TMAX;
BEGIN
    PROCESS(CLK, STBY)
        VARIABLE COUNT: INTEGER RANGE 0 TO TMAX;
    BEGIN
        IF STBY = '1' THEN
            CURRENT_STATE <= YY;
            COUNT := 0;
        ELSIF CLK'EVENT AND CLK = '1' THEN
            COUNT := COUNT + 1;
            IF COUNT >= TIMER THEN
```

```
                    COUNT  := 0;
                    CURRENT_STATE <= NEXT_STATE;
                END IF;
            END IF;
END PROCESS;
PROCESS(STBY, CURRENT_STATE)
BEGIN
    CASE CURRENT_STATE IS
        WHEN GR =>
            TIMER <= time_GR;
            NEXT_STATE <= YR;
        WHEN YR =>
            TIMER <= time_YR;
            NEXT_STATE <= RG;
        WHEN RG =>
            TIMER <= time_RG;
            NEXT_STATE <= RY;
        WHEN RY =>
            TIMER <= time_RY;
            NEXT_STATE <= GR;
        WHEN YY =>
            IF STBY = '0' THEN
                NEXT_STATE <= RY;
            ELSE
                NEXT_STATE <= YY;
            END IF;
            TIMER <= 0;
        WHEN OTHERS =>
            NEXT_STATE <= YY;
            TIMER <= 0;
    END CASE;
END PROCESS;
PROCESS(CURRENT_STATE)
BEGIN
    MR <= '0';
    MG <= '0';
    MY <= '0';
    BR <= '0';
    BG <= '0';
    BY <= '0';
    CASE CURRENT_STATE IS
        WHEN GR =>
            MG <= '1';
            BR <= '1';
        WHEN YR =>
            MY <= '1';
            BR <= '1';
```

```
            WHEN RG =>
                MR <= '1';
                BG <= '1';
            WHEN RY =>
                MR <= '1';
                BY <= '1';
            WHEN YY =>
                MY <= '1';
                BY <= '1';
        END CASE;
    END PROCESS;
END RTL;
```

习题

10-1 用VHDL描述图题10-1所示的多路选择器。要求：(1)用逻辑运算符描述；(2)用WITH-SELECT语句描述；(3)用进程描述。

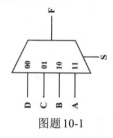

图题10-1

10-2 用VHDL描述一个七段数码管译码器，显示字符'C''U''I''E'，真值表如表题10-2所示。要求：(1)用选择信号赋值语句描述；(2)用进程描述。

表题10-2

D2	D1	D0	SEG6543210	显示
0	0	0	1000110	C
0	0	1	1000001	U
0	1	0	1001111	I
0	1	1	0000110	E
X	X	X	1111111	

10-3 参照16-bit提前进位加法器的代码，设计描述一个64-bit提前进位加法器。要求：(1)描述基本模块；(2)用基本模块构成64-bit提前进位加法器，写出代码并综合仿真。

10-4 用VHDL描述实现逻辑函数式 $f(A,B,C,D) = \sum m(1,4,7,14,15) + d(0,5,9)$ 的电路。要求：(1)用进程描述；(2)用并行信号赋值语句(条件信号赋值语句或选择信号赋值语句)描述。

10-5 用VHDL描述8-3优先编码器，编码器的输入为I(7..0)，输出为C(3..0)，其中I(7)的优先级最高，I(0)的优先级最低，C(3)为有效标识，C(2..0)为编码输出。要求：(1)用条件信号赋值语句描述；(2)用进程描述。

10-6 用VHDL描述图题10-6所示的电路,并综合仿真。

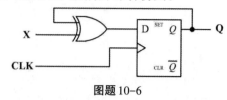

图题 10-6

10-7 用VHDL描述一个模8计数器并综合仿真。输入为时钟CLK和同步使能EN,输出为4-bit计数输出COUNT。要求:(1)计数输出为自然二进制编码,写出代码并综合仿真;(2)计数输出为格雷码,写出代码并综合仿真。

10-8 用VHDL描述一个0~9的BCD计数器并综合仿真。输入为时钟CLK,输出为4-bit计数输出BCD。

10-9 用VHDL描述一个序列信号发生器并综合仿真。信号波形如图题10-9所示。要求:(1)用计数器的方式描述并综合仿真;(2)用状态机的方式描述并综合仿真;(3)分别观察两种描述综合出的RTL图,写出综合产生的D触发器的数量。

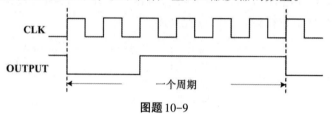

图题 10-9

10-10 用VHDL描述某状态机电路并综合仿真。状态转换图如图题10-10所示,输入为时钟信号CLK和外部输入X,输出为Z。

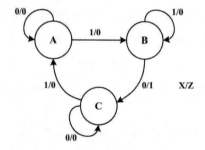

图题 10-10

10-11 用VHDL描述图题10-11所示的电路并综合仿真。

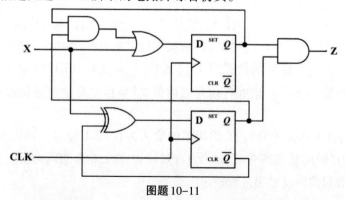

图题 10-11

10-12 用 VHDL 描述一个模 60 的 BCD 计数器并综合仿真。电路的输入为时钟信号 CLK, 输出为十位 BCD_H 和个位 BCD_L。

10-13 用 VHDL 描述习题 10-10 的状态机并综合仿真, 要求状态用一热位编码。

10-14 用 VHDL 描述一个 10110 序列检测器并综合仿真。电路的输入为时钟信号 CLK 和串行输入 X, 输出为 Z。

10-15 用 VHDL 描述一个时序电路并综合仿真。电路的输入为时钟信号 CLK、串行输入 X1 和 X2, 输出为 Z。如果连续 4 个时钟周期 X1 和 X2 都相等, 则 Z 输出一个 1, 否则 Z 为 0。

10-16 用 VHDL 描述一个 5 分频器并综合仿真。电路的输入为时钟信号 CLK, 输出为 5 分频输出 F1 和 F2, 信号波形如题图 10-16 所示。

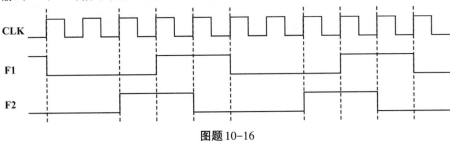

图题 10-16

11 寄存器传输级设计

数字设计可以分为不同的抽象层次,抽象层次越高,构成设计的模块越复杂;抽象层次越低,构成设计的模块越简单,数字设计的抽象层次从低到高可以依次分为晶体管级设计、逻辑级设计、寄存器传输级(Register Transfer Level,RTL)设计、IP核级设计,如图11-1所示。

图 11-1 数字设计的抽象层次

用晶体管连接构成门电路或其他模块的设计称为晶体管级设计。用基本门和基本存储单元构成组合逻辑电路和时序逻辑电路的设计称为逻辑级设计。在设计比较复杂的数字系统时,设计模块通常是寄存器和其他复杂模块,数据经过复杂运算模块在寄存器间传输,这种设计称为寄存器传输级设计。当进行片上系统设计时,设计模块通常是复杂模块IP核,用IP核搭建一个复杂系统,称为IP核级设计。

随着设计工具的不断进步,设计的抽象层次也在不断提高,复杂的系统往往需要在更高抽象层次设计,使用更复杂的设计模块来提高设计效率。

11.1 寄存器传输级设计的特点

要实现某一个特定的任务,首先会把实现这个任务的运算步骤逐步描述出来,这就是算法。算法通常用某种语言的代码表示实现任务的顺序运算过程,其中计算出的中间结果就用变量来保存。如果用硬件来实现这个算法,也需要类似的硬件模块来顺序执行运算和保存运算的中间结果,寄存器传输级(RTL)设计可以实现这一目标。

11.1.1 RTL设计的电路结构

RTL设计具有以下特点:

♦ 使用寄存器来保存运算的中间结果;

♦ 用数据通路来实现特定的寄存器传输(Register Transfer,RT)运算;

♦ 用控制通路来规定寄存器传输运算的顺序。

RTL设计的电路结构如图11-2所示。

数据通路用来执行数据处理和数值计算,实现特定的RT运算。数据通路主要由功能单元、寄存器和连接网络构成。功能单元(组合电路)完成算法中需要完成的运算,寄存器保存中间的运算结果,连接网络(多路选择器)根据不同的情况选择不同的数据输入和运算结果。

控制通路用来规定在什么时间执行什么RT运算。由于状态机状态的转换通常都是按时钟转换,而数据通路中RT运算的结果也是在每个时钟沿到来时更新,因此可以把某个特定的RT运算归到某一个或几个状态中;并且状态机可以强制按照某一特定顺序来完成一系列的动作,在不同的条件下会转入不同的状态,从而改变执行运算的顺序,这可以用来实现算法描述的各种分支结构,因此可以用状态机来实现控制通路。

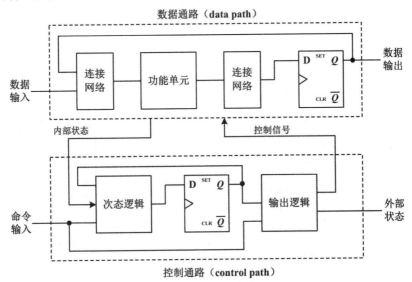

图11-2 RTL设计的电路结构

11.1.2 RT运算和数据通路

RT运算规定了保存在寄存器中数据的运算和传输。RT运算通常表示为:

$$R_{dest} \leftarrow f\left(R_{SRC1}, R_{SRC2,\cdots}\right)$$

其中R_{dest}表示目的寄存器,R_{SRC1},$R_{SRC2,\cdots}$表示源寄存器,f表示所做的运算。这个表达式表示把源寄存器R_{SRC1},R_{SRC2},$\cdots$中保存的数据做运算后存入目的寄存器R_{dest}。运算f用组合逻辑实现,运算的结果在下一个时钟沿到来时存入目标寄存器。

例如:$R1 \leftarrow R1 + 1$表示把寄存器$R1$中保存的值加1后送到寄存器$R1$的输入端,则下一个时钟沿到来时,$R1$中保存的值递增1。这个RT运算对应的电路结构如图11-3所示。

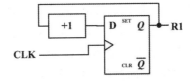

图11-3 RT运算$R_1 \leftarrow R_1 + 1$对应的电路结构

常见的RT运算及其对应的电路结构如图11-4所示。

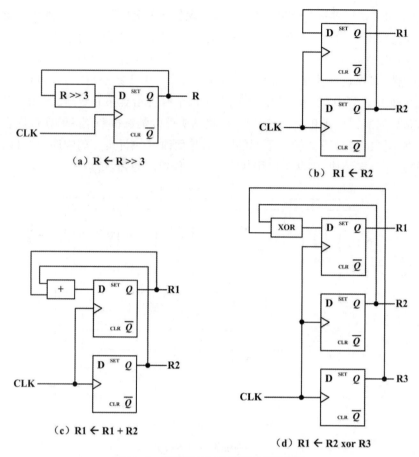

图 11-4　常见的 RT 运算及其电路结构

通常算法中会有很多运算步骤，寄存器在不同时刻需要保存不同的数据。例如寄存器 R1，在系统上电初始化时被置为 0；当执行加法时，保存和 R2 相加的和；在做递增运算时，把 R1 中的数据加 1 后再保存入 R1；当运算结束时，R1 中保存的数据不变，即把寄存器 R1 中的数据反馈再保存入 R1。由此可以列出寄存器 R1 在不同时刻的 RT 运算：

◇　初始化：R1 ← 0

◇　加法运算时：R1 ← R1 + R2

◇　递增运算时：R1 ← R1 + 1

◇　运算结束时：R1 ← R1

由于 R1 寄存器中保存的数据具有多种可能性，用多路选择器来选择不同的数据，设计合适的选择信号，就可以得到实现 R1 寄存器 RT 运算的电路结构。例如设计多路选择器的控制信号为 SEL，初始化时 SEL = 00，加法运算时 SEL = 01，递增运算时 SEL = 10，运算结束时 SEL = 11，可以得到实现 R1 寄存器 RT 运算的电路结构，如图 11-5 所示。

一个数字设计中往往有多个寄存器来保存不同的数据，对每个寄存器分析其在不同时刻保存的数据，确定每个寄存器在不同时刻的 RT 运算，给相应的多路选择器设计控制信号，画出每个寄存器对应的电路结构，就可以得到这个设计未优化的数据通路。选择每个寄存器在不同时刻保存哪个运算结果的选择信号都由控制通路(状态机)产生。

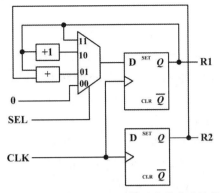

图 11-5　R1 寄存器 RT 运算对应的电路结构

11.2　RTL 设计方法

一个复杂系统由数据通路和控制通路构成。任何一个数字系统都可以看作用硬件实现了一个算法,一个算法就是执行一个任务或解决一个逻辑、算术问题的一系列步骤。

在一个复杂系统中,算法中的每一个子任务都可以用一个单独的模块实现。数据通路包含实现数据计算或处理的模块和保存数据的寄存器,控制通路则规定什么时间做什么处理和保存什么数据。

图 11-6 所示是 RTL 设计过程的四个步骤。首先可以用高级语言描述算法,然后把算法转换为高层次的算法状态机(Algorithm State Machine,ASM)图;由 ASM 图可以得到带数据通路的算法状态(ASM with Datapath,ASMD)图;由 ASMD 图可以得到带数据通路的有限状态机(FSM with Datapath,FSMD)图;分析各寄存器在不同状态下的 RT 运算,可以得到数据通路结构,由有限状态机图可以设计出控制通路,把数据通路和控制通路连接在一起就得到 RTL 设计,即系统的电路结构图。

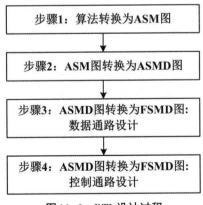

图 11-6　RTL 设计过程

11.2.1　从算法到 ASM 图

当设计一个实现复杂算法的数字系统时,首先可以用软件语言描述算法,即描述数字系统的行为。描述算法可以使用 C 或其他软件语言,然后把软件语言描述的算法转换为高层次的算法状态机(ASM)图,由ASM图再得到RTL设计。

ASM图是另一种表示有限状态机FSM的方法,它可以和状态转换图一样表示出状态机的信息,但表达能力更强。对于比较复杂的算法,逻辑函数式、真值表和状态图往往难以表达出它的行为;有限状态机FSM通常只有单个bit的输入和输出,状态机中能够存储的只有它本身的状态,无法处理多bit输入数据和中间数据的本地存储;而且状态机只能进行逻辑运算,无法进行多bit的算术运算。因此对于复杂算法,很多时候用ASM图来表示它的行为。

ASM图和软件设计中的流程图类似。流程图以顺序的方式来描述算法的过程步骤和分支路径,不会考虑时序关系;而ASM图以时间顺序来描述一系列事件,不仅描述事件,还描述事件之间的时序关系。如第六章6.7节介绍,ASM图由状态框、决定框和条件输出框三种基本单元组成,如图11-7所示。

图11-7　ASM图基本单元

状态框是一个矩形框,有一个入口,一个出口,代表有限状态机中的一个状态。矩形内通常会列出进入这个状态要做的操作或输出信号的值,这通常对应于软件语言中的数据暂存或变量赋值。在状态框中列出的输出信号赋值只和这个状态有关,对应于状态机中的Moore输出。赋值语句所对应的ASM图如图11-8所示。

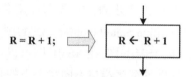

图11-8　赋值语句对应的ASM图

决定框是一个菱形框,在菱形内写分支条件和不同情况下的路径。这对应于软件语言中的IF-THEN-ELSE条件语句。

条件输出框是一个圆角的矩形,有一个入口,一个出口。条件输出框只放在决定框的分支路径上,框内通常列出输出信号的值。

决定框和条件输出框代表状态转换和Mealy输出。条件输出框中的赋值是Mealy赋值,即在某个状态期间,在输入满足某种条件时,输出会根据输入发生变化。决定框和条件输出框通常属于某一个状态框,并且不会和其他状态框共享。IF-THEN-ELSE语句对应的ASM图如图11-9所示。

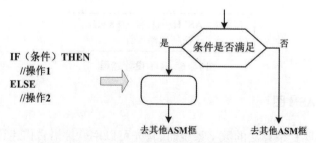

图11-9　IF-ELSE-THEN语句对应的ASM图

ASM图中没有循环结构，可以把软件语言中的循环语句转换为条件语句和跳转语句来实现，当循环条件满足时则跳转回循环内部语句执行，当条件不满足时，继续向下执行，对应的ASM图如图11-10所示。

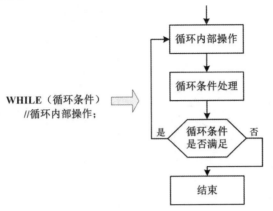

图11-10 循环语句对应的ASM图

使用这几种常用的对应模板，大部分C或其他软件语言描述的算法都可以转换为ASM图，进而在RTL级设计出实现这一算法的数字电路。

ASM图由一个或多个ASM块构成。一个ASM块由一个状态框或一个状态框加上决定框和条件输出框构成。一个ASM块对应于FSM状态转换图中的一个状态以及表示状态转换的弧线。图11-11所示是一个典型的ASM块。

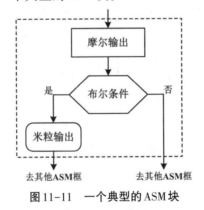

图11-11 一个典型的ASM块

11.2.2 从ASM图到ASMD图

● ASM图和FSM状态转换图

ASM图是FSM状态转换图的另一种表示方法，因此ASM图可以得到状态机FSM的状态转换图，由FSM状态转换图也可以得到ASM图。图11-12所示是三个ASM图和状态转换图相互转换的例子。

图11-12(a)中的ASM图很简单，由两个状态框构成，没有分支。每个状态框表示一个状态，对应的状态转换图和ASM图几乎一样。

图11-12(b)中的ASM图由两个状态框、一个决定框和一个条件输出框构成。一个状态框、决定框和条件输出框构成一个ASM块，表示一个状态S0；另外一个状态框构成另一个

ASM块,表示状态S1;决定框中的条件对应于状态转换弧线上的条件;条件输出框中的赋值 Z <= 1对应于转换弧线上的米粒输出,而状态框中的赋值 Y1 <= 1则对应于摩尔输出。由此可以把ASM图转换为FSM状态转换图。用同样的方式也可以把状态转换图转换为ASM图。

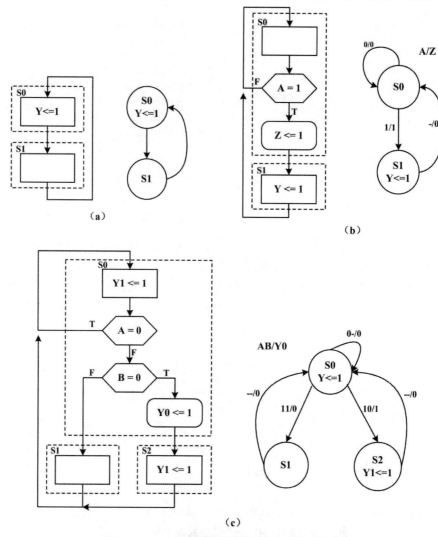

图11-12　ASM图和状态转换图相互转换的例子

图11-12(c)中的ASM图由三个ASM块构成。第一个ASM块由一个状态框、两个决定框和一个条件输出框构成,表示状态S0;另外两个ASM块分别由两个状态框构成,表示状态S1和S2;两个决定框变成A和B的逻辑表达式,对应于状态转换弧线上的转换条件。

● ASMD(ASM with Datapath)图

RT运算是按时钟一步步来执行的,它的时序和状态机FSM的状态转换类似,因此用状态机FSM来控制算法中RT运算的执行顺序就是一个很自然的选择。

当在ASM图中加入RT运算时,就得到ASMD图。RT运算可以放在状态框,也可以放在条件输出框。

图11-13(a)所示是一个ASMD图的一段,包括四个状态框,即对应于四个状态S0、S1、S2和S3。在S1状态中规定了RT运算 R1←R1+R2,同时在S1状态给输出Y赋值为1。对于RT运

算R1←R1+R2,R1+R2产生的结果是下一个时钟沿到来时R1的值,当下一个时钟沿到来时,状态从S1转换为S2,R1的值被更新。即在状态框S1中,R1的值不更新,R1的值在状态从S1到S2转换期间更新,在S2状态得到稳定的R1的新值。更准确地说,在S1状态计算的是R1寄存器的次态值,R1寄存器的值在状态转换时更新。其他状态框中的RT运算的工作方式和S1状态中的类似,各寄存器的更新如图11-13(b)所示。输出信号Y在S1状态时为1。

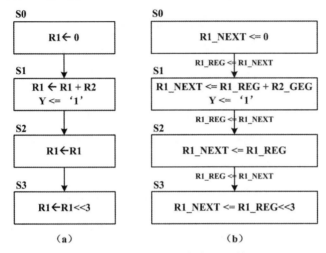

图11-13　ASMD图中的RT运算

这段ASMD图中包含了一个目的寄存器R1,R1中保存的值有以下几种:

◇　状态S1时:初始化为0;

◇　状态S2时:寄存器R1和寄存器R2中保存的值的和;

◇　状态S3时:保持不变;

◇　状态S4时:寄存器R1中保存的值左移3位。

实现寄存器R1的RT运算时,可以用多路选择器选择次态值送到寄存器R1的输入端,用状态机FSM的当前态作为多路选择器的控制信号来选择正确的值。实现这段ASMD图的电路结构如图11-14所示。

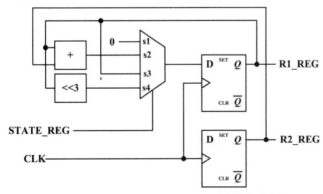

图11-14　实现图11-13所示ASMD图的电路结构

把RT运算放在状态框时,寄存器在一个时刻只能有一种可能的次态值。当把RT运算放在条件输出框时,在同一时刻寄存器可以有多种可能的次态值,这也意味着需要更多多路选择器。

在图11-15所示的ASMD图片段中,R2的RT运算是根据条件A > B是否成立来决定是R2←R2+A还是R2←R2+B。

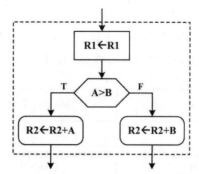

图11-15　条件输出框中有RT运算的ASMD图片段

类似地,这时需要用多路选择器把次态值R2+A或R2+B送到寄存器R2的输入端,用A > B比较器的输出作为控制信号选择正确的值。实现这一ASMD图的电路结构如图11-16所示。

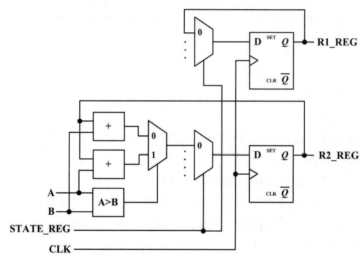

图11-16　实现图11-15所示ASMD图的电路结构

ASMD图和流程图很类似,不同的是ASMD图中的RT运算是受时钟控制的,寄存器中保存的值的更新在退出当前ASM块时(即在状态发生转换时)发生,因此当决定框中有寄存器时,这种延时就会引发错误。例如在图11-17所示的ASM块中,在状态框中N寄存器保存的值减1,然后在决定框中判断N是否为0。

由于在下一个时钟周期N寄存器保存的值才是减1后的值,因此在比较时用的还是N的旧值。如果使用N作为循环变量,就会多做一次循环,引发最终结果错误。一种解决方法是在决定框中不使用寄存器当前态值,而是使用组合逻辑的输出(次态),例如寄存器的次态值N_NEXT来判断,如图11-17(b)所示。

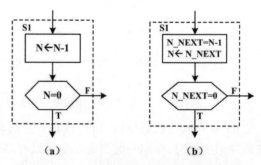

图11-17　决定框中带有寄存器时的影响

11.2.3 从ASMD图到FSMD图

构建出ASMD图后就可以得到关于设计更详细的信息,例如状态的划分和状态之间的转换、涉及的寄存器以及各寄存器的RT运算等。由此可以把系统划分为数据通路和控制通路,得到带数据通路的有限状态机(FSM with Datapath,FSMD)图,并进一步细化各基本模块的电路结构。

FSMD图分为数据通路和控制通路两部分,数据通路实现所有寄存器的RT运算,根据控制信号在不同的时刻做不同的RT运算。控制通路是一个状态机FSM,在不同时刻产生相应的控制信号给数据通路,来控制各寄存器的RT运算。FSMD图的结构如图11-18所示。

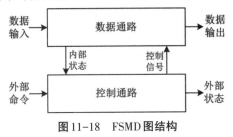

图11-18　FSMD图结构

● **数据通路**

数据通路主要做数据处理和数值计算。输入数据流入数据通路,结果流出数据通路,输入和输出通常都是多bit数据。数据通路从控制通路接收控制信号,并向控制通路提供内部状态信号。数据通路由以下几个部分构成:

✧　数据寄存器:用来保存计算的中间结果;

✧　功能单元:执行RT运算中规定的各种运算的电路模块;

✧　连接网络:连接功能单元和数据寄存器的电路。

构建数据通路按以下步骤进行:

(1)列出ASMD图中所有的目的寄存器。

(2)列出ASMD图中所有可能的RT运算,并按照目的寄存器对RT运算进行分组。

(3)对每一组RT运算按照11.1.2节所示的方法构建出相应的电路结构:

　　　i)　　构建目的寄存器;

　　　ii)　　构建每个RT运算涉及的功能单元(组合)电路;

　　　iii)　　在目的寄存器和多个功能单元之间加上多路选择器和连接电路。

(4)加上产生内部状态的电路。

● **控制通路**

控制通路是一个有限状态机FSM。由ASMD图可以得到状态的划分和状态的转换,由此可以得到状态机的状态转换图,设计出状态机。状态机由状态寄存器、次态逻辑和输出逻辑构成。作为控制通路的状态机通常接受外部来的命令和数据通路来的内部状态信号,产生给数据通路的控制信号和给外部的表示系统状态的状态信号。

把数据通路和控制通路连接在一起,就形成了FSMD图,也就是系统结构设计图。利用不同的设计手段和工具,就可以实现设计。

可以看出,数据通路和控制通路都是时序电路,数据通路是规则时序电路,控制通路是随机时序电路,这两个时序电路由同一时钟控制,因此整个设计还是一个同步电路。

11.3 设计举例

11.3.1 重复累加型乘法器

实现乘法可以有很多种方法,一种简单的算法就是重复累加。例如8×6,就可以用8+8+8+8+8+8来实现,这个方法并不是一个很有效率的方法,但它是一个简单的方法。

● 从算法到ASM图

乘法器的输入为被乘数a_in和乘数b_in,输出为乘积p_out。重复累加型乘法运算的过程是:如果被乘数和乘数中的任何一个为0,乘积即为0;如果被乘数和乘数都不为0,则把被乘数累加乘数次,就可得到两个数的乘积。

这个过程可以用下面的伪代码来描述:

```
if (a_in = 0 or b_in = 0) then{
    p = 0;}
else{
    a = a_in;
    n = b_in;
    p = 0;
    while(n != 0){
        p = p + a;
        n = n – 1;}}
p_out = p;
```

按照11.2.1节所示的方法,可以把这一伪代码描述的算法转换为如图11-19所示的ASM图。

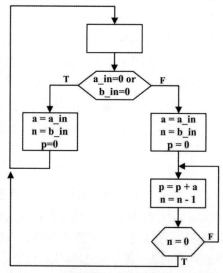

图11-19　重复累加型乘法算法的ASM图

● 从ASM图到ASMD图

用硬件实现一个算法时,需要定义输入、输出信号,包括信号的数据宽度。设计的电路可能是一个大系统的一部分,因此还需要有连接其他部分的接口信号。为了方便对电路的控制,除数据信号外,通常还会定义一些控制信号和对外的状态信号。这里定义乘法器的输入为:

a_in,b_in:被乘数和乘数输入,为8-bit无符号数;

start:启动命令输入,当start有效时乘法器开始运算;

clk:系统时钟;

reset:系统异步复位。

乘法器的输出为:

p_out:乘积输出,为16-bit无符号数;

ready:外部状态信号,当ready有效时表示乘法器空闲,已准备好接收新的输入数据;也可以表示上一次的计算已经完成,可以读取运算结果。

在用硬件实现乘法时,用寄存器a、n和p来模拟算法中的三个变量,把ASM图中的变量赋值变为寄存器的RT运算,再加上控制信号,ASM图就变为了ASMD图,如图11-20所示。

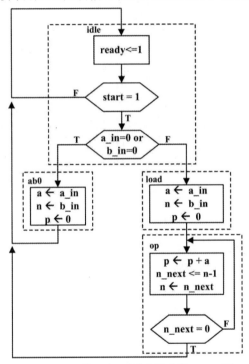

图11-20　重复累加型乘法算法的ASMD图

● **从ASMD到FSMD——数据通路的构建**

可以看出,ASMD图可以划分为四个状态。idle状态表示电路当前空闲,这时输出状态信号ready = '1';如果外部控制信号start无效,电路依然处于空闲状态,如果start有效,则开始乘法运算;然后判断输入数据中的某一个是否为0,如果为0,则进入ab0状态,否则进入load状态。在ab0状态,使输入数据加载到寄存器a和n,使乘积为0。在load状态,把数据加载入寄存器a和n中,并把寄存器p初始化为0。在op状态进行迭代运算,迭代b_in次,每次迭代时p累加a,计数值n减1,直到计数值为0。

在ASMD图中共有三个目的寄存器:a、n和p,列出ASMD中每个目的寄存器的RT运算,如表11-1所示。这里默认在idle状态三个寄存器保存的值不变。

表11-1　重复累加型乘法器各寄存器的RT运算

	idle	ab0	load	op
a	a ← a	a ← a_in	a ← a_in	a ← a
n	n ← n	n ← b_in	n ← b_in	n ← n−1
p	p ← p	p ← 0	p ← 0	p ← p+a

根据各寄存器的RT运算,画出各寄存器相应的电路结构,就得到基本的数据通路,如图11-21所示。这里多路选择器都采用状态寄存器的输出作为选择控制信号。

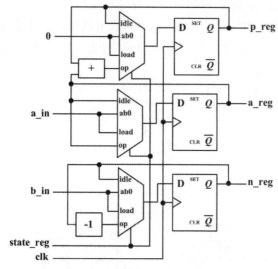

图11-21　重复累加型乘法器的基本数据通路

● 从ASMD到FSMD——控制通路的构建

由ASMD图中状态的划分和转换,可以画出控制通路的状态转换图,如图11-22所示。状态之间的转换条件用a0表示a_in为0是真,a0'表示a_in为0是假;b0表示b_in为0是真,b0'表示b_in为0是假;n0表示n为0是真,n0'表示n为0是假;start表示start为1,start'表示start为0。

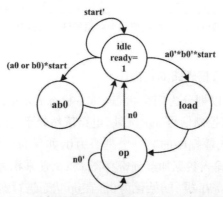

图11-22　重复累加型乘法器控制通路的状态转换图

根据状态转换图,即可以设计出控制通路状态机。状态机的输入为外部控制输入 start、来自数据通路的内部状态信号 a_is_0、b_is_0 和 n_is_0,输出为状态寄存器的状态 state_reg 和外部状态信号 ready。控制通路的结构如图 11-23 所示。

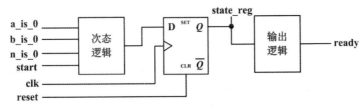

图 11-23　重复累加型乘法器控制通路结构

● FSMD 图

在基本数据通路上增加内部状态的产生电路,即判断 a_in 是否为 0、b_in 是否为 0 和 n 是否为 0 的电路,就形成了完整的数据通路。把数据通路和控制通路连接在一起,就构成了如图 11-24 所示的 FSMD 图。

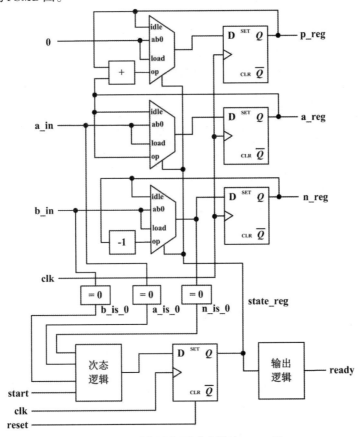

图 11-24　重复累加型乘法器的 FSMD 图

● 重复累加型乘法器的 VHDL 描述

根据 FSMD 图,就可以对设计进行 VHDL 描述。重复累加型乘法器的描述如代码 11-1 所示。

代码 11-1:

```
LIBRARY IEEE;
```

```
USE IEEE.STD_LOGIC_1164.ALL;
USE IEEE.STD_LOGIC_UNSIGNED.ALL;
ENTITY MULT_REP_ADD IS
PORT(
    CLK: IN STD_LOGIC;
    RESET: IN STD_LOGIC;
    START: IN STD_LOGIC;
    A_IN, B_IN: IN STD_LOGIC_VECTOR(7 DOWNTO 0);
    READY: OUT STD_LOGIC;
    P_OUT: OUT STD_LOGIC_VECTOR(15 DOWNTO 0));
END MULT_REP_ADD;
ARCHITECTURE RTL OF MULT_REP_ADD IS
    TYPE STATES IS (IDLE, AB0, LOAD, OP);
    SIGNAL STATE_REG, STATE_NEXT: STATES;
    SIGNAL A_IS_0, B_IS_0, N_IS_0: STD_LOGIC;
    SIGNAL ADD_OUT: STD_LOGIC_VECTOR(15 DOWNTO 0);
    SIGNAL SUB_OUT: STD_LOGIC_VECTOR(7 DOWNTO 0);
    SIGNAL A, A_NEXT: STD_LOGIC_VECTOR(7 DOWNTO 0);
    SIGNAL N, N_NEXT: STD_LOGIC_VECTOR(7 DOWNTO 0);
    SIGNAL P, P_NEXT: STD_LOGIC_VECTOR(15 DOWNTO 0);
BEGIN
    PROCESS(CLK, RESET)
    BEGIN
        IF RESET = '1' THEN
            A <= (OTHERS => '0');
            N <= (OTHERS => '0');
            P <= (OTHERS => '0');
        ELSIF CLK'EVENT AND CLK = '1' THEN
            A <= A_NEXT;
            N <= N_NEXT;
            P <= P_NEXT;
        END IF;
    END PROCESS;
    ADD_OUT <= "00000000"&A + P;
    SUB_OUT <= N - 1;
    PROCESS(STATE_REG, A_IN, B_IN, A, N, P, ADD_OUT, SUB_OUT)
    BEGIN
        CASE STATE_REG IS
            WHEN IDLE =>
                A_NEXT <= A;
                N_NEXT <= N;
                P_NEXT <= P;
            WHEN AB0 =>
                A_NEXT <= A_IN;
                N_NEXT <= B_IN;
                P_NEXT <= (OTHERS => '0');
            WHEN LOAD =>
```

```
                A_NEXT <= A_IN;
                N_NEXT <= B_IN;
                P_NEXT <= (OTHERS => '0');
            WHEN OP =>
                A_NEXT <= A;
                N_NEXT <= SUB_OUT;
                P_NEXT <= ADD_OUT;
        END CASE;
END PROCESS;
A_IS_0 <= '1' WHEN A_IN = "00000000" ELSE '0';
B_IS_0 <= '1' WHEN B_IN = "00000000" ELSE '0';
N_IS_0 <= '1' WHEN N_NEXT = "00000000" ELSE '0';
PROCESS(CLK, RESET)
BEGIN
    IF RESET = '1' THEN
        STATE_REG <= IDLE;
    ELSIF CLK'EVENT AND CLK = '1' THEN
        STATE_REG <= STATE_NEXT;
    END IF;
END PROCESS;
PROCESS(STATE_REG, START, A_IS_0, B_IS_0, N_IS_0)
BEGIN
    CASE STATE_REG IS
        WHEN IDLE =>
            IF START = '1' THEN
                IF A_IS_0 = '1' OR B_IS_0 = '1' THEN
                    STATE_NEXT <= AB0;
                ELSE
                    STATE_NEXT <= LOAD;
                END IF;
            ELSE
                STATE_NEXT <= IDLE;
            END IF;
        WHEN AB0 =>
            STATE_NEXT <= IDLE;
        WHEN LOAD =>
            STATE_NEXT <= OP;
        WHEN OP =>
            IF N_IS_0 = '1' THEN
                STATE_NEXT <= IDLE;
            ELSE
                STATE_NEXT <= OP;
            END IF;
    END CASE;
END PROCESS;
READY <= '1' WHEN STATE_REG = IDLE ELSE '0';
P_OUT <= P;
```

```
END RTL;
```

11.3.2 改进的重复累加型乘法器

从图11-20的ASMD图中可以看出,当start有效时,a_in和b_in在ab0状态和load状态被加载到寄存器a和n中。寄存器值的更新并不在列出RT运算的状态进行,而是在向下一个状态转换时更新,得到稳定的值是在下一个状态。因此,当在idle状态检测start信号有效时,实际对a_in和b_in的采样保存发生在退出ab0和load状态时,这意味着数据a_in和b_in必须要连续两个时钟周期放在数据输入端口保持稳定,这相当于增加了人为的时序约束。更好的设计可以是在一个时钟沿采样start、a_in和b_in。

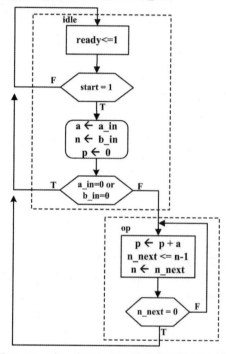

图11-25 改进的重复累加型乘法器的ASMD图

另外,可以看到在ab0状态和load状态三个寄存器的RT运算是相同的,因此可以把原来ab0和load状态中的RT运算放在idle状态的条件输出框中。这样做的好处是,在一个状态中寄存器可以有多个可能的次态值,当start无效时,寄存器a、n和p可以保持原来的值,当start有效时,输入数据加载入寄存器a和n,并初始化寄存器p为0;然后判断输入数据中的任意一个是否为0,如果输入数据都不为0则进入运算op状态,如果有输入为0则仍然返回idle状态。这样输入数据就不必连续两个时钟周期保持稳定,同时状态数缩减到两个。优化后的ASMD图如图11-25所示。

由ASMD图可以列出如表11-2所示的各寄存器的RT运算。

表11-2 改进的重复累加型乘法器各寄存器的RT运算

	idle		op
	start = 0	start = 1	
a	a ← a	a ← a_in	a ← a

续表

	idle		op
	start = 0	start = 1	
n	n ← n	n ← b_in	n ← n − 1
p	p ← p	p ← 0	p ← p + a

根据各寄存器的RT运算,可以得到如图11-26所示的数据通路。

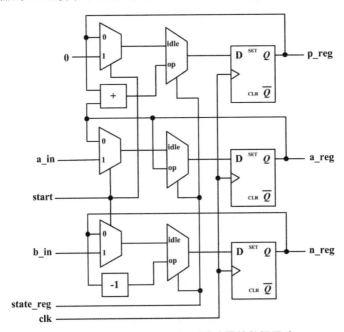

图11-26　改进的重复累加型乘法器的数据通路

由ASMD图中的状态划分和状态转换,可以画出控制通路的状态转换图,如图11-27所示。

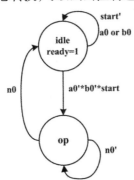

图11-27　改进的重复累加型乘法器控制通路的状态转换图

由状态转换图可以设计出控制通路状态机。这里直接用a_in、b_in和n_next作为状态机的输入,控制状态的转换;输出状态寄存器的状态作为给数据通路的控制信号,输出外部状态信号ready。改进的重复累加型乘法器的描述如代码11-2所示。

代码11-2:

```
LIBRARY IEEE;
USE IEEE.STD_LOGIC_1164.ALL;
```

```
USE IEEE.STD_LOGIC_UNSIGNED.ALL;
ENTITY MULT_REP_ADD_1 IS
PORT(
    CLK: IN STD_LOGIC;
    RESET: IN STD_LOGIC;
    START: IN STD_LOGIC;
    A_IN, B_IN: IN STD_LOGIC_VECTOR(7 DOWNTO 0);
    READY: OUT STD_LOGIC;
    P_OUT: OUT STD_LOGIC_VECTOR(15 DOWNTO 0));
END MULT_REP_ADD_1;
ARCHITECTURE RTL OF MULT_REP_ADD_1 IS
    TYPE STATES IS (IDLE, OP);
    SIGNAL STATE_REG, STATE_NEXT: STATES;
    SIGNAL ADD_OUT: STD_LOGIC_VECTOR(15 DOWNTO 0);
    SIGNAL SUB_OUT: STD_LOGIC_VECTOR(7 DOWNTO 0);
    SIGNAL A, A_NEXT: STD_LOGIC_VECTOR(7 DOWNTO 0);
    SIGNAL N, N_NEXT: STD_LOGIC_VECTOR(7 DOWNTO 0);
    SIGNAL P, P_NEXT: STD_LOGIC_VECTOR(15 DOWNTO 0);
BEGIN
    PROCESS(CLK, RESET)
    BEGIN
        IF RESET = '1' THEN
            A <= (OTHERS => '0');
            N <= (OTHERS => '0');
            P <= (OTHERS => '0');
        ELSIF CLK'EVENT AND CLK = '1' THEN
            A <= A_NEXT;
            N <= N_NEXT;
            P <= P_NEXT;
        END IF;
    END PROCESS;
    ADD_OUT <= "00000000"&A + P;
    SUB_OUT <= N - 1;
    PROCESS(STATE_REG, A_IN, B_IN, A, N, P, START, ADD_OUT,
            SUB_OUT)
    BEGIN
        CASE STATE_REG IS
            WHEN IDLE =>
                IF START = '0' THEN
                    A_NEXT <= A;
                    N_NEXT <= N;
                    P_NEXT <= P;
                ELSE
                    A_NEXT <= A_IN;
                    N_NEXT <= B_IN;
                    P_NEXT <= (OTHERS => '0');
                END IF;
```

```
            WHEN OP =>
                A_NEXT <= A;
                N_NEXT <= SUB_OUT;
                P_NEXT <= ADD_OUT;
        END CASE;
    END PROCESS;
    PROCESS(CLK, RESET)
    BEGIN
        IF RESET = '1' THEN
            STATE_REG <= IDLE;
        ELSIF CLK'EVENT AND CLK = '1' THEN
            STATE_REG <= STATE_NEXT;
        END IF;
    END PROCESS;
    PROCESS(STATE_REG, START, A_IN, B_IN, N_NEXT)
    BEGIN
        CASE STATE_REG IS
            WHEN IDLE =>
                IF START = '1' THEN
                    IF A_IN="00000000" OR B_IN="00000000" THEN
                        STATE_NEXT <= IDLE;
                    ELSE
                        STATE_NEXT <= OP;
                    END IF;
                ELSE
                    STATE_NEXT <= IDLE;
                END IF;
            WHEN OP =>
                IF N_NEXT = "00000000" THEN
                    STATE_NEXT <= IDLE;
                ELSE
                    STATE_NEXT <= OP;
                END IF;
        END CASE;
    END PROCESS;
    READY <= '1' WHEN STATE_REG = IDLE ELSE '0';
    P_OUT <= P;
END RTL;
```

　　重复累加型乘法器完成一次乘法需要迭代乘数次。例如乘数为 15，就需要迭代 15 次，每次经过一个 op 状态。因此对于 n-bit 无符号数相乘，最坏的情况就是乘数的所有位都是 1，这时重复累加型乘法器需要 $2^n + 1$ 个时钟周期才能完成相乘；改进型的重复累加型乘法器需要 2^n 个时钟周期；最好的情况是乘数或被乘数中有一个是 0，这时只需要 2 个时钟周期就可以完成相乘。改进型重复累加型乘法器只有两个状态，它的电路更简单。

11.3.3　移位累加型乘法器

● 从算法到ASM图

　　两个无符号二进制数相乘也可以像十进制数相乘那样列竖式,从乘数的最低有效位开始,如果乘数 bit 是 1,乘数 bit 和被乘数相乘的部分积就是被乘数;如果乘数 bit 是 0,乘数 bit 和被乘数相乘的部分积就是 0。每个部分积都比前一个部分积左移 1 位,这也反映出乘数每个位的权重不同。当乘数的所有 bit 都和被乘数相乘后,把所有的部分积相加就得到两个数的乘积。图 11-28 所示是两个 4-bit 无符号数相乘的例子。

```
          1  0  1  0    被乘数
          1  1  0  1    乘数
       ─────────────
          1  0  1  0    第一个部分积
       0  0  0  0       第二个部分积
    1  0  1  0          第三个部分积
 1  0  1  0             第四个部分积
─────────────────
 1  0  0  0  0  0  1  0    乘积
```

图 11-28　两个 4-bit 无符号数相乘

　　这种算法可以直接映射为硬件结构,但这样做硬件开销比较大。对于 n-bit 无符号数乘法器,需要两个 n-bit 寄存器来保存被乘数和乘数,n 个 n-bit 寄存器来保存部分积,n-1 个 n-bit 加法器来实现部分积相加,一个 2n-bit 寄存器来保存乘积。

　　这个算法也可以修改为部分积移位累加。从乘数的最低有效位开始,逐位确定部分积,当确定了一个部分积后就把这个部分积累加到一个寄存器,直到乘数最高有效位产生的部分积被累加,累加的结果就是两个数的乘积。这种方法可以大大缩减硬件开销。和重复累加型乘法器类似,被乘数和乘数中的任意一个为 0,则乘积为 0。

　　8-bit 无符号数相乘的移位累加算法可以用下面的伪代码描述:

```
if (a_in = 0 or b_in = 0) then{
    p = 0;}
else{
    a = a_in;
    b = b_in;
    n = 0;
    p = 0;
    while (n != 8) {
        if (b(n) = 1) then{
            p = p + (a << n)}
        n = n + 1;}}
p_out = p;
```

　　用硬件来实现索引 b(n) 和移位 n 位通常比较困难。为了解决这个问题,可以把被乘数和乘数每次移一位。改进后的算法可以用下面的伪代码描述:

```
if (a_in = 0 or b_in = 0) then{
    p = 0;}
```

```
else{
    a = a_in;
    b = b_in;
    n = 8;
    p = 0;
    while (n != 0) {
        if (b(0) = 1) then{
            p = p +a}
        a = a << 1;
        b = b >> 1;
        n = n - 1;}}
p_out = p;
```

这里用了四个变量，a保存被乘数，b保存乘数，n跟踪移位的次数，p保存累加的部分积。由算法可以得到如图11-29所示的ASM图。

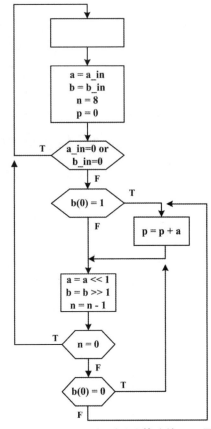

图11-29　移位累加型乘法算法的ASM图

- ASMD图

和重复累加型乘法器类似，定义乘法器的输入为：

a_in, b_in：被乘数和乘数输入，为8-bit无符号数；

start：启动命令输入，当start有效时乘法器开始运算；

clk：系统时钟；

reset：系统异步复位。

乘法器的输出为：

p_out：乘积输出，为16-bit无符号数；

ready：外部状态信号，当ready有效时表示乘法器空闲，已准备好接收新的输入数据；也可以表示上一次的计算已经完成，可以读取运算结果。

用寄存器a、b、n和p来模拟算法中的四个变量，把ASM图中的变量赋值变为寄存器的RT运算，再加上控制信号，ASM图就变为了ASMD图，如图11-30(a)所示。和改进的重复累加型乘法器的设计类似，也可以把数据的加载放在条件输出框中，这样idle状态和load状态就可以合并为一个状态，不需要在两个时钟周期分别采样a_in、b_in和start信号。改进的ASMD图如图11-30(b)所示。

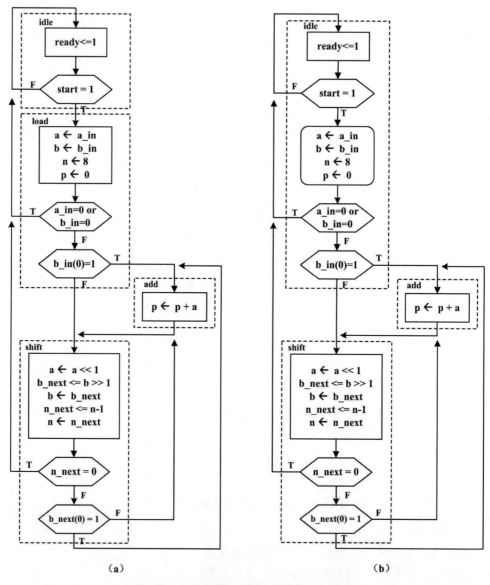

图11-30　移位累加型乘法算法的ASMD图

● FSMD图

由图11-30(b)所示的ASMD图可以列出如表11-3所示的移位累加型乘法器各寄存器的RT运算。

表11-3　移位累加型乘法器各寄存器的RT运算

	idle		add	shift
	start = 0	start = 1		
a	a ← a	a ← a_in	a ← a	a ← a << 1
b	b ← b	b ← b_in	b ← b	b ← b >> 1
n	n ← n	n ← 8	n ← n	n ← n − 1
p	p ← p	p ← 0	p ← p + a	p ← p

根据各寄存器的RT运算,可以得到如图11-31所示的数据通路。为了方便计算,把寄存器a的宽度设定为16-bit,和寄存器p的宽度一致。数据通路中多路选择器依然使用状态寄存器的状态作为选择控制信号。

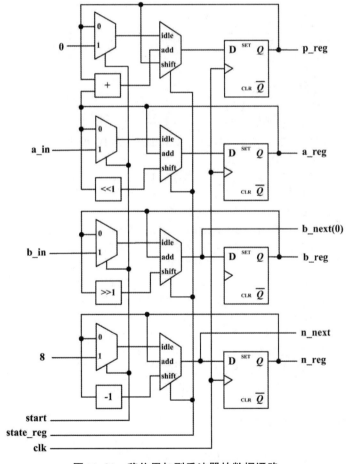

图11-31　移位累加型乘法器的数据通路

由ASMD图中的状态划分和状态转换,可以画出控制通路的状态转换图,如图11-32所示。由状态转换图可以设计出控制通路状态机。这里直接用a_in、b_in、b_next(0)和n_next

作为状态机的输入,控制状态的转换。输出状态寄存器的状态作为给数据通路的控制信号,输出给外部的状态信号ready。

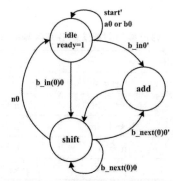

图11-32 移位累加型乘法器控制通路的状态转换图

移位累加型乘法器的描述如代码11-3所示。

代码11-3:

```
LIBRARY IEEE;
USE IEEE.STD_LOGIC_1164.ALL;
USE IEEE.STD_LOGIC_UNSIGNED.ALL;
ENTITY MULT_SHIFT_ADD IS
PORT(
    CLK: IN STD_LOGIC;
    RESET: IN STD_LOGIC;
    START: IN STD_LOGIC;
    A_IN, B_IN: IN STD_LOGIC_VECTOR(7 DOWNTO 0);
    READY: OUT STD_LOGIC;
    P_OUT: OUT STD_LOGIC_VECTOR(15 DOWNTO 0));
END MULT_SHIFT_ADD;
ARCHITECTURE RTL OF MULT_SHIFT_ADD IS
    TYPE STATES IS (IDLE, ADD, SHIFT);
    SIGNAL STATE_REG, STATE_NEXT: STATES;
    SIGNAL A_SHIFT_OUT: STD_LOGIC_VECTOR(15 DOWNTO 0);
    SIGNAL B_SHIFT_OUT: STD_LOGIC_VECTOR(7 DOWNTO 0);
    SIGNAL ADD_OUT: STD_LOGIC_VECTOR(15 DOWNTO 0);
    SIGNAL SUB_OUT: STD_LOGIC_VECTOR(3 DOWNTO 0);
    SIGNAL A, A_NEXT: STD_LOGIC_VECTOR(15 DOWNTO 0);
    SIGNAL B, B_NEXT: STD_LOGIC_VECTOR(7 DOWNTO 0);
    SIGNAL N, N_NEXT: STD_LOGIC_VECTOR(3 DOWNTO 0);
    SIGNAL P, P_NEXT: STD_LOGIC_VECTOR(15 DOWNTO 0);
BEGIN
    PROCESS(CLK, RESET)
    BEGIN
        IF RESET = '1' THEN
            A <= (OTHERS => '0');
            B <= (OTHERS => '0');
            N <= (OTHERS => '0');
            P <= (OTHERS => '0');
```

```
      ELSIF CLK'EVENT AND CLK = '1' THEN
          A <= A_NEXT;
          B <= B_NEXT;
          N <= N_NEXT;
          P <= P_NEXT;
      END IF;
END PROCESS;
A_SHIFT_OUT <= A(14 DOWNTO 0) & '0';
B_SHIFT_OUT <= '0' & B(7 DOWNTO 1);
ADD_OUT <= P + A;
SUB_OUT <= N - 1;
PROCESS(STATE_REG, A_IN, B_IN, A, B, N, P, ADD_OUT,
        SUB_OUT,A_SHIFT_OUT, B_SHIFT_OUT, START)
BEGIN
    CASE STATE_REG IS
        WHEN IDLE =>
            IF START = '0' THEN
                A_NEXT <= A;
                B_NEXT <= B;
                N_NEXT <= N;
                P_NEXT <= P;
            ELSE
                A_NEXT <= "00000000" & A_IN;
                B_NEXT <= B_IN;
                N_NEXT <= "1000";
                P_NEXT <= (OTHERS => '0');
            END IF;
        WHEN ADD =>
            A_NEXT <= A;
            B_NEXT <= B;
            N_NEXT <= N;
            P_NEXT <= ADD_OUT;
        WHEN SHIFT =>
            A_NEXT <= A_SHIFT_OUT;
            B_NEXT <= B_SHIFT_OUT;
            N_NEXT <= SUB_OUT;
            P_NEXT <= P;
        WHEN OTHERS =>
            A_NEXT <= A;
            B_NEXT <= B;
            N_NEXT <= N;
            P_NEXT <= P;
    END CASE;
END PROCESS;
PROCESS(CLK, RESET)
BEGIN
    IF RESET = '1' THEN
```

```
            STATE_REG <= IDLE;
        ELSIF CLK'EVENT AND CLK = '1' THEN
            STATE_REG <= STATE_NEXT;
        END IF;
    END PROCESS;
    PROCESS(STATE_REG,START,A_IN,B_IN,N_NEXT,B_NEXT(0))
    BEGIN
        CASE STATE_REG IS
            WHEN IDLE =>
                IF START = '1' THEN
                    IF A_IN="00000000" OR B_IN="00000000" THEN
                        STATE_NEXT <= IDLE;
                    ELSE
                        IF B_IN(0) = '1' THEN
                            STATE_NEXT <= ADD;
                        ELSE
                            STATE_NEXT <= SHIFT;
                        END IF;
                    END IF;
                ELSE
                    STATE_NEXT <= IDLE;
                END IF;
            WHEN ADD =>
                STATE_NEXT <= SHIFT;
            WHEN SHIFT =>
                IF N_NEXT = "0000" THEN
                    STATE_NEXT <= IDLE;
                ELSE
                    IF B_NEXT(0) = '1' THEN
                        STATE_NEXT <= ADD;
                    ELSE
                        STATE_NEXT <= SHIFT;
                    END IF;
                END IF;
            WHEN OTHERS =>
                STATE_NEXT <= IDLE;
        END CASE;
    END PROCESS;
    READY <= '1' WHEN STATE_REG = IDLE ELSE '0';
    P_OUT <= P;
END RTL;
```

移位累加型乘法器完成一次乘法需要迭代乘数的数据宽度次,例如乘数为8-bit,就需要迭代8次。每次迭代如果乘数bit位为1,则需要经过add和shift两个状态,如果乘数bit位为0,则只需要经过shift一个状态。因此对于n-bit无符号数相乘,最坏的情况就是乘数的所有位都是1,这时需要2n+1个时钟周期才能完成相乘;最好的情况是乘数或被乘数中有一个是0(所有位都是0),这时只需要1个时钟周期就可以完成相乘。相比重复累加型乘法器完成一次乘法最多需要2^n个周期,移位累加型乘法器完成一次乘法所用的时间要少得多。

11.3.4 改进的移位累加型乘法器

从图 11-31 所示的移位累加型乘法器的数据通路可以看出,在 shift 状态下寄存器 a 和寄存器 b 的功能单元就是一个 1-bit 移位器,而固定移位量的移位器并不需要逻辑电路来实现。另外,从表 11-3 也可以看出,在 add 和 shift 状态下的 RT 运算是相互独立的。因此可以把 add 和 shift 状态合并为一个状态,把累加运算放在条件输出框中,这样每次迭代只需要一个时钟周期,完成一次乘法只需要 $n+1$ 个时钟周期。改进后的 ASMD 图如图 11-33 所示。

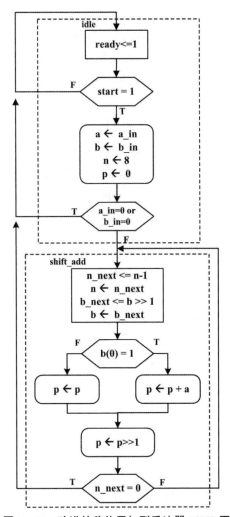

图 11-33　改进的移位累加型乘法器 ASMD 图

由 ASMD 图可以得到如表 11-4 所示的各寄存器的 RT 运算。

表 11-4　改进的移位累加型乘法器各寄存器的 RT 运算

	idle		shift_add	
	start = 0	start = 1	b(0) = 1	b(0) = 0
a	a ← a	a ← a_in	a ← a	a ← a
b	b ← b	b ← b_in	b ← b >> 1	b ← b >> 1

	idle		shift_add	
	start = 0	start = 1	b(0) = 1	b(0) = 0
n	n ← n	n ← 8	n ← n − 1	n ← n − 1
p	p ← p	p ← 0	p ← p + a	p ← p

对数据通路电路也可以进行优化。8-bit数相乘需要16-bit寄存器来保存乘积,而部分积累加时最低位是不变的,只需要累加高位的bit。因此部分积的累加可以不用16-bit加法器,而使用9-bit加法器,在每次迭代后把加法结果右移一位,这样可以把加法器的宽度降低一半。相应地,保存乘积的16-bit寄存器可以分为两个8-bit寄存器:高8-bit寄存器p_high和低8-bit寄存器p_low。每次迭代时寄存器p_high中保存的值和部分积相加,得到的结果右移一位保存入p_high中,移出的位移入p_low寄存器。优化后的数据通路中p寄存器和b寄存器相关的电路如图11-34所示。

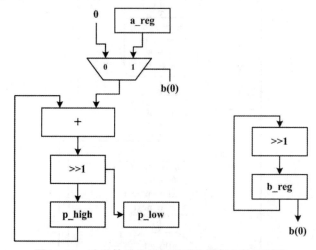

图11-34　改进的移位累加型乘法器部分数据通路

由ASMD图中的状态划分和状态转换,可以画出控制通路的状态转换图,如图11-35所示。

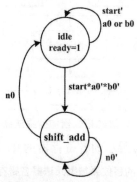

图11-35　改进的移位累加型乘法器控制通路状态转换图

改进的移位累加型乘法器的描述如代码11-4所示。

代码11-4:

```
LIBRARY IEEE;
USE IEEE.STD_LOGIC_1164.ALL;
```

```
USE IEEE.STD_LOGIC_UNSIGNED.ALL;
ENTITY MULT_SHIFT_ADD_1 IS
PORT(
    CLK: IN STD_LOGIC;
    RESET: IN STD_LOGIC;
    START: IN STD_LOGIC;
    A_IN, B_IN: IN STD_LOGIC_VECTOR(7 DOWNTO 0);
    READY: OUT STD_LOGIC;
    P_OUT: OUT STD_LOGIC_VECTOR(15 DOWNTO 0));
END MULT_SHIFT_ADD_1;
ARCHITECTURE RTL OF MULT_SHIFT_ADD_1 IS
    TYPE STATES IS (IDLE, SHIFT_ADD);
    SIGNAL STATE_REG, STATE_NEXT: STATES;
    SIGNAL ADD_SRC: STD_LOGIC_VECTOR(8 DOWNTO 0);
    SIGNAL ADD_OUT: STD_LOGIC_VECTOR(8 DOWNTO 0);
    SIGNAL N_SUB_OUT: STD_LOGIC_VECTOR(3 DOWNTO 0);
    SIGNAL A, A_NEXT: STD_LOGIC_VECTOR(7 DOWNTO 0);
    SIGNAL B, B_NEXT: STD_LOGIC_VECTOR(7 DOWNTO 0);
    SIGNAL N, N_NEXT: STD_LOGIC_VECTOR(3 DOWNTO 0);
    SIGNAL P_HIGH, PH_NEXT: STD_LOGIC_VECTOR(7 DOWNTO 0);
    SIGNAL P_LOW, PL_NEXT: STD_LOGIC_VECTOR(7 DOWNTO 0);
    BEGIN
    PROCESS(CLK, RESET)
    BEGIN
        IF RESET = '1' THEN
            A <= (OTHERS => '0');
            B <= (OTHERS => '0');
            N <= (OTHERS => '0');
            P_HIGH <= (OTHERS => '0');
            P_LOW <= (OTHERS => '0');
        ELSIF CLK'EVENT AND CLK = '1' THEN
            A <= A_NEXT;
            B <= B_NEXT;
            N <= N_NEXT;
            P_HIGH <= PH_NEXT;
            P_LOW <= PL_NEXT;
        END IF;
    END PROCESS;
    ADD_SRC <= '0'&A WHEN B(0) = '1' ELSE (OTHERS=>'0');
    ADD_OUT <= '0'&P_HIGH + ADD_SRC;
    N_SUB_OUT <= N - 1;
    PROCESS(STATE_REG, A, B, P_HIGH, P_LOW, N, A_IN, B_IN,
            N_SUB_OUT, ADD_OUT, START)
    BEGIN
        CASE STATE_REG IS
            WHEN IDLE =>
                IF START = '0' THEN
```

```
                    A_NEXT <= A;
                    B_NEXT <= B;
                    N_NEXT <= N;
                    PH_NEXT <= P_HIGH;
                    PL_NEXT <= P_LOW;
                ELSE
                    A_NEXT <= A_IN;
                    B_NEXT <= B_IN;
                    N_NEXT <= "1000";
                    PH_NEXT <= (OTHERS => '0');
                    PL_NEXT <= (OTHERS => '0');
                END IF;
            WHEN SHIFT_ADD =>
                A_NEXT <= A;
                B_NEXT <= '0' & B(7 DOWNTO 1);
                N_NEXT <= N_SUB_OUT;
                PH_NEXT <= ADD_OUT(8 DOWNTO 1);
                PL_NEXT <= ADD_OUT(0) & P_LOW(7 DOWNTO 1);
        END CASE;
END PROCESS;
PROCESS(CLK, RESET)
BEGIN
    IF RESET = '1' THEN
        STATE_REG <= IDLE;
    ELSIF CLK'EVENT AND CLK = '1' THEN
        STATE_REG <= STATE_NEXT;
    END IF;
END PROCESS;
PROCESS(STATE_REG,START,A_IN,B_IN,N_NEXT,B_NEXT(0))
BEGIN
    CASE STATE_REG IS
        WHEN IDLE =>
            IF START = '0' THEN
                STATE_NEXT <= IDLE;
            ELSE
                IF A_IN="00000000" OR B_IN="00000000" THEN
                    STATE_NEXT <= IDLE;
                ELSE
                    STATE_NEXT <= SHIFT_ADD;
                END IF;
            END IF;
        WHEN SHIFT_ADD =>
            IF N_NEXT = "0000" THEN
                STATE_NEXT <= IDLE;
            ELSE
                STATE_NEXT <= SHIFT_ADD;
            END IF;
```

```
      END CASE;
    END PROCESS;
    READY <= '1' WHEN STATE_REG = IDLE ELSE '0';
    P_OUT <= P_HIGH & P_LOW;
  END RTL;
```

相比移位累加型乘法器,改进的移位累加型乘法器在最坏情况下只需要 $n+1$ 个时钟周期就可以完成一次 n-bit 乘法;同时加法器的宽度减少一半,保存被乘数的寄存器的宽度也减少了一半。和重复累加型乘法器相比,移位累加型乘法器速度提高了很多。几种乘法器的性能比较如表 11-5 所示。

表 11-5　几种乘法器性能比较

乘法器结构	最坏情况下完成乘法所用时钟周期数	功能单元	寄存器数量
重复累加型	$2^n + 1$	2n-bit 加法器 n-bit 减法器	4n-bit 寄存器
改进的重复累加型	2^n	2n-bit 加法器 n-bit 减法器	4n-bit 寄存器
移位累加型	$2n + 1$	2n-bit 加法器 $(\log_2 n+1)$-bit 减法器	$(5n + \log_2 n + 1)$-bit 寄存器
改进的移位累加型	$n + 1$	$(n+1)$-bit 加法器 $(\log_2 n+1)$-bit 减法器	$(4n + \log_2 n + 1)$-bit 寄存器

习题

11-1　寄存器 R 的 RT 运算如表题 11-1 所示,其中 S1 和 S0 是模式选择信号,试画出实现这一 RT 运算的电路结构。

表题 11-1

S1S0	RT 运算	S1S0	RT 运算
00	R←R	10	R←D(并行加载数据)
01	R←NOT(R)	11	R←0

11-2　寄存器 R0、R1、R2 和 R3 的输出通过多路选择器连接到寄存器 R4 的输入,寄存器 R4 的 RT 运算如下:C0:R4ßR0;C1:R4ßR1;C2:R4ßR2;C3:R4ßR3。试画出实现上述 RT 运算的电路结构。(注:C0、C1、C2 和 C3 是控制量,且四个控制量互斥。)

11-3　ASMD 图如图题 11-3 所示,要求:(1)根据 ASMD 图画出数据通路;(2)根据 ASMD 图画出状态转换图;(3)电路输入为时钟 CLK 和外部输入 START,输出为 F1(8-bit)、状态信息 READY 和任务完成标识 DONE,写出描述电路的 VHDL 代码,并综合仿真。

11-4　设计一个计 1 计数器。输入为时钟 CLK 和串行输入 X,在 32 个时钟周期内计输入为 1 的时钟周期数,输出为 5-bit 计数值 COUNT。要求:(1)画出 ASM 图;(2)画出 ASMD 图;(3)写出描述电路的 VHDL 代码,并综合仿真。

11-5　用 RTL 设计方法设计一个按键去抖电路,去抖的工作原理如下:当检测到第一个跳变边沿后,输出由0变为1,然后等待一小段时间(至少15ms),输出再变为0。要求:(1)画出 ASM 图;(2)画出 ASMD 图;(3)写出描述电路的 VHDL 代码,并综合仿真。

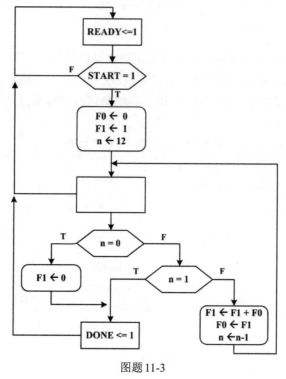

图题 11-3

12 一个简单的可编程处理器

12.1 概述

12.1.1 专用处理器和可编程处理器

数字电路可以处理单个任务,如上一章设计的乘法器等,这种电路只能执行单一的任务,也称为专用处理器。单一任务的专用处理器因为针对某一特定任务,因此可针对任务进行优化,达到运算速度快,功耗小的目的。另外一种数字电路称为可编程处理器,也称为通用处理器或 CPU(Central Processing Unit),它把要处理的任务分解为一条条指令,保存在存储器中,逐条执行这些指令完成处理任务,而不是设计特定的电路。保存在存储器中处理任务的指令就是所谓的程序。

可编程处理器的好处是可以大批量地制造,对处理器编程就可以做几乎任何事情。大批量制造可以降低处理器的成本,使得器件价格比较低。

CPU 是计算机系统的核心。计算机系统主要包括 CPU 和存储器系统,指令和处理的数据存放在存储器中,CPU 从存储器中读取指令,并完成指令规定的操作。在执行指令的过程中,可能会从存储器中读取数据,对数据进行处理,再把数据存储回存储器中。计算机系统的基本结构如图 12-1 所示,数据和指令可以放在同一存储器中,这种结构称为冯·诺伊曼结构;数据和指令也可以放在不同的存储器中,用不同的总线传输,这种结构称为哈佛结构。

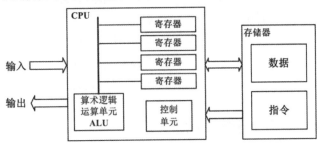

图 12-1　计算机系统基本结构

12.1.2 RISC 处理器和 CISC 处理器

在计算机系统中,要完成的任务通常被分解为一条条指令,处理器通过逐条执行这些指令来完成任务。计算机中有很多种指令,各种指令组合就可以完成复杂的运算。处理器所能执行的指令的集合就是处理器的指令集。

当指令执行时,数据可以从处理器内部的寄存器中取得,也可以从数据存储器中取得,运算的结果可以返回寄存器,也可以存回数据存储器。在处理器上执行的指令都是二进制码,也称为机器码(machine code),机器码的不同字段规定了指令的不同信息,例如指令完成的操作、数据所在的寄存器和数据的寻址模式(表示数据在存储器中存储位置的方法)等,这种指令机器码编码的格式、寄存器集以及寻址方式共同构成了指令集结构(Instruction Set Architecture,ISA)。

早期的处理器指令集往往都包含功能很强大、能够执行复杂运算的指令,并有各种复杂的寻址方式,这种处理器称为复杂指令集(Complex Instruction Set Computing,CISC)处理器。这种复杂的指令结构使得处理器的运算单元和控制单元都很复杂。Intel 的 X86 处理器和 Motorola 的 68000/68020 处理器都是 CISC 处理器。

复杂的指令由于要进行复杂的操作,实际上会降低系统的工作速度。对 CISC 指令集的测试表明,功能复杂的指令使用频度比较低,而比较简单的指令使用频度更高,因此在 20 世纪 80 年代出现了更紧凑、性能更高的精简指令集(Reduced Instruction Set Computing,RISC)处理器。MIPS 的 MIPS 处理器、IBM 的 PowerPC 处理器和 ARM 处理器都是 RISC 处理器。

RISC 处理器具有以下特点:

✧ 统一的指令长度:所有指令的长度都是一样的,如都是 32-bit 或 16-bit;而 CISC 指令的长度是不一致的,从 1 个字节到 4 个字节不等;

✧ 指令的格式少:指令格式少,指令的编码尽可能一致,以简化指令译码;

✧ 寻址模式少:大部分 RISC 处理器只支持一到两种存储器寻址模式,通常用寄存器和一个偏移量来表示要访问的存储器地址;

✧ 使用大量寄存器:RISC 处理器内部有大量通用寄存器,所有算术逻辑运算的操作数都从寄存器取得,计算结果也存回寄存器。访问寄存器的速度要远比访问存储器快,这样可以避免频繁访问存储器使得处理器性能下降。

✧ Load/Store 结构:在 RISC 处理器中,各种运算指令不使用存储器操作数,即不访问存储器,能够访问存储器的只有 Load 和 Store 指令。Load 指令把数据从存储器中取来放入寄存器中,运算指令从寄存器中读取操作数进行运算,将结果再存回寄存器,Store 指令把数据从寄存器存入存储器。

RISC 处理器由于指令比较简单,完成一项任务相比 CISC 处理器需要更多指令。但由于 RISC 处理器都是简单指令,数据通路简单,因此总体上 RISC 处理器的处理速度要比 CISC 快。本章的主要内容就是介绍一个简单的 RISC 处理器的设计。

12.2 可编程 RISC 处理器基本结构

相比专用处理器只能完成某一特定任务,可编程处理器可以通过程序完成各种任务。但从另一个角度看,可编程处理器也可以看作一个专用处理器,它只完成一个特定的任务:执行程序指令。因此可编程处理器的设计和专用处理器一样,分为数据通路和控制通路。

12.2.1　数据通路结构

执行某一个任务通常就是把输入数据经过某种处理转化为输出数据。整个过程就是读取输入数据,对这些数据进行各种运算,产生新的数据,把这些新的数据写入输出,这种转换就在处理器的数据通路中进行。

在计算机系统中,输入和输出数据通常都放在数据存储器中。RISC 处理器是 Load/Store 结构,数据先从数据存储器中读入寄存器内,功能单元从寄存器中读取操作数进行运算,运算结果再存回寄存器,是寄存器—寄存器结构,最后产生的输出数据再从寄存器保存到数据存储器。

寄存器用来保存数据,典型宽度为 16-bit 和 32-bit。RISC 处理器内部的通用寄存器集合在一起称为寄存器堆(Register File,RF)。寄存器堆通常有多个读端口,有一个写端口,用来保存运算过程中产生的临时数据,寄存器堆中的寄存器通常命名为 R0、R1、R2、…。功能单元用来对数据进行运算处理,典型的就是算术逻辑运算单元(Arithmetic Logic Unit,ALU)。

RISC 处理器的指令通常会有很多条,但最基本的操作是以下三种:

◇　Load 操作:把数据从数据存储器读取到寄存器堆的寄存器中;

◇　ALU 操作:对两个从寄存器堆来的数据进行运算,把运算结果写回寄存器堆。运算可以是任何 ALU 支持的运算,典型的 ALU 运算包括加、减等算术运算和与、或等逻辑运算;

◇　Store 操作:把寄存器堆中的数据写入数据存储器中。

因此 RISC 处理器数据通路的基本结构如图 12-2 所示,包括寄存器堆、多路选择器和算术逻辑运算单元等。

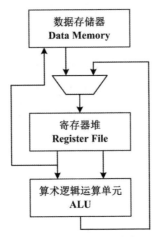

图 12-2　RISC 处理器数据通路基本结构

RISC 处理器在执行每一条指令时都需要对数据存储器、多路选择器、寄存器堆和 ALU 进行控制,相应的控制信号都由控制通路产生。

12.2.2　控制通路结构

在计算机系统中,任务通常被分解用一条条指令来实现,这就是程序。程序保存在指令存储器中,当执行程序时把指令从指令存储器中逐条取出,对指令进行译码,然后执行指令。因此一条指令的执行可以分为三个阶段:取指、译码和执行。为执行一段程序,控制单元需要反复执行这三个阶段。

    ✧   取指(fetch):控制单元把当前指令读取到一个称为指令寄存器(Instruction Register,IR)的本地寄存器。当前指令在指令存储器中的地址保存在一个称为程序计数器(Program Counter,PC)的寄存器中。

    ✧   译码(decode):控制单元分析(译码)这条指令要求做什么操作或运算。

    ✧   执行(execution):控制通路产生相应的控制信号来控制数据通路执行指令要求的操作。

控制通路的基本结构如图12-3所示,包括程序计数器、指令寄存器和控制单元等。

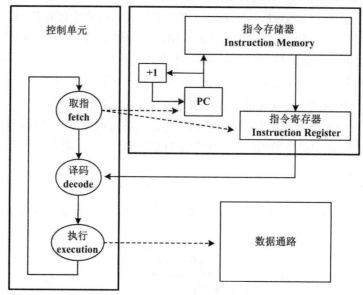

图12-3　RISC处理器控制通路基本结构

例如执行一个简单的任务,把数据存储器中的数据 X 和数据 Y 相加,把结果写入数据存储器中数据 Z 的位置,即计算 Z = X + Y。在 RISC 处理器中,这个任务可以分解为以下步骤来完成:

（1）把数据存储器中的数据 X 加载到寄存器堆中的寄存器 R0,这个操作可以记为:
    R0 = X;

（2）把数据存储器中的数据 Y 加载到寄存器堆中的寄存器 R1,这个操作可以记为:
    R1 = Y;

（3）把寄存器 R0 和 R1 中的数据相加,结果保存到寄存器堆中的寄存器 R3,这个操作可以记为:R3 = R0 + R1;

（4）把寄存器 R3 中的数据保存入数据存储器中数据 Z 的位置,这个操作可以记为:
    Z = R3。

根据这四个步骤就可以写出相应的四条指令组成的程序:
    R0 = X
    R1 = Y

R3 = R0 + R1

Z = R3

程序指令通常按顺序存放在指令存储器中,PC可以用一个向上计数器来实现从一条指令向下一条指令推进,所以它被称为程序计数器(Program Counter)。假设处理器从 PC = 0 开始,第一条指令就存放在程序存储器的0位置,后面的指令依次存放在程序存储器的1、2、3位置。

执行第一条指令需要取指、译码和执行三个阶段。首先以PC作为地址从指令存储器的0位置取出(fetch)第一条指令,存入指令寄存器IR;然后控制单元对指令进行译码(decode),分析这条指令所要做的操作;最后执行(execution)指令的操作,从数据存储器中读出变量X的值,存入寄存器R0中。

后面的三条指令以类似的方式运行,控制通路反复执行取指、译码、执行三个步骤。可以看出,控制通路中的控制单元就是一个状态机FSM,产生控制信号来控制各部分的工作。

图12-4是这段简单程序在处理器中如何执行的示意图。

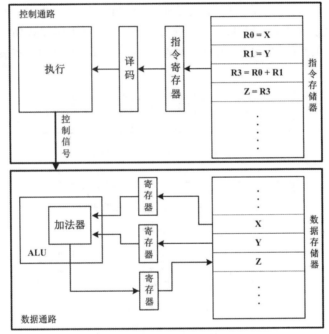

图 12-4   执行一段简单程序的示意

12.3   设计一个简单的RISC处理器

本节从最简单的情况开始,设计一个简单的只有三条指令的RISC处理器。处理器在执行程序时,一条指令执行完再执行下一条指令。

12.3.1   指令集

设计一个处理器首先需要设计它的指令集,设计指令如何编码和执行。设计指令集时需要决定有多少条指令、有哪些指令、指令的宽度是多少、指令的字段如何划分和编码等。

    这里采用哈佛结构,数据存储器和指令存储器分开,数据和程序不在同一存储空间,采用单独的总线访问数据存储器和指令存储器。此处定义了一个简单的只有三条指令的指令集,指令格式采用常见的格式,三条指令如下:

    ✧   LDR 目的寄存器 dst,源存储单元地址 mem_addr

    ✧   STR 源寄存器 src,目的存储单元地址 mem_addr

    ✧   ADD 目的寄存器 dst,源寄存器 src1,源寄存器 src2

    LDR 指令是把数据从存储器加载到寄存器中。例如指令 LDR R0, &20H 是把地址为 20H 的存储单元中的数据拷贝到寄存器 R0 中。

    STR 指令是把数据从寄存器传送到存储器中。例如指令 STR R2, &50H 是把寄存器 R2 中的数据保存入地址为 50H 的存储单元中。

    ADD 指令做加法运算,指令中的寄存器指定参与运算的寄存器。例如指令 ADD R2, R0, R1 是做加法,两个加数分别来自源寄存器 R0 和 R1,运算的结果送入目的寄存器 R2,源寄存器 R0 和 R1 中保存的值不变。

    RISC 处理器指令的宽度是固定的,这里假定指令的宽度为 16-bit。指令的编码格式分为用于算术逻辑运算指令和用于 load/store 指令的格式,指令编码格式如图 12-5 所示。每条指令 16-bit 宽,其中高 4 位为操作码,标识指令所做的操作,低 12 位标识寄存器地址和数据存储器的地址。

I[15..12]	I[11..8]	I[7..4]	I[3..0]
操作码 opcode	目的寄存器 dst	源寄存器1 src1	源寄存器2 src2

（a）算术逻辑运算指令格式

I[15..12]	I[11..8]	I[7..0]
操作码 opcode	目的寄存器 dst	存储器地址 mem_addr

（b）load 指令格式

I[15..12]	I[11..4]	I[3..0]
操作码 opcode	存储器地址 mem_addr	源寄存器 src

（c）store 指令格式

图 12-5　三指令 RISC 处理器指令编码格式

    对于算术逻辑运算指令,I[11..8]这个 4-bit 字段规定目的寄存器的地址,即存放运算结果的寄存器地址;I[7..4]和 I[3..0]这两个 4-bit 字段分别规定两个源寄存器的地址。寄存器的地址都是 4-bit,即寄存器堆中最多可以有 16 个寄存器。

    对于 load 指令,I[11..8]这个 4-bit 字段规定目的寄存器地址,I[7..0]这个 8-bit 字段规定存储器的地址。

    对于 store 指令,I[3..0]这个 4-bit 字段规定源寄存器地址,I[11..4]这个 8-bit 字段规定存储器的地址。

    为简单起见,load/store 指令都采用直接寻址的方式,直接使用指令中的字段作为存储器的地址。

三条指令的操作码分别编码为:

✧ LDR指令:0001

✧ STR指令:0010

✧ ADD指令:0011

利用这个指令集,上面计算 Z = X + Y 例子就可以用这三条指令写出如下的程序:

程序地址	程序(汇编程序)	编码(机器码)
0	LDR R0, &20H	0001 0000 00100000
1	LDR R1, &21H	0001 0001 00100001
2	ADD R3, R0, R1	0011 0011 0000 0001
3	STR R3, &22H	0010 00100010 0011

程序的指令在指令存储器中以二进制0、1编码的形式存在,这种以0和1表示的程序就是机器码。读写这种程序对于人来说是一件很困难的事,人很难理解这种形式的程序,在编写程序时也很容易发生错误。因此早期的程序员发明了一个称为汇编器的工具来帮助写程序,程序员可以用助记符来编写程序,汇编器可以自动把用助记符编写的程序翻译成机器码。上面以助记符编写的程序,如 LDR R0, &20H 等,就称为汇编程序。

12.3.2 数据通路设计

设计数据通路时,首先观察每种指令执行时所需要的模块,然后用这些模块为每种指令构建其数据通路,同时确定各模块对应的控制信号。

这里假定处理器的数据宽度为16-bit,因此各模块中数据的宽度都是16-bit。

● **寄存器堆**(Register File)

算术逻辑运算指令需要从两个源寄存器中读出数据,然后对这两个数据进行运算,再把运算的结果写回一个目的寄存器。

处理器中的通用寄存器都在一个称为寄存器堆(Register File)的模块中。这里寄存器堆中包含16个16-bit通用寄存器,寄存器的序号为R0~R15,可以通过指定寄存器的序号(地址)来对寄存器堆中的寄存器进行读写。

算术逻辑运算指令涉及3个寄存器,需要从寄存器堆读出两个数据、写入一个数据。寄存器堆有两个读端口和一个写端口,因此有两个读地址 rf_rd_addr1 和 rf_rd_addr2,有一个写地址 rf_we_addr 和写使能信号 rf_we,可以同时读出两个数据,并且在读写地址不冲突时同时进行读和写。

寄存器堆总是可以根据读地址进行读操作,但写操作由写使能信号控制。当时钟沿到来时,只有写使能有效才可以对寄存器堆进行写操作。

● **算术逻辑运算单元**(ALU)

由于指令集中只有一条加法指令,因此ALU就是一个16-bit加法器,对从寄存器堆中取出的数据做加法运算。

● **数据存储器**

在 load/store 指令中,需要把指定存储器地址中的数据读出,然后写入指定寄存器中;或把指定寄存器中的数据读出,然后写入指定的存储器地址中。因此需要用到寄存器堆和数据存储器。

数据存储器有一个地址输入和一个写数据输入,有一个读数据输出;有一个写控制信号mem_we和一个读控制信号mem_oe,读写控制信号都是独立的,但在同一时刻只能进行读或写操作。因为指令中数据存储器的地址为8-bit,为简单起见,这里数据存储器的尺寸设定为256×16-bit。

● 多路选择器

当执行算术逻辑运算指令时,写入寄存器堆的是ALU的运算结果;当执行store指令时,写入寄存器堆的是从数据存储器取出的数据。因此可以用多路选择器选择写入寄存器堆的数据,控制信号为data_sel。

根据对指令的分析,可以构建出如图12-6所示的数据通路。

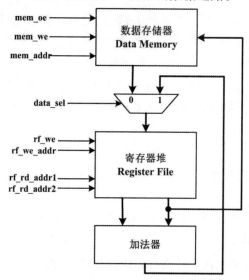

图12-6　三指令RISC处理器数据通路

12.3.3　控制通路设计

数据通路中的控制信号都由控制单元根据指令的操作码来产生。

控制通路的主要组成部分是控制单元(状态机)。执行指令需要经过复位、取指、译码和执行4个步骤。不同的指令在执行时需要完成不同的操作。

● 复位

状态机从复位状态开始工作,一旦复位信号有效,状态机就初始化控制信号和相关寄存器。

◇　程序计数器PC:使PC值置为程序起始地址;

◇　指令寄存器IR:使指令寄存器清零;

◇　初始化各控制信号;

◇　把要执行的程序加载入指令存储器中。

● 取指

◇　从指令存储器读出指令,送入指令寄存器IR;

◇　PC加1。

310

- 译码
  - ◇ 根据IR的高4-bit(操作码)决定下一个时钟周期转入LDR、STR和ADD中的哪一个指令执行。
- 执行

　　不同的指令执行时有相似的地方,例如STR指令和ADD指令都需要读出寄存器中的数据。完成指令的执行,不同的指令需要做不同的操作。执行一条指令的步骤和需要完成的操作可以用图12-7所示的流程图表示。

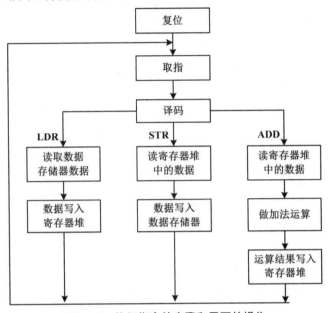

图12-7　执行指令的步骤和需要的操作

  - ◇ LDR指令:把数据存储器的地址置为指令寄存器IR的低8-bit(IR[7..0]),使数据存储器的读使能有效,使多路选择器的控制信号data_sel为0,选择数据存储器的输出;把寄存器堆的写地址置为IR[11..8],使寄存器的写使能有效,把数据存储器中读出的数据加载到相应的寄存器中。
  - ◇ STR指令:和LDR指令类似,把数据存储器的地址置为指令寄存器IR的中间8-bit(IR[11..4]),使数据存储器的写使能有效;把寄存器堆的读地址2(rf_rd_addr2)置为IR[3..0],把寄存器堆中读出的数据写入数据存储器。
  - ◇ ADD指令:把寄存器堆的两个读地址分别置为指令寄存器IR的src1和src2字段(IR[7..4]和IR[3..0]),读出的数据进行加法操作;使多路选择器的控制信号data_sel为1,选择加法器的输出;把寄存器堆的写地址置为IR的dst字段(IR[11..8]),使寄存器堆的写使能有效,把加法运算结果写入目的寄存器。

　　指令的执行可以有不同的实现方法。最直接的方法是单周期实现,即在一个时钟周期内完成一条指令的取指、译码和执行。这种方法效率比较低,时钟周期对所有的指令都是等长的,时钟周期取决于执行最慢的指令,虽然每时钟周期完成一条指令,但总体性能并不见得好,因此在现代处理器设计中很少使用这种方法。

　　另一种方法是固定周期实现,即每个阶段用一个时钟周期完成,这样完成每条指令需要

3个时钟周期。由图12-7所示的流程图可以得到实现这一方案控制状态机的状态转换图，如图12-8所示。

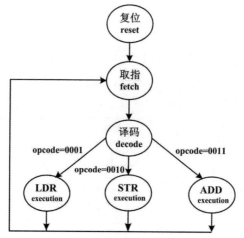

图12-8　固定周期执行方案状态机的状态转换图

第三种方法是多周期实现，即在执行阶段也用多个时钟周期来完成指令的执行。图12-7所示的流程图也可以看作一个SM图，执行阶段的每一步操作（方框）用一个时钟周期来完成。不同的指令可能需要不同的时钟周期数来完成，例如LDR指令和STR指令需要用4个时钟周期，而ADD指令需要用5个时钟周期完成。

12.3.4　处理器VHDL模型

这里用VHDL语言描述固定周期实现的三指令RISC处理器，处理器的VHDL模型如图12-9所示。指令存储器、数据存储器和寄存器堆都描述为单独的元件（component），处理器中包含了数据通路、控制通路、指令存储器、数据存储器和寄存器堆。

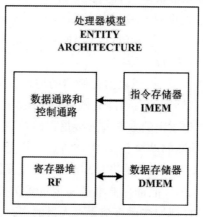

图12-9　处理器的VHDL模型

为简单起见，指令存储器为256×16-bit的存储器，数据存储器为256×16-bit的存储器。和图12-7中所示的步骤稍有不同，模型在译码阶段就从寄存器堆取操作数。

● 寄存器堆REG_FILE

寄存器堆中有16个16-bit寄存器，有两个读地址端口RF_RD_ADDR1和RF_RD_ADDR2，两个读数据端口RF_RD_DATA1和RF_RD_DATA2,一个写地址端口RF_WR_ADDR,一个写数据端口RF_WR_DATA,一个写使能端口RF_WE和时钟信号。寄存器堆的描述如代码12-1所示。

代码12-1:

```
LIBRARY IEEE;
USE IEEE.STD_LOGIC_1164.ALL;
USE IEEE.NUMERIC_STD.ALL;
ENTITY REG_FILE IS
PORT(
    CLK, RST: IN STD_LOGIC;
    RF_WE: IN STD_LOGIC;
    RF_RD_ADDR1, RF_RD_ADDR2: IN UNSIGNED(3 DOWNTO 0);
    RF_WR_ADDR: IN UNSIGNED(3 DOWNTO 0);
    RF_WR_DATA: IN STD_LOGIC_VECTOR(15 DOWNTO 0);
    RF_RD_DATA1: OUT STD_LOGIC_VECTOR(15 DOWNTO 0);
    RF_RD_DATA2: OUT STD_LOGIC_VECTOR(15 DOWNTO 0));
END REG_FILE;
ARCHITECTURE BEHAVE OF REG_FILE IS
    TYPE REGS IS ARRAY (0 TO 15) OF
                                STD_LOGIC_VECTOR(15 DOWNTO 0);
    SIGNAL R_FILE : REGS;
BEGIN
    PROCESS(CLK, RST)
    BEGIN
        IF RST = '1' THEN
            FOR I IN 0 TO 15 LOOP
                R_FILE(I) <= (OTHERS => '0');
            END LOOP;
        ELSIF CLK'EVENT AND CLK = '1' THEN
            IF RF_WE = '1' THEN
                R_FILE(TO_INTEGER(RF_WR_ADDR)) <= RF_WR_DATA;
            END IF;
        END IF;
    END PROCESS;
    RF_RD_DATA1 <= R_FILE(TO_INTEGER(RF_RD_ADDR1));
    RF_RD_DATA2 <= R_FILE(TO_INTEGER(RF_RD_ADDR2));
END BEHAVE;
```

● **指令存储器**

指令存储器的容量为256×16-bit,存储器模型类似于ROM。简单的指令存储器模型的描述如代码12-2所示。

代码12-2:

```
LIBRARY IEEE;
USE IEEE.STD_LOGIC_1164.ALL;
USE IEEE.NUMERIC_STD.ALL;
ENTITY IMEMORY IS
```

```
PORT(
    CS: IN STD_LOGIC;
    ADDR: IN UNSIGNED(7 DOWNTO 0);
    DATA: OUT STD_LOGIC_VECTOR(15 DOWNTO 0));
END IMEMORY;
ARCHITECTURE BEHAVE OF IMEMORY IS
    TYPE MEM_TYPE IS ARRAY (0 TO 255) OF
                                STD_LOGIC_VECTOR(15 DOWNTO 0);
    SIGNAL RAM: MEM_TYPE;
BEGIN
    DATA <= RAM(TO_INTEGER(ADDR)) WHEN CS = '1' ELSE
            (OTHERS => 'Z');
END BEHAVE;
```

● **数据存储器**

数据存储器容量为256×16-bit,存储器模型类似于SRAM。简单的存储器模型的描述如代码12-3所示。

代码12-3:

```
LIBRARY IEEE;
USE IEEE.STD_LOGIC_1164.ALL;
USE IEEE.NUMERIC_STD.ALL;
ENTITY DMEMORY IS
PORT(
    CLK: IN STD_LOGIC;
    CS, WE: IN STD_LOGIC;
    ADDR: IN UNSIGNED(7 DOWNTO 0);
    DATA_IN: IN STD_LOGIC_VECTOR(15 DOWNTO 0);
    DATA_OUT: OUT STD_LOGIC_VECTOR(15 DOWNTO 0));
END DMEMORY;
ARCHITECTURE BEHAVE OF DMEMORY IS
    TYPE MEM_TYPE IS ARRAY (0 TO 255) OF
                                STD_LOGIC_VECTOR(15 DOWNTO 0);
    SIGNAL RAM: MEM_TYPE;
BEGIN
    PROCESS(CLK)
    BEGIN
        IF CLK'EVENT AND CLK = '1' THEN
            IF CS = '1' AND WE = '1' THEN
                RAM(TO_INTEGER(ADDR)) <= DATA_IN;
            END IF;
        END IF;
    END PROCESS;
    DATA_OUT <= RAM(TO_INTEGER(ADDR)) WHEN
            CS = '1' AND WE = '0' ELSE (OTHERS => 'Z');
END BEHAVE;
```

● **处理器**

处理器模块PROCESSOR中包含指令存储器、数据存储器、寄存器堆模块、数据通路和控制单元模块。

处理器采用了固定周期实现方案,指令执行的每一阶段占用一个时钟周期。

处理器模型中的信号说明如下:

CLK:时钟

RST:复位

PC:程序计数器

PC_EN:程序计数器使能

IMEM_CS:指令存储器片选

INSTR:从指令存储器中读出的指令

DMEM_CS:数据存储器片选

DMEM_WE:数据存储器写使能

DMEM_ADDR:数据存储器地址

DMEM_DATA:数据存储器读出数据

DMEM_DATA_REG:数据存储器读出数据寄存器

IR:指令寄存器

IR_EN:指令寄存器使能

OPCODE:指令中的操作码

SRC1_ADDR:源寄存器地址1

SRC2_ADDR:源寄存器地址2

SRC1、SRC2:从寄存器中读出的两个操作数

DST_ADDR:目的寄存器地址

RF_WE:寄存器堆写使能

RF_WR_DATA:寄存器堆写数据

ADD_OUT:加法运算结果

LD_MEM_ADDR:数据存储器读地址

ST_MEM_ADDR:数据存储器写地址

三指令处理器的描述如代码12-4所示。

代码12-4:

```
LIBRARY IEEE;
USE IEEE.STD_LOGIC_1164.ALL;
USE IEEE.NUMERIC_STD.ALL;
USE IEEE.STD_LOGIC_UNSIGNED.ALL;
ENTITY PROCESSOR IS
PORT(
    CLK, RST: IN STD_LOGIC);
END PROCESSOR;
ARCHITECTURE RTL OF PROCESSOR IS
    COMPONENT REG_FILE
    PORT(
        CLK, RST: IN STD_LOGIC;
        RF_WE: IN STD_LOGIC;
```

```vhdl
          RF_RD_ADDR1, RF_RD_ADDR2: IN UNSIGNED(3 DOWNTO 0);
          RF_WR_ADDR: IN UNSIGNED(3 DOWNTO 0);
          RF_WR_DATA: IN STD_LOGIC_VECTOR(15 DOWNTO 0);
          RF_RD_DATA1: OUT STD_LOGIC_VECTOR(15 DOWNTO 0);
          RF_RD_DATA2: OUT STD_LOGIC_VECTOR(15 DOWNTO 0));
    END COMPONENT;
    COMPONENT IMEMORY
    PORT(
        CS: IN STD_LOGIC;
        ADDR: IN UNSIGNED(7 DOWNTO 0);
        DATA: OUT STD_LOGIC_VECTOR(15 DOWNTO 0));
    END COMPONENT;
    COMPONENT DMEMORY
    PORT(
        CLK: IN STD_LOGIC;
        CS, WE: IN STD_LOGIC;
        ADDR: IN UNSIGNED(7 DOWNTO 0);
        DATA_IN: IN STD_LOGIC_VECTOR(15 DOWNTO 0);
        DATA_OUT: OUT STD_LOGIC_VECTOR(15 DOWNTO 0));
    END COMPONENT;
    TYPE INSTR_OP IS (IDLE, FETCH, DECODE, LDR, STR, ADD);
    SIGNAL CURRENT_STATE, NEXT_STATE: INSTR_OP;
    SIGNAL PC: UNSIGNED(7 DOWNTO 0);
    SIGNAL PC_EN: STD_LOGIC;
    SIGNAL INSTR: STD_LOGIC_VECTOR(15 DOWNTO 0);
    SIGNAL IMEM_CS: STD_LOGIC;
    SIGNAL IR: STD_LOGIC_VECTOR(15 DOWNTO 0);
    SIGNAL IR_EN: STD_LOGIC;
    SIGNAL OPCODE: STD_LOGIC_VECTOR(3 DOWNTO 0);
    SIGNAL SRC1_ADDR, SRC2_ADDR: UNSIGNED(3 DOWNTO 0);
    SIGNAL DST_ADDR: UNSIGNED(3 DOWNTO 0);
    SIGNAL SRC1, SRC2: STD_LOGIC_VECTOR(15 DOWNTO 0);
    SIGNAL RF_WE: STD_LOGIC;
    SIGNAL RF_WR_DATA: STD_LOGIC_VECTOR(15 DOWNTO 0);
    SIGNAL DATA_SEL: STD_LOGIC;
    SIGNAL DMEM_CS, DMEM_WE: STD_LOGIC;
    SIGNAL DMEM_ADDR: UNSIGNED(7 DOWNTO 0);
    SIGNAL DMEM_DATA: STD_LOGIC_VECTOR(15 DOWNTO 0);
    SIGNAL DMEM_DATA_REG: STD_LOGIC_VECTOR(15 DOWNTO 0);
    SIGNAL ADD_OUT:  STD_LOGIC_VECTOR(15 DOWNTO 0);
    SIGNAL ADD_OUT_REG:  STD_LOGIC_VECTOR(15 DOWNTO 0);
    SIGNAL LD_MEM_ADDR, ST_MEM_ADDR: UNSIGNED(7 DOWNTO 0);
    SIGNAL ADDR_SEL: STD_LOGIC;
BEGIN
    IMEM: IMEMORY PORT MAP(
            CS => IMEM_CS,
            ADDR => PC,
```

```
                 DATA => INSTR);
PROCESS(CLK, RST)
BEGIN
    IF RST = '1' THEN
        IR <= (OTHERS => '1');
    ELSIF CLK'EVENT AND CLK = '0' THEN
        IF IR_EN = '1' THEN
            IR <= INSTR;
        END IF;
    END IF;
END PROCESS;
OPCODE <= IR(15 DOWNTO 12);
DST_ADDR <= UNSIGNED(IR(11 DOWNTO 8));
SRC1_ADDR <= UNSIGNED(IR(7 DOWNTO 4));
SRC2_ADDR <= UNSIGNED(IR(3 DOWNTO 0));
LD_MEM_ADDR <= UNSIGNED(IR(7 DOWNTO 0));
ST_MEM_ADDR <= UNSIGNED(IR(11 DOWNTO 4));
RF: REG_FILE PORT MAP(
        CLK => CLK,
        RST => RST,
        RF_WE => RF_WE,
        RF_RD_ADDR1 => SRC1_ADDR,
        RF_RD_ADDR2 => SRC2_ADDR,
        RF_WR_ADDR => DST_ADDR,
        RF_WR_DATA => RF_WR_DATA,
        RF_RD_DATA1 => SRC1,
        RF_RD_DATA2 => SRC2);
DMEM_ADDR <= LD_MEM_ADDR WHEN ADDR_SEL = '0' ELSE
                ST_MEM_ADDR;
DMEM: DMEMORY PORT MAP(
        CLK => CLK,
        CS => DMEM_CS,
        WE => DMEM_WE,
        ADDR => DMEM_ADDR,
        DATA_IN => SRC2,
        DATA_OUT => DMEM_DATA);
PROCESS(CLK, RST)
BEGIN
    IF RST = '1' THEN
        DMEM_DATA_REG <= (OTHERS => '0');
    ELSIF CLK'EVENT AND CLK = '1' THEN
        DMEM_DATA_REG <= DMEM_DATA;
    END IF;
END PROCESS;
RF_WR_DATA <= ADD_OUT WHEN DATA_SEL = '0' ELSE
                DMEM_DATA_REG;
PROCESS(CURRENT_STATE, OPCODE)
```

```
BEGIN
   CASE CURRENT_STATE IS
      WHEN IDLE =>
         IMEM_CS <= '0';
         PC_EN <= '0';
         IR_EN <= '0';
         DMEM_CS <= '0';
         DMEM_WE <= '0';
         RF_WE <= '0';
         DATA_SEL <= '0';
         ADDR_SEL <= '0';
         NEXT_STATE <= FETCH;
      WHEN FETCH =>
         IMEM_CS <= '1';
         PC_EN <= '1';
         IR_EN <= '1';
         DMEM_CS <= '0';
         DMEM_WE <= '0';
         RF_WE <= '0';
         DATA_SEL <= '0';
         ADDR_SEL <= '0';
         NEXT_STATE <= DECODE;
      WHEN DECODE =>
         IMEM_CS <= '0';
         PC_EN <= '0';
         IR_EN <= '0';
         DMEM_CS <= '1';
         DMEM_WE <= '0';
         RF_WE <= '0';
         DATA_SEL <= '0';
         ADDR_SEL <= '0';
         CASE OPCODE IS
            WHEN "0001" =>
               NEXT_STATE <= LDR;
            WHEN "0010" =>
               NEXT_STATE <= STR;
            WHEN "0011" =>
               NEXT_STATE <= ADD;
            WHEN OTHERS =>
               NEXT_STATE <= FETCH;
         END CASE;
      WHEN LDR =>
         IMEM_CS <= '0';
         PC_EN <= '0';
         IR_EN <= '0';
         DMEM_CS <= '1';
         DMEM_WE <= '0';
```

```
                RF_WE <= '1';
                DATA_SEL <= '1';
                ADDR_SEL <= '0';
                NEXT_STATE <= FETCH;
            WHEN STR =>
                IMEM_CS <= '0';
                PC_EN <= '0';
                IR_EN <= '0';
                DMEM_CS <= '1';
                DMEM_WE <= '1';
                RF_WE <= '0';
                DATA_SEL <= '0';
                ADDR_SEL <= '1';
                NEXT_STATE <= FETCH;
            WHEN ADD =>
                IMEM_CS <= '0';
                PC_EN <= '0';
                IR_EN <= '0';
                DMEM_CS <= '0';
                DMEM_WE <= '0';
                RF_WE <= '1';
                DATA_SEL <= '0';
                ADDR_SEL <= '0';
                NEXT_STATE <= FETCH;
            WHEN OTHERS =>
                NEXT_STATE <= FETCH;
        END CASE;
    END PROCESS;
    PROCESS(CLK, RST)
    BEGIN
        IF RST = '1' THEN
            CURRENT_STATE <= IDLE;
        ELSIF CLK'EVENT AND CLK = '1' THEN
            CURRENT_STATE <= NEXT_STATE;
        END IF;
    END PROCESS;
    PROCESS(CLK, RST)
    BEGIN
        IF RST = '1' THEN
            PC <= (OTHERS => '0');
        ELSIF CLK'EVENT AND CLK = '1' THEN
            IF PC_EN = '1' THEN
                PC <= PC + 1;
            END IF;
        END IF;
    END PROCESS;
END RTL;
```

12.4 指令集扩展的 RISC 处理器

12.4.1 指令集扩展

三条指令只能完成加法操作,这里对指令集进行扩展,增加跳转类指令、三条算术逻辑运算指令和常数加载指令,使之能完成更复杂的任务。跳转类指令和常数加载指令的编码格式如图 12-10 所示。

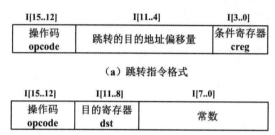

I[15..12]   I[11..4]   I[3..0]

操作码 opcode	跳转的目的地址偏移量	条件寄存器 creg

(a) 跳转指令格式

I[15..12]   I[11..8]   I[7..0]

操作码 opcode	目的寄存器 dst	常数

(b) 常数加载指令格式

图 12-10　跳转指令和常数加载指令编码格式

对于跳转指令,I[3..0]这个 4-bit 字段规定条件操作数存放的寄存器地址,I[11..4]这个 8-bit 字段规定当条件满足时要跳转到的指令存储器地址偏移量,即判断条件寄存器中存放的数据是否满足条件,如果满足则跳转到程序存储器目的地址,目的地址是当前 PC+地址偏移量。8-bit 地址偏移量为二进制补码,因此 PC 可以向前跳转 127,向后跳转 128 条指令。

对于常数加载指令,I[11..8]这个 4-bit 字段规定加载进来的数据所存放的目的寄存器地址,I[7..0]这个 8-bit 字段规定要加载的常数。

扩展后的指令集如表 12-1 所示。

表 12-1　扩展后的指令集

	指令	操作码	指令的操作
load/store 指令	LDR dst,addr	0001	RF[dst] = DMEM[addr]
	STR src,addr	0010	DMEM[addr] = RF[src]
	LDC dst,const	1110	RF[dst] = const
算术逻辑 运算指令	ADD dst,src1,src2	0011	RF[dst] = RF[src1] + RF[src2]
	SUB dst,src1,src2	0100	RF[dst] = RF[src1] − RF[src2]
	AND dst,src1,src2	0111	RF[dst] = RF[src1] AND RF[src2]
	OR dst,src1,src2	1000	RF[dst] = RF[src1] OR RF[src2]
跳转指令	JPEZ creg,offset	1001	If RF[creg] = 0 then PC = PC + offset

12.4.2 数据通路

扩展的指令集包含了 LDR 指令、LDC 指令、STR 指令,算术逻辑运算指令 ADD、SUB、AND、OR 和跳转指令 JPEZ。在数据通路中需要增加能够完成指令功能的单元,修改数据通路,并增加相应的控制信号,就可以实现指令集扩展的处理器数据通路。

这里采用多周期实现方案,把指令的执行分解为多个步骤,每一步占用一个时钟周期。一个功能单元在一条指令的执行过程中可以使用多次,只要在不同的时钟周期使用即可。为简单起见,数据和指令存放在不同的存储器单元。图12-11所示是扩展数据通路的基本结构。

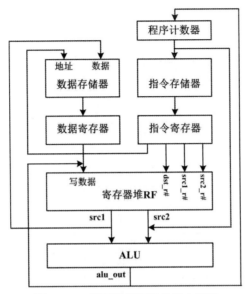

图12-11 扩展数据通路的基本结构

● **算术逻辑运算单元(ALU)**

算术逻辑运算类指令包括ADD、SUB、AND和OR,这些运算都需要在ALU中计算。另外,分支指令需要比较条件寄存器中保存的数据是否为0,这也需要在ALU中完成。表12-2中列出了需要在ALU中完成的操作,ALU需要扩展来实现这些功能。

相比三指令处理器,指令集扩展后ALU需要实现加法、减法、AND、OR和比较运算。由于ALU中执行多种算术逻辑运算指令,因此还需要增加相应的控制信号。

表12-2 在ALU中完成的操作

指令	操作码	ALU操作
ADD	0011	加
SUB	0100	减
AND	0111	与
OR	1000	或
JPEZ	1001	比较

同时ALU为多个功能共享,意味着ALU需要接收多种可能的输入,因此还需要增加多路选择器。

● **寄存器堆**

由于增加了常数加载指令,寄存器堆的写数据也需要增加多路选择器。

● **程序计数器(PC)**

为了支持跳转指令,需要对程序计数器进行修改并增加控制。增加跳转指令后,PC有两种可能:

（1）正常执行程序时：PC+1；

（2）跳转指令时：PC+地址偏移量。

对于跳转指令，只有指定的条件寄存器中的数据等于0时，ALU计算出的新指令存储器地址才会写入PC。

12.4.3 控制通路

根据扩展的指令集，对图12-7所示的指令执行步骤进行扩展，得到如图12-12所示的指令执行步骤。

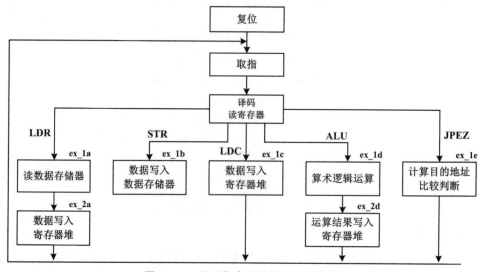

图12-12 扩展指令集的指令执行步骤

同样，这个指令执行的流程图也可以看作一个SM图，每个步骤占用一个时钟周期，进而这个图也可以看作控制单元的状态转换图。分析在每个步骤需要做的操作，可以设计不同状态下各模块需要的控制信号。

● 取指

把PC的值作为地址送给指令存储器，读取指令，存入指令寄存器IR，同时准备新的PC值。在正常情况下，将PC加1；当执行跳转指令时，将ALU计算出的目的地址作为新的PC值。为实现这一步，需要控制信号来选择正确的PC值。

● 译码和读寄存器堆

译码一方面确定要执行的指令，另一方面也可以确定寄存器堆的读地址，读取寄存器堆中的数据。由于指令的格式很规整，在译码阶段可以很方便地读取寄存器堆的数据，这样做的好处是可以减少指令执行的时钟周期数。从图12-12可以看出，执行STR指令需要3个时钟周期，ALU指令需要4个时钟周期，如果不在译码阶段读寄存器堆，执行这些指令需要多一个时钟周期。

● 执行阶段1：访问存储器和ALU计算

◇ 对于load/store指令，在这一阶段使存储器的读或写使能信号有效，访问存储器。

◇ 对于LDC指令，使寄存器堆的写使能有效，把常数写入寄存器堆。

◇ 对于ALU指令，产生控制信号，控制ALU对从寄存器堆读出的操作数做相应的算术逻辑运算。

◇ 对于跳转指令,ALU对从寄存器堆中读出的数据做0比较,来决定是否跳转,同时ALU计算跳转的目的地址。

● 执行阶段2:数据写入寄存器堆

◇ 对于LDR指令,使寄存器堆写使能有效,把数据存储器中取出的数据写入寄存器堆。

◇ 对于ALU指令,使寄存器堆写使能有效,把ALU的运算结果写入寄存器堆。

根据对指令执行各个阶段操作的分析,可以设计出不同状态下各模块的控制信号。

12.5 处理器的进一步扩展和改进

12.5.1 指令集扩展

前面设计的RISC处理器只有8条指令,处理器往往需要更多的指令来方便完成各种任务。处理器会需要更多的数据搬移指令,把数据在数据存储器和寄存器堆之间或在寄存器之间搬移。前面设计的load/store指令都是用指令中的立即数作为地址访问数据存储器,这称为直接寻址;处理器往往需要更多寻址方式,例如用寄存器中的数据作为地址去读取数据存储器,这就是所谓的间接寻址。

处理器还需要更多算术逻辑运算指令,如递增、递减、算术/逻辑移位和更多逻辑运算指令等。同时处理器也需要更多种跳转和分支指令来实现程序流程控制。

当指令集扩展时,数据通路和控制通路都需要做相应的改动,改动的方法和12.4节介绍的方法类似。

12.5.2 性能改进

在固定周期或多周期实现的RISC处理器中,指令的执行都是串行的,即执行完一条指令后才取出下一条指令执行,这种方式效率比较低。指令的执行可以采用流水线方式,让多条指令在时间上重叠并行,以提高处理器的性能。

指令的执行可以分为几个阶段,每个阶段由相应的单元来完成。可以把各个阶段看成流水线段,则指令的执行就形成了一条指令流水线。例如可以把指令的执行分为取指IF、译码ID、取操作数OF、执行EX、写回WB几个阶段。进入流水线的指令,在一个阶段的操作完成后就进入下一个阶段,这时下一条指令就可以进入上一个阶段执行。这样,前一条指令的第$i+1$步就可以和后一条指令的第i步同时进行,当流水线填满时,有5条指令同时执行。如果执行4条指令,只需要8个时钟周期就可以完成;如果执行的指令串很长,则填满流水线的时间可以忽略,近似于每个时钟周期完成一条指令。执行指令的五段流水线如图12-13所示。

用流水线实现时,处理器的数据通路和控制通路都需要改动,具体的改动方法可参见相关书籍资料。

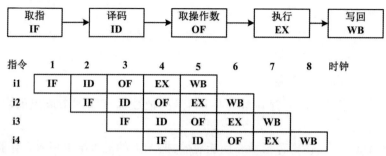

图 12-13　执行指令的五段流水线

习题

12-1　用多周期方式实现 12.3 节的三指令处理器,指令执行步骤如图 12-7 所示,用 VHDL 语言描述设计,并仿真验证。

12-2　用固定周期方式实现 12.4 节的扩展指令集的处理器,用 VHDL 语言描述设计,并仿真验证。

12-3　用多周期方式实现 12.4 节的扩展指令集的处理器,用 VHDL 语言描述设计,并仿真验证。

13　模数和数模转换

13.1　概述

电路和信号可以分为模拟和数字两类。模拟信号在时间和幅度上都是连续的,而数字信号在时间和幅度上都是离散的。处理模拟信号的电路称为模拟电路,处理数字信号的电路称为数字电路。

我们身边的各种物理量通常都是连续变化的模拟量,例如声、光、热、位置、重量、速度等,在电路中都可以用电压或电流来表示,这种电压或电流是对这些物理量的一个比拟,这就是模拟信号。早期电子设备都是把这些物理量用传感器转换为模拟信号,然后用模拟电路对信号进行处理。

这些物理量也可以用二进制数表示,即用一串0和1来表示,这就是数字信号。要把表示这些物理量的模拟信号和数字电路中的数字信号相互转换,就需要用模数转换器(Analog-to-Digital Converter,ADC)和数模转换器(Digital-to- Analog Converter,DAC)。

使用数字信号有一系列优点,因此数字系统广泛应用于各个领域。一个典型的电子系统结构通常如图13-1所示,外部输入都是模拟信号,模拟信号经过模数转换变为数字信号,送入数字系统进行处理,处理结果经数模转换再变为模拟信号。

图 13-1　电子系统结构

13.2　模数转换

13.2.1　模数转换基本原理

模数转换器 ADC 的输入是模拟量,输出是一个和模拟量大小成一定比例关系的数字量。模数转换通常包括采样、保持、量化和编码四个步骤。

● **采样和保持**

模拟信号在时间和幅度上都是连续的,转换为数字信号意味着在时间和幅度上都变为离散的。采样是对模拟信号在时间上按一定时间间隔抽样取值,即在时间上离散化。为了便于后续的量化和编码,采样得到的样值在模数转换期间应保持不变,直到下一次采样。采样保持电路的原理如图13-2所示。

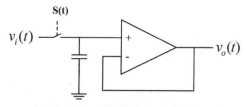

图13-2　采样保持电路原理图

在采样保持电路中,开关受采样脉冲$S(t)$控制。当$S(t) = 1$时,开关闭合,对电容充电,输出信号与输入信号相同,$v_o(t) = v_i(t)$,完成采样过程。当$S(t) = 0$时,开关断开,由于运放构成的电压跟随器的高输入阻抗,可以阻止电容放电,从而维持输出信号不变,直到下一次采样。这样就把连续输入的信号变成了阶梯状的信号,如图13-3所示。

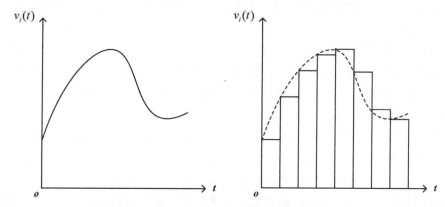

图13-3　模拟信号的采样保持

根据采样定理,为了能从采样信号恢复出原被采样信号,采样频率f_s必须满足:

$$f_s \geqslant 2f_{i\max}$$

$f_{i\max}$为输入模拟信号的最高频率,AD转换时的采样频率必须高于$2f_{i\max}$。由于实际的采样脉冲不是冲激函数,而是有一定宽度的脉冲函数,因此采样频率会更高,通常取输入模拟信号最高频率的3~5倍。

● **量化和编码**

采样保持把模拟信号在时间上离散化,幅度上仍然是连续的。而数字信号不仅在时间上是离散的,在幅度上也是离散的。数字量只能表示有限个值,因此需要对幅度进行量化。如果模数转换的位数为n,则可以把电压范围划分为2^n级阶梯电压区间,然后根据采样保持信号所处的电压区间,按照舍零取整或四舍五入的原则赋予它最近的阶梯电压值,这样采样信号就变成了离散化的阶梯电压刻度值,这个过程称为量化。最小的量化阶梯称为量化单位ΔV。采样量化后,信号幅度取值就变成了量化单位ΔV的整数倍。

在图13-4(a)中,对采样后的信号进行了8级量化。0~ΔV的幅度量化为0,ΔV~$2\Delta V$的幅度量化为1,……,$6\Delta V$~$7\Delta V$的幅度量化为6,$7\Delta V$~$8\Delta V$之间的幅度量化为7。显然,实际电平和量化电平之间有一个差值,这个差值称为量化误差。

量化误差是一种固有的误差,无法消除。图13-4(a)所示的量化是一种只舍不入的量化,这种量化方式的最大量化误差为 ΔV。为了减小量化误差,可以采用图13-4(b)所示的四舍五入的量化方式,这种方式的量化误差有正有负,最大量化误差为 $\frac{1}{2}\Delta V$。

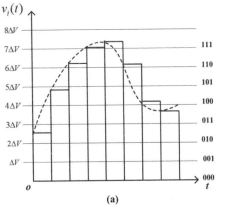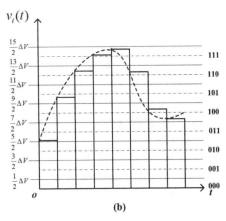

图 13-4　量化和编码

量化后的信号经过编码,就变为二进制的数字信号。量化的结果是 2^n 个量化阶梯,则编码时就对应于至少 n 位二进制数。例如图 13-4 中对信号进行 8 级量化,编码输出就是 3-bit 数字信号,8 级量化值分别编码为 000、001、…、111。

13.2.2　模数转换器的性能指标

转换精度和转换速度是 ADC 和 DAC 的主要性能指标。转换精度通常用分辨率和转换误差来描述。

● **分辨率**

分辨力指输出的数字二进制码的最低有效位从 0 变为 1 时所对应的模拟输入量的变化量,可以用来衡量模数转换的精细程度。从前面对量化过程的描述可知,分辨力就是量化单位 ΔV。

分辨率是相对分辨力。一个 n 位的模数转换器,设电压的最大变化范围为 $V_{\max}$,在量化时把 $V_{\max}$ 分成 2^n 层,则它的分辨力为 $\Delta V = V_{\max}/2^n$,这是模数转换器能区分出输入信号的最小差异。分辨率 R_{ADC} 则为:

$$R_{ADC} = \frac{\Delta V}{V_{\max}} = \frac{1}{2^n}$$

工程上常用输出数字量的位数来表示分辨率,位数越多,分辨率越高。

● **转换误差**

转换误差反映了实际转换结果与理想量化值之间的差异,往往是由元件的误差和非理想性造成的,如参考电源的误差、内置数模转换器的误差、积分器的非理想性等。除此之外,模数转换还存在量化误差,根据量化方式的不同,量化误差为 ΔV 或 $\frac{1}{2}\Delta V$。模数转换器数字输出的位数越高,量化误差越小。

● **转换速度**

转换速度用转换时间来表示,定义为从输入模拟信号加在模数转换器的输入上到输出端获得稳定的二进制码所需要的时间。转换速度和ADC的转换方案有关,不同的方案转换速度差别很大。在常见的方案中,并行比较型速度最快,以并行比较型为基本模块组成的流水线型速度也比较快,逐次比较型速度又次之,双积分型和$\sum$-Δ型速度最慢。一般来说,转换速度和电路成本是一对矛盾。

13.3 常见的ADC结构

13.3.1 并行比较型ADC

图13-5所示是一个3-bit并行比较型ADC的电路结构,它由电阻分压网络、电压比较器、数据缓冲器和优先编码器构成。

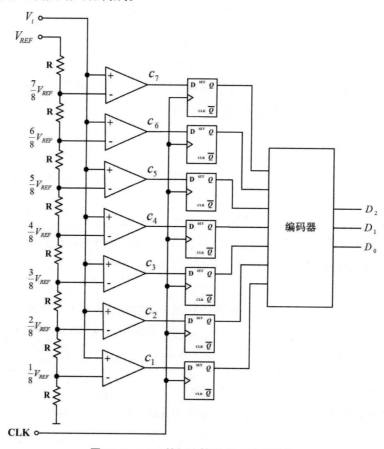

图13-5 3-bit并行比较型ADC电路结构

V_{REF}为参考电压,8个电阻R构成电阻分压网络,把参考电压分压为$\frac{1}{8}V_{REF}\sim\frac{7}{8}V_{REF}$的7个量化电平,量化单位$\Delta V=\dfrac{V_{REF}}{8}$。

7个比较器构成了电压比较器。V_i为输入待转换的模拟信号,$V_i < V_{REF}$。把分压网络输出的7个量化电压分别接7个比较器的反相端,同时把输入信号接7个比较器的同相端。当

同相端的输入大于反相端的输入时,比较器输出为1,否则输出为0。

7个D触发器构成数据缓冲器,当时钟沿到来时,锁存比较器的输出。对触发器的输出进行编码,就可以得到3-bit数字信号输出。设比较器的输出为C_1、C_2、C_3、C_4、C_5、C_6、C_7,编码器的编码输出为$D_2D_1D_0$,则编码输出和输入模拟电压的关系如表13-1所示。

表13-1　数字编码和输入模拟电压的关系

输入范围	C_1	C_2	C_3	C_4	C_5	C_6	C_7	$D_2D_1D_0$
$[0, \Delta V)$	0	0	0	0	0	0	0	000
$[1\Delta V, 2\Delta V)$	1	0	0	0	0	0	0	001
$[2\Delta V, 3\Delta V)$	1	1	0	0	0	0	0	010
$[3\Delta V, 4\Delta V)$	1	1	1	0	0	0	0	011
$[4\Delta V, 5\Delta V)$	1	1	1	1	0	0	0	100
$[5\Delta V, 6\Delta V)$	1	1	1	1	1	0	0	101
$[6\Delta V, 7\Delta V)$	1	1	1	1	1	1	0	110
$[7\Delta V, 8\Delta V)$	1	1	1	1	1	1	1	111

并行比较型ADC的缺点是电路规模比较大。可以看出,3-bit并行比较型ADC需要8个电阻构成电阻分压网络,7个比较器确定输入所处的量化区间,7个触发器锁存比较结果。10-bit并行比较型ADC就需要2^{10}个电阻、$2^{10}-1$个比较器和$2^{10}-1$个触发器和一个规模比较大的编码器。随着数字输出位数的增加,并行比较型ADC的电路规模将急剧增大。

13.3.2　逐次逼近型ADC

图13-6所示是逐次逼近型ADC的基本结构,由采样保持电路、电压比较器、数模转换器(DAC)、逐位逼近寄存器和逐次逼近控制逻辑构成。模拟输入信号经采样保持后与DAC的输出进行比较。比较是从数据寄存器的高位到低位逐位进行的,依次确定各位是1还是0。

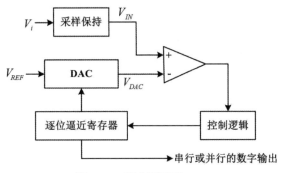

图13-6　逐次逼近型ADC

假设参考电压为$V_{REF} = 8V$,输入模拟信号V_i的电压范围为0~8V。假设一个经采样保持后的信号$V_{IN} = 4.2V$,要把这个模拟信号转换为3-bit数字信号。转换开始前,首先把逐位逼近寄存器置0;开始转换后,控制逻辑把逐位逼近寄存器的最高位B_2置1,这时逐位逼近寄存器里的数字是100;经DAC转换为模拟信号是$V_{DAC} = \frac{1}{2}V_{REF} = 4V$,它把输入电压的范围分成了$[0V, 4V)$和$[4V, 8V)$两个区间。把输入信号$V_{IN}$和$V_{DAC}$进行比较,如果$V_{IN} > V_{DAC}$,则输入处于上半区间,比较器输出高电平,$B_2$为1;否则,输入处于下半区间,比较器输出低电平,$B_2$

为0。$V_{IN} = 4.2V > 4V$,这时可以判断B_2为1。

然后把次高位B_1置为1,这时逐次逼近寄存器中的值是110。经过数模转换后的模拟信号为$V_{DAC} = \frac{1}{2}V_{REF} + \frac{1}{4}V_{REF} = 6V$,它把输入电压的范围分为了$[4V, 6V)$和$[6V, 8V)$两个区间。按同样的方法进行比较,$V_{IN} = 4.2V < 6V$,可以确定次高位$B_1$为0。

最后把最低位B_0置为1,这时逐次逼近寄存器中的值是101。经过数模转换后的模拟信号为$V_{DAC} = \frac{1}{2}V_{REF} + \frac{1}{8}V_{REF} = 5V$,它把输入电压的范围分为了$[4V, 5V)$和$[5V, 6V)$两个区间。按同样的方法进行比较,$V_{IN} = 4.2V < 5V$,可以确定最低位$B_0$为0。这时逐次逼近寄存器中的值为100,这就是转换的最后结果。转换结果可以串行或并行输出,就完成了一次模数转换。

逐次逼近型ADC的转换是分步进行的,第一次比较的阈值电压是$\frac{1}{2}V_{REF}$,以后每次比较的阈值电压都由前一次的结果决定,直到确定最低位的值。n-bit模数转换至少需要n+1个时钟周期,位数越长,所需的转换时间也越长,因此逐次逼近型ADC的速度低于并行比较型ADC。逐次逼近ADC的数字输出位数越长,转换结果越精确。逐次逼近型ADC也是速度比较快、转换精度比较高的ADC。

13.3.3 $\Sigma - \Delta$型ADC

$\Sigma - \Delta$方法经常用来实现高位数的ADC,是用高速、低位数(通常是1位)的DAC来实现高位数(如10位或更高)的ADC,它的主要思想是用速度来换取位数。

$\Sigma - \Delta$型ADC由$\Sigma - \Delta$转换器和数字滤波器构成,如图13-7所示。$\Sigma - \Delta$转换器用比需要的采样频率高得多的频率对模拟信号进行采样。如果输入模拟信号的最大频率为f_b,根据采样定理,最小采样频率是输入信号最大频率的2倍$2f_b$。在$\Sigma - \Delta$转换器中,采样频率比最小采样频率高得多,实际采样频率和最小采样频率之间的比值称为过采样率OSR。后级的数字滤波器再把采样率降到最小采样率$2f_b$。

图13-7 $\Sigma - \Delta$型ADC结构

$\Sigma - \Delta$转换器的基本结构如图13-8所示。积分器对输入信号和反馈信号的差值进行积分,输出送到1-bit量化器(一个比较器和触发器),得到1-bit输出。量化器的输出就是期望的输出,这个输出通过一个1位DAC反馈给输入。

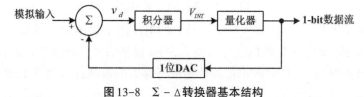

图13-8 $\Sigma - \Delta$转换器基本结构

假设量化器的门限电平是$0.5V$,当积分器的输出$V_{INT} > 0.5V$时,比较器输出为1,积分器的输出$V_{INT} < 0.5V$时,比较器输出为0。当DAC输入为1时,输出为1V,输入为0时,输出为

0V。假设输入信号为一个恒定电压 $\frac{1}{7}V$，积分器的初始输出为0。当积分器的输出大于等于 0.5V，将有一个1V的反馈到输入做差值，积分器把差值和前次的信号相加；当积分器的输出小于0.5V时，反馈到输入的信号为0，积分器输入和前次的信号相加。积分器每个时钟周期的输出依次为 $0 \cdot \frac{1}{7}V \cdot \frac{2}{7}V \cdot \frac{3}{7}V \cdot \frac{4}{7}V \cdot -\frac{2}{7}V \cdot -\frac{1}{7}V \cdot 0V \cdot \frac{1}{7}V \cdot \frac{2}{7}V \cdot \frac{3}{7}V \cdot \frac{4}{7}V \cdot -\frac{2}{7}V \cdot -\frac{1}{7}V \cdots$。相应地，量化器的输出为 $00001000000100000010000001000000\cdots$。可以看出，每7个输出中有一个1，其平均值接近于 $\frac{1}{7}$，$\Sigma - \Delta$ 型模数转换器用数据流中1所占的比例来表示输入模拟量的大小。

量化器输出的1-bit数据流经过后面的数字滤波器降采样，每隔M个时钟周期得到一个输出，其平均输出值接近于输入信号电平。例如上面的例子，如果 $M = 32$，输出中将包含4个1或5个1，平均输出为 $\frac{4}{32}$ 或 $\frac{5}{32}$，接近于 $\frac{1}{7}$。如果M的值很大（高bit位数），结果就会很精确。例如10-bit的 $\sum -\Delta$ 型ADC的M为1024。

每M个时钟周期把量化器输出的数据转换为一个能够反映模拟输入大小的并行数字量，一种把串行数据流变为并行输出数字量的方法是用计数周期为M的计数器来计数据流中1的个数，每M个时钟周期中计得的1的个数就是数字输出。

在 $\Sigma - \Delta$ 型ADC中，分辨率随过采样率的提高而提高，$\Sigma - \Delta$ 型ADC可以达到很高的分辨率（如24-bit）。高过采样率可以获得高分辨率，但高过采样率也意味着速度的下降，$\Sigma - \Delta$ 型ADC是以速度换取分辨率。

$\Sigma - \Delta$ 型ADC的缺点是需要很高的过采样率，但这点对低频（如音频）信号不是问题，因此 $\Sigma - \Delta$ 型ADC常用于低频信号的模数转换。

13.4 数模转换

13.4.1 数模转换基本原理

数模转换是把二进制数字量转换为与其数字成正比的模拟电压或电流。因此n位数模转换器是把n-bit二进制数所对应的 2^n 个输入数据，转换成为与其数值成正比的 2^n 个模拟电压或电流输出。

设DAC的输入是n-bit二进制数D，输出是模拟电压 v_o，则

$$v_o = \Delta V \times \sum_{i=0}^{n-1} D_i \times 2^i$$

其中 ΔV 是数字量的最低有效位从0变为1时输出模拟量的变化量。ΔV 也称为DAC的分辨力，n位DAC的分辨力为：

$$\Delta V = \frac{v_{o\,max}}{2^n - 1}$$

$v_{o\,max}$ 为DAC所能输出的最大模拟电压。

例如4位DAC的输入为4-bit二进制数，输入的范围为 $0 \sim (2^4 - 1)$，如果分辨力为0.5V，

则输出模拟电压范围为0~7.5V。4位DAC的数字输入和输出模拟电压的对应关系如表13-2所示。

表13-2　4位DAC数字输入和输出模拟电压的对应关系

输入十进制数	输入二进制数	输出模拟电压
0	0000	0V
1	0001	0.5V
2	0010	1.0V
3	0011	1.5V
4	0100	2.0V
5	0101	2.5V
6	0110	3.0V
7	0111	3.5V
8	1000	4.0V
9	1001	4.5V
10	1010	5.0V
11	1011	5.5V
12	1100	6.0V
13	1101	6.5V
14	1110	7.0V
15	1111	7.5V

把输入的二进制数作为横坐标,把模拟输出作为纵坐标,就可以得到如图13-9所示的DAC的转换特性。转换特性由一系列离散的点组成,把这些离散的点连接起来形成的线称为理想转换参考线。很显然,理想转换参考线是一条直线,其斜率为ΔV。而实际上由于电路中各种因素的影响,例如参考电压的波动、运算放大器的零点漂移、模拟开关的导通电阻和导通压降以及电阻网络中电阻阻值的偏差等,使得转换特性并不是一条理想的直线。

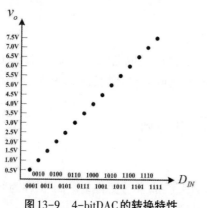

图13-9　4-bitDAC的转换特性

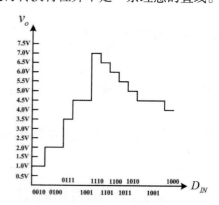

图13-10　模数转换输出的阶梯状信号

实际上,从DAC输出的是数字序列的模拟电压,是如图13-10所示的阶梯状的信号。要想得到平滑的模拟信号,还需要通过低通滤波器对信号进行平滑。

13.4.2　数模转换器的性能指标

● **分辨率**

DAC的分辨力是相邻两组二进制代码对应的模拟输出电压之差,反映输出电压的最小变化量。n位DAC的分辨力为:

$$\Delta V = \frac{v_{o\max}}{2^n - 1} = \frac{V_{REF}}{2^n}$$

分辨力可以通过改变参考电压V_{REF}来改变,从而获得不同的输出电压动态范围。DAC的满量程输出就是输入数字信号为全1时的输出,因此:

$$v_{o\max} = \Delta V \times \left(2^n - 1\right)$$

分辨率用来衡量数模转换的精细程度,反映输出模拟电压可以分辨的最大等级数。n位DAC最多能输出$0\sim\left(2^n - 1\right)$个不同等级的电压值,因此DAC的分辨率可以表示为:

$$R_{DAC} = \frac{1}{2^n - 1}$$

DAC的分辨率与分辨力和位数n有关,n越大,DAC的分辨能力越强。

● **转换误差**

转换误差通常用DAC实际输出模拟电压值与理论输出差值的最大值$\varepsilon_{\max}$表示。通常要求最大误差$\varepsilon_{\max}$必须小于分辨力ΔV的一半,即:

$$\varepsilon_{\max} < \frac{1}{2}\Delta V$$

即小于最低有效位对应的模拟电压的一半,因此有时也把转换误差表示为$\frac{1}{2}LSB$。转换误差也可以用最大误差和满量程输出电压之比的百分数表示。

● **转换速度**

DAC的转换速度通常用稳定输出电压的建立时间来衡量。稳定输出电压的建立时间定义为从加在DAC输入端的输入数字量变化后到输出得到稳定输出值所需要的时间。建立时间和DAC电路本身有关,也和输入数字量的跳变有关,通常用从全0跳变到全1的数字输入时,输出电压达到稳态值$\pm\frac{1}{2}LSB$时所需要的时间来衡量。

13.5　常见的DAC结构

由于输入来自数字域,每个时钟周期一个样本,因此和ADC不同,DAC不需要采样和保持。DAC通常包含一个数字接口和一个转换电路,常见的转换电路有权电阻型转换电路和$R - 2R$倒T型电阻网络转换电路。

13.5.1　权电阻型DAC

图13-11所示是一个4位权电阻型DAC的原理图。它由一个权电阻网络、4个模拟开关和一个运算放大器构成的求和电路组成。权电阻网络中的电阻分别为2^3R、2^2R、2^1R和2^0R。

4个模拟开关受输入数字量的各位控制,当$D_i = 1$时,开关接V_{REF},有支路电流流向求和放大器;当$D_i = 0$时,开关接地,支路电流为0。

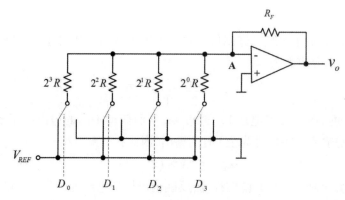

图13-11　4位权电阻型DAC原理图

求和电路是一个由运算放大器构成的负反馈放大器,图中A点为虚地,电位为0。因此流经每个电阻支路的电流为:

$$I_i = D_i \times \frac{V_{REF}}{2^{3-i}R} = \frac{V_{REF}}{2^3 R} \times D_i \times 2^i$$

所有电阻支路产生的总电流为:

$$I = \sum I_i = \frac{V_{REF}}{2^3 R}\left(D_3 \times 2^3 + D_2 \times 2^2 + D_1 \times 2^1 + D_0 \times 2^0\right)$$

在输出端产生的电压为:

$$v_o = -IR_F = -\frac{R_F \times V_{REF}}{2^3 R}\left(D_3 \times 2^3 + D_2 \times 2^2 + D_1 \times 2^1 + D_0 \times 2^0\right)$$

当$R_F = \frac{1}{2}R$时:

$$v_o = -\frac{V_{REF}}{2^4}\left(D_3 \times 2^3 + D_2 \times 2^2 + D_1 \times 2^1 + D_0 \times 2^0\right)$$

对于n位权电阻型数模转换电路,输出电压为:

$$v_o = -\frac{V_{REF}}{2^n}\left(D_{n-1} \times 2^{n-1} + \cdots + D_1 \times 2^1 + D_0 \times 2^0\right)$$

上式表明,输出模拟电压正比于输入的数字量。当输入数字量为全0时,输出为0;当输入数字量为全1时,输出$v_o = -\frac{2^n - 1}{2^n}V_{REF}$,即输出的变化范围为$0 \sim -\frac{2^n - 1}{2^n}V_{REF}$。要想得到正的输出电压,可以使$V_{REF}$为负,或在后面加一级反相放大器。

权电阻型DAC的优点是电路结构比较简单,使用的电阻也比较少。缺点是各电阻值以2的幂次递增,当输入数字量的位数较长时,最小电阻和最大电阻之间相差2^{n-1}倍。要想在很宽的阻值范围保证每个电阻值都很精确很困难,也不利于集成电路的制作。另外,各位的电阻值和二进制位成反比,高位权电阻的误差对输出电流的影响比低位权电阻大得多,对高位权电阻的精度和稳定度要求都很高。因此在实际中很少使用权电阻型电路。

13.5.2　R-2R倒T型电阻网络DAC

图13-12所示是4位R-2R倒T型电阻网络DAC电路原理图。它的形状如同倒着的T字，因此被称为倒T型网络。它只有R和2R两种电阻，克服了权电阻网络电阻范围宽的缺点。4个模拟开关受输入数字量各位的控制，当$D_i = 1$时，开关接运放反相端（虚地）；当$D_i = 0$时，开关接地。

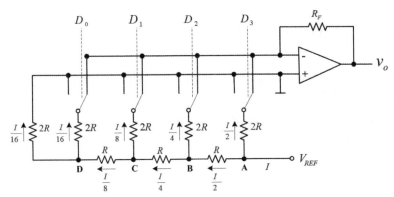

图13-12　4位R-2R倒T型电阻网络DAC原理图

和权电阻型DAC电路不同，模拟开关在数字位为1和为0时都接地，因此流入每个2R支路的电流是不变的。

从A、B、C、D任何一个节点向左看的等效电阻都是2R，因此分支电流总是流入节点电流的$\dfrac{1}{2}$。从V_{REF}向左看的等效电阻为R，因此从参考电源流入A节点的电流为$I = \dfrac{V_{REF}}{R}$，各支路的电流依次为$\dfrac{I}{2}$、$\dfrac{I}{4}$、$\dfrac{I}{8}$、$\dfrac{I}{16}$。

R-2R倒T型电阻网络是一种权电流方案。可以看出，每个支路的电流和二进制数位的权重成正比，通过开关把权电流汇集到求和放大器，得到模拟量输出。$D_i = 0$时，控制开关使相应的支路接地（运放的同相端）；$D_i = 1$时，相应的支路接运算放大器的反相端，因此各支路的总电流为：

$$I_{\Sigma} = \frac{I}{2} \times D_3 + \frac{I}{4} \times D_2 + \frac{I}{8} \times D_1 + \frac{I}{16} \times D_0$$

当反馈电阻$R_F = R$时，则输出电压为：

$$v_o = -RI_{\Sigma}$$
$$= -\frac{V_{REF}}{2^4}\left(D_3 \times 2^3 + D_2 \times 2^2 + D_1 \times 2^1 + D_0 \times 2^0\right)$$

对于n位倒T型电阻网络DAC，输出电压为：

$$v_o = -\frac{V_{REF}}{2^n}\left(D_{n-1} \times 2^{n-1} + \cdots + D_1 \times 2^1 + D_0 \times 2^0\right)$$

倒T型电阻网络DAC的优点是只有两种电阻，便于集成；而且支路电流不变，不需要电流建立时间，因此具有较快的转换速度。

习题

13-1 一个12位ADC,其输入满量程 $V_{in} = 10V$,试计算其分辨率。

13-2 要对某模拟信号进行模数转换,信号的范围为0~5V,要达到 $\Delta V = 1mV$,试确定: (1)ADC的位数和参考电压 V_{REF};(2)根据计算出的位数和参考电压,计算实际分辨率。

13-3 12位逐次逼近型ADC,如果工作频率为1MHz,试计算完成一次AD转换至少需要多长时间。

13-4 DAC电路如图13-11所示, $V_{REF} = 5V$,试求其 ΔV 和最大输出电压 $V_{o\max}$;如果输入数据 $D_3D_2D_1D_0 = 1010$,试求输出电压。

13-5 要对某数字信号进行DA转换,要求最大输出电压 $V_{o\max} = 5V$, $\Delta V = 1mV$,试确定能满足这一要求的DAC的位数和参考电压。

参考文献

[1] 阎石. 数字电子技术基础[M]. 6版. 北京:高等教育出版社,2016.

[2] 白静. 数字电路与逻辑设计[M]. 西安:西安电子科技大学出版社,2009.

[3] 刘真,蔡懿慈,毕才术. 数字逻辑与计算机设计基础[M]. 北京:高等教育出版社,2003.

[4] 黄正瑾. 计算机结构与逻辑设计[M]. 北京:高等教育出版社,2001.

[5] KATZ R. H. 现代逻辑设计[M]. 罗嵘,译. 北京:电子工业出版社,2006.

[6] JOHN F. WAKERLY. 数字设计:原理与实践[M]. 林生,葛红,金京生,译. 北京:机械工业出版社,2019.

[7] VICTOR P. NELSON. 数字逻辑电路分析与设计(英文版)[M]. 北京:电子工业出版社,2020.

[8] WILLIAM J. DALLY. 数字设计:系统方法[M]. 谭德强,译. 北京:机械工业出版社,2017.

[9] STEPHEN BROWN. 数字逻辑基础与Verilog设计[M]. 吴建辉,黄成,译. 北京:机械工业出版社,2016.

[10] DAVID MONEY HARRIS, SARAH L. HARRIS. 数字设计和计算机体系结构[M]. 陈俊颖,译. 北京:机械工业出版社,2017.

[11] JAN M. RABAEY. 数字集成电路:电路、系统与设计[M]. 周润德,译. 北京:电子工业出版社,2017.

[12] 黄丽亚,杨恒新,朱莉娟,等. 数字电路与系统设计[M]. 北京:人民邮电出版社,2015.

[13] 孙万蓉. 数字电路与系统设计[M]. 北京:高等教育出版社,2015.

[14] 丁志杰,赵宏图,梁淼. 数字电路与系统设计[M]. 北京:电子工业出版社,2014.

[15] 李文渊. 数字电路与系统[M]. 北京:高等教育出版社,2017.

[16] 李景宏,王永军. 数字逻辑与数字系统[M]. 北京:电子工业出版社,2017.

[17] 戴利,哈丁,阿莫特. 基于VHDL的数字系统设计方法[M]. 梁栋梁,等,译. 北京:机械工业出版社,2018.

[18] 艾伦.克莱门茨. 计算机组成原理[M]. 沈立,王苏峰,肖晓强,译. 北京:机械工业出版社,2017.

[19] M. MORRIS MANO, CHARLES R. KIME. 逻辑与计算机设计基础[M]. 邝继顺,译. 北京:机械工业出版社,2012.

[20] 帕特森,亨尼斯. 计算机组成与设计:软件/硬件接口[M]. 5版. 易江芳,刘先华,译. 北京:机械工业出版社,2015.

[21] VOLNEI A. PEDRONI. VHDL数字电路设计教程[M]. 乔卢峰,王志功,译. 北京:电子工业出版社,2013.

[22]　潘松,黄继业. EDA技术与VHDL[M]. 5版. 北京:清华大学出版社,2017.

[23]　徐向民. VHDL数字系统设计[M]. 北京:电子工业出版社,2015.

[24]　M. Morris. Mano,Michael D. Ciletti. 数字设计-Verilog HDL、VHDL和SystemVerilog实现:第六版[M]. 北京:电子工业出版社,2020.

[25]　ENOCH O. HWANG. 数字系统设计(Verilog&VHDL版):第二版[M]. 阎波,译. 北京:电子工业出版社,2018.

[26]　佩里. VHDL编程实例[M]. 杨承恩,谭克俊,译. 北京:电子工业出版社,2009.

[27]　KENNETH L. SHORT. VHDL大学实用教程[M]. 乔庐峰,译. 北京:电子工业出版社,2011.

[28]　Quartus Prime Introduction Using VHDL Designs-For Quartus Prime 18.1[EB/OL]. [2019.3]. https://www. intel. cn/content/www/cn/zh/support/programmable/support-resources/design-software/user-guides.html.

图书在版编目（CIP）数据

数字电路与系统设计／何晶编著. -- 北京：中国传媒大学出版社，2023.4
ISBN 978-7-5657-3337-6

Ⅰ. ①数… Ⅱ. ①何… Ⅲ. ①数字电路—系统设计—高等学校—教材 Ⅳ. ①TN79

中国版本图书馆 CIP 数据核字（2022）第 205464 号

.

数字电路与系统设计
SHUZI DIANLU YU XITONG SHEJI

编　　著	何　晶
责任编辑	高卓毓　赵　欣
封面设计	拓美设计
责任印制	阳金洲

出版发行　中国传媒大学出版社

社　　址	北京市朝阳区定福庄东街 1 号	**邮　　编**	100024
电　　话	86-10-65450528　65450532	**传　　真**	65779405
网　　址	http://cucp.cuc.edu.cn		
经　　销	全国新华书店		

印　　刷	艺堂印刷（天津）有限公司
开　　本	787mm×1092mm　1/16
印　　张	22
字　　数	673 千字
版　　次	2023 年 4 月第 1 版
印　　次	2023 年 4 月第 1 次印刷

书　　号	ISBN 978-7-5657-3337-6/T · 3337	**定　　价**	78.00 元

本社法律顾问：北京嘉润律师事务所　郭建平